미래 전기자동차 개론

INTRODUCTION TO ELECTRIC VEHICLES

구민사

저자 약력

이정환 | 오산대학교 미래전기자동차과 부교수

미래 전기자동차 개론

초판 인쇄 2024년 6월 20일
초판 발행 2024년 6월 25일

저　　자 이정환
발 행 인 조규백
발 행 처 도서출판 구민사
(07293) 서울특별시 영등포구 문래북로 116, 604호(문래동3가 46, 트리플렉스)
전　　화 (02)701-7421
팩　　스 (02)3273-9642
홈페이지 www.kuhminsa.co.kr
신고번호 제2012-000055호(1980년 2월4일)
I S B N 979-11-6875-387-7 (93560)
정　　가 28,000원

Preface
머리말

세계 최초의 자동차는 독일 메르세데스 벤츠 설립자인 칼 벤츠가 삼륜마차에 가솔린 엔진을 장착해 특허 받은 페이턴트 모터 바겐(patent motor wagen)이다. 이것은 0.9마력과 시속 16km에 불과했으나 자동차의 시조라는 명예를 얻었다. 약 130년이 지난 지금은 1,000마력이 넘는 고출력 자동차가 등장하기에 이르렀으며 인간의 삶에 많은 변화를 가져왔다. 즉 인적자원 및 물자의 신속한 수송에 의한 산업발전에 기여하였으며, 자원개발을 용이하게 하여 경제발전에도 큰 도움이 되었다. 하지만, 한편으로는 지구 온난화와 대기오염의 주범으로 인식되고 있으며, 석유자원의 고갈 등이 국제적인 이슈로 부각됨에 따라 각국 정부와 자동차업계는 친환경자동차 개발에 주력하고 있다.

친환경자동차는 천연가스자동차, 하이브리드전기자동차, 전기자동차 및 수소전지 자동차로 분류될 수 있다. 이러한 친환경자동차는 화석연료를 적게 사용하는 특징이 있으며, 특히 전기자동차는 전기 공급원으로부터 충전 받은 전기에너지를 동력원(power sources)으로 사용하는 무공해 동력 시스템의 활용, 장착 또는 이에 준하는 개선으로 도심 저속 주행에서의 고효율과 배출가스 및 CO_2가스 등이 배출되지 않는 특징을 갖는다.

이러한 전기자동차는 우리 주위에서 앞으로 더 많은 교통수단이 될 것이므로 지금부터라도 지식을 쌓아나가야 한다. 따라서 본 저자는 전기자동차에 대하여 다음과 같은 내용을 수록하였다.

- 제1장 전기자동차 개요에 대해서 간단히 설명하였다.
- 제2장 하이브리드 전기자동차(HEV)에 대해 하이브리드 전기자동차의 분류 및 하이브리드 전기자동차의 구성에 대하여 설명하였다.
- 제3장 전기자동차(EV)의 특징 및 주요 구성품에 대하여 설명하였다.
- 제4장 HEV 및 EV에 사용하는 배터리에 대하여 설명하였다.
- 제5장 수소연료전지 자동차(FCEV)의 특징 및 구성품에 대하여 설명하였다.

최선을 다하여 본 책자를 집필하였으나 내용 중에 오류가 있으면 독자 여러분이 지적해 주시고 이 교재로 인하여 전기자동차에 대하여 많은 지식이 충만하길 바라며 이 책의 출판 되기까지 많은 도움을 주신 도서출판 구민사 조규백 대표님과 임직원 여러분들께 진심으로 감사를 드린다.

저자

Contents
목차

CHAPTER 03

배터리 전기자동차 (BEV : Battery Electric Vehicle)

Contents
목차

CHAPTER 04

전기자동차 전지(Electric Vehicle Battery)

Contents
목차

CHAPTER 05 수소연료전지 자동차 (FCEV : Fuel Cell Electric Vehicle)

CHAPTER

01

전기자동차(EV) 개요

01 저공해자동차의 개요

1 저공해자동차의 개발

자동차는 생활에 편리함을 주는 필수품이기도 하지만 도시와 같은 인구 밀집 지역에서는 배기가스에 의한 공기 오염, 주행 중 발생하는 소음과 같은 심각한 환경 문제를 발생시키고 있다. 이에 화석연료(휘발유, 경유 등)를 태우는 자동차는 대기오염의 주범으로 자리잡게 되었다.

유해 배출물을 감소시키기 위한 대책으로서 기존의 가솔린 및 LPG 자동차와 디젤자동차보다 발전된 기술을 적용하는 방안 외에 석유계 연료가 아닌 대체연료를 사용하기 위한 연구가 진행되어왔다.

그림 1 전기자동차의 생산

대체연료에 대한 연구는 한때 겪었던 석유파동을 계기로 활발히 시작되었으나 현재에는 석유에너지의 고갈과 유해 배출물 저감이라는 목적 달성을 위해 연구 개발되고 있으며 또한 배기가스 규제에 대한 보다 강화된 법안의 발효에 따라 자동차업계는 단시일 내에 배기 오염물질을 대폭적으로 감소시키거나 무공해 차량을 개발해야 하는 환경적 압력에 직면해 왔다.

이에 따라 높은 수준의 환경기술과 환경 친화적 산업구조를 가진 국가들은 지구 환경 보전을 명분으로 그린라운드(Green Round)를 결성했으며 미국의 캘리포니아주를 비롯한 여러 주에서는 자동차 배기가스의 이산화탄소가 지구온난화의 주요인으로 지적되면서 선진국에서는 배기가스 기준을 강화하고 무공해 자동차(ZEV : Zero Emission Vehicle)와 저공해 자동차 의무 판매를 포함한 자동차 배기가스 규제를 입법화해 각국의 자동차 회사는 이에 대응하기 위한 친환경기술을 개발해야 하는 어려움에 놓이게 됐다.

선진 각국에서는 전기자동차의 조기 실용화를 위하여 정부 차원의 대규모 투자와 아울러 강제 보급 정책을 추진하고 있다. 우리나라도 세계적인 추세에 부응하여 대형 국가과제로 선정하여 지원하고 있으며, 자동차 제작회사들도 이에 적극 참여하고 있으므로 전기자동차의 개발 및 실용화 전망은 밝다고 할 수 있다.

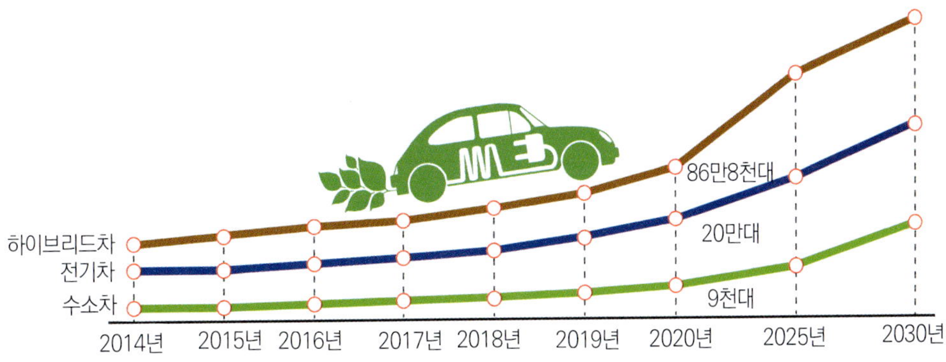

그림 2 친환경자동차 누적 보급목표(자료 : 산업통상자원부)

더불어 순수한 전기자동차의 단점을 보완하기 위한 즉, 완벽한 전기자동차의 전 단계라고 할 수 있는 하이브리드 전기자동차(HEV), 플러그인 하이브리드 전기자동차(PHEV) 등에 대한 연구도 활발히 진행되고 있다. 하이브리드 전기자동차는 전기자동차와는 달리 주행거리에 제한을 받지 않으며, 엔진의 효율이 가장 좋은 회전속도에서 발전기를 회전시킴으로써 생성된 에너지를 축전지에 충전하고, 도심지에서는 전기자동차 모드로 주행하기 때문에 대도시의 대기오염을 줄일 수 있는 장점이 있어 2023년 10월 기준으로는 판매량 11만 4,574대 중 하이브리드 차량은 2만 5,585대로서 22.3%까지 점유율이 높아졌다.

2 여러 가지 저공해자동차

환경문제만 자동차 제작업체의 발목을 잡는 것이 아니다. 석유 매장량이 갈수록 줄어들면서 석유를 대체할 새로운 연료와 엔진 개발이 중요한 과제로 떠올랐다.

현재 대체연료로는 가정용 및 산업용 연료로 널리 사용되고 있는 메탄올, 에탄올, 식물성 오일 등의 액체연료 외에 천연가스, 수소 등의 기체연료 등이 있으며 전기자동차와 이를 응용한 태양광자동차, 연료전지 자동차에 관한 연구와 이들의 단점을 보완하기 위한 하이브리드 전기자동차에 관한 연구도 병행되고 있다.

대체 연료차량 개발이라는 큰 과제는 저공해성, 에너지 대체 및 연비향상 측면뿐만이 아니라 공급 용이성, 생산 경제성 등을 종합적으로 고려하여 검토되어야 한다. 에너지 생산과정을 제외하면 완전 무공해자동차라고 할 수 있는 전기 자동차 이전의 단계에 있어서는 가변연료 자동차, 천연가스 자동차 등이 상기 목적을 위한 가장 유력한 후보로 알려져 있다.

그러나 현재까지 자동차시장을 장악해 왔던 가솔린 차량의 성능, 경제성, 편리성을 동시에 충족할 수 있는 대체연료 차량의 개발을 위해 자동차 제작업체의 상당한 노력을 하고 있으며 또 배기규제 만족을 위해 새로운 기술적용의 가솔린엔진 및 부가장치 개발에도 활발한 연구를 진행하고 있다.

02 전기자동차(EV : Electric Vehicle)의 개요

1 내연기관 자동차와 전기자동차의 차이

내연기관 자동차(ICV : Internal combustion vehicle)와 전기자동차(EV : Electric vehicle)의 대표적인 차이는 에너지원으로부터 출발한다. 내연기관 자동차는 탄화수소계 연료를 엔진의 내부에서 ①흡입 ②압축 ③폭발 ④배기시켜서 나오는 에너지를 이용하는 것이다. 에너지의 변환을 아주 간단하게 표현하자면 석유상태에서의 화학적 에너지가 산화(연소) 시키면서 발생되는 열, 압력, 소리 등의 에너지 중 압력에너지를 바퀴가 구를 수 있게 하는 운동에너지로 변환한다.

하지만 전기자동차는 축전지에 충전되어 있는 화학에너지를 방전될 때의 전기에너지로 변환하여 모터를 구동시키는 운동에너지로 변환한다. 전기자동차는 주행중 화석연료를 사용하지 않아 배출가스, CO_2 등이 발생하지 않는 무공해 동력 시스템의 활용 또는 장착, 이에 준하는 개선으로 기존 내연기관 대비 연비가 높고 배출가스나 CO_2 배출량도 적다.

실제로 내연기관 자동차는 에너지 변환단계가 더 복잡하게 표현된다. 좀 더 넓게 본다면 연료전지 자동차(FCEV)도 모터에 전기를 공급한다는 것은 동일하다. 단 이 경우에는 전기가 내부에 화학적 에너지 형태로 축전되는 경우가 아니라 수소 연료 같은 에너지원으로부터 생산되는 경우이다.

전기로 움직이는 자동차는 폭발행정의 과정이 없는 관계로 소음이 없게 된다. 다만 동력을 발생시키는 힘이 전기의 힘이므로 동력 전달과정에서 차륜을 회전시킬 때 발생할 수 있는 정도이므로 기름을 태워서 폭발행정을 거치는 폭음의 연속과정이 생략되므로 조용할 수밖에 없다.

2 전기자동차의 구분

현재 전기자동차 시장에는 하이브리드 전기자동차(HEV : Hybrid Electric Vehicle), 플러그인 하이브리드 전기자동차(PHEV : Plug-in Hybrid Electric Vehicle), 전기자동차(EV : Electric Vehicle)를 비롯해 연료전지 자동차(FCEV : Fuel Cell Electric Vehicle)등 다양한 유형이 있다.

전기자동차(EV)의 구분은 자동차 동력원으로써 전기화의 정도로 구분해 볼 수 있다. 즉 전기에너지 사용률에 의해 다음과 같이 구분할 수 있다.

① 기존의 엔진과 변속기를 파워트레인으로 사용하는 내연기관(Internal Combustion Engine)

② 정지 시 엔진이 정지되어 연료를 저감하는 Micro(Mild) HEV

③ 기존 엔진에 모터로 보조하는 Soft(Power assist) HEV

④ 전기 모터가 출발과 가속 시에만 역할을 하는 것이 아니라 주행에 주된 역할을 하는 Hard(Full) HEV

⑤ 기본적으로 전기모터로 움직이지만 배터리 범위를 넘어서는 거리는 엔진을 이용해 발전기를 돌리는 방식인 Plug-in HEV

⑥ 순수 배터리로만 운행하는 EV 또는 수소연료전지를 이용하는 FCEV 등의 순서로 구분이 가능하다.

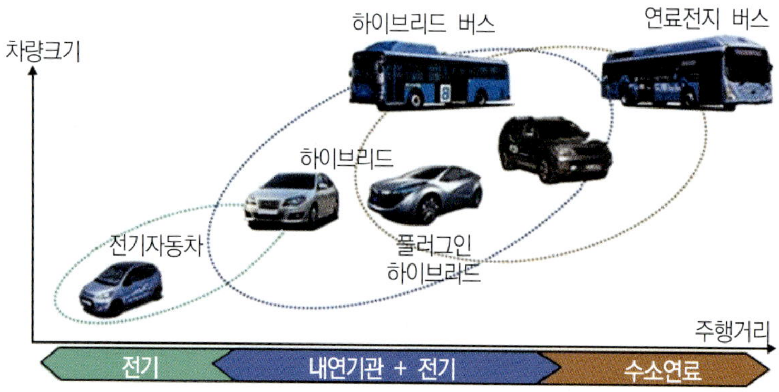

그림 3 전기자동차 특성

표 1 전기자동차의 구분

구분	비고
하이브리드 자동차(HEV)	· 내연기관과 전기모터 두 종류의 동력을 조합·구동하여 기존 내연기관 자동차보다 고연비·고효율 실현
플러그인(PHEV)	· 가정용 전기배터리에 충전해서 쓸 수 있는 하이브리드 자동차
전기자동차(EV)	· 배터리와 전기모터의 동력만으로 구동하는 자동차
연료전지 자동차(FCEV)	· 수소탱크를 통해 수소와 산소를 반응시켜 전기를 생성하는 연료전지가 내연기관을 대체한 자동차

3 전기자동차 역사

배터리에 축적된 전기로 모터를 회전시켜서 자동차를 구동시키는 전기자동차는 가솔린 자동차보다 먼저 제작되었다. 1824년 앤요스 제드릭이 전기모터를 이용한 전기자동차를 발명하였고, 1842년 미국 토마스 다벤포트/스코틀랜드 로버트 데이빗이 최초 실생활 이용가능 전기자동차를 개발하였다. 1873년에는 영국의 R. Davidson가 영국 전기자동차를 실용화 했으나, 배터리의 무거운 중량, 충전에 걸리는 시간 등의 문제 때문에 활성화되지 못했다.

1898년에 포르쉐 설립자 페르디난트 포르쉐 Ferdinand Porsche가 자동차 제작에 참여한 첫 작품은 에거-로너 C2 페이튼 Egger-Lohner C2 Phaeton이다. 마차에 전기모터를 장착한 형태로, 후륜구동 방식으로 설계됐으며 배터리 무게가 500㎏에 달했다. 당시로서는 고성능이었던 C2 페이튼의 최고 출력은 5마력, 최고 속도는 시속 35㎞ 이였고 한 번 충전으로 약 80㎞를 달릴 수 있었다.

그림 4 포스쉐 박물관에 전시된 C2 페이튼

1899년 벨기에인 까뮈 제나지가 제작한 유선형 전기자동차가 당시 세계 최고 기록인 시속 105㎞를 기록하였다.

그림 5 까뮈 제나지의 전기자동차

한편 전기자동차는 구조가 간단하고 내구성이 크며 운전하기가 쉬운 장점 등이 있어 주로 여성용으로 미국에서 1920년대 중반까지 소량 생산되었다. 최근 공해문제가 심각해지면서 다시 활발히 개발되고 있다.

양산된 전기자동차 1호는 미국 캘리포니아 주 지역에서 시판되었던 고성능 전기자동차 GM EV1이다. GM은 90년대 들어 적극 개발해 온 전기자동차를 1996년부터 시판하였다. 이 전기자동차는 한번 충전으로 최장 208㎞까지 최고 시속 150㎞로 달릴 수 있다.

이후 포드 레인저, 도요다 RAV4, 혼다 EV Plus 등이 시판되었다. 그러나 기존의 전기자동차들은 배터리 충전에 8시간 이상 걸리고 주행거리가 짧아 아직 실용성이 많이 떨어지는 기술적 한계로 인해 가솔린이나 디젤엔진을 탑재한 자동차에 비해 상품성 개선이 요구된다.

표 2 **전기자동차의 역사**

년도	이름	내용
1824	앤요스 제드릭/헝가리	· 전기모터를 이용한 전기자동차 발명
1830	로버트 앤더슨/스코틀랜드 (Robert Anderson)	· 최초의 전기자동차의 원형 설계 · 최초의 원유 전기마차 발명
1835	그로닌겐 스트라틴/네덜란드 (Stratingh of Groningen)	· 소형의 전기자동차 설계
1835	크리스트 파벡카/네델란드	· 최초 전기자동차 제작
1842	토마스 다벤포트/미국 로버트 데이빗/스코틀랜드	· 최초로 실생활 이용 가능한 전기자동차 제작 · 재충전할 수 없는 타입의 전지 장착-실용적이 못함
1865	가스 톤 프란테/프랑스	· 재충전할 수 있는 축전지를 발명
1873	R. Davidson/영국	· 전기자동차를 실용화함
1876	오토	· 4행정 내연기관 발명
1881	카미르 파우레/프랑스	· 기존의 재충전용 축전지를 개량하여 전기자동차에 처음 적용 · 전기자동차의 비약적인 발전을 가져옴
1881	구스타프 트루베/프랑스	· 프랑스 파리에서 열린 국제 전기박람회에서 삼륜자동차가 작동하는 것을 입증 · 이후 전기자동차는 급속도로 보급되기 시작
1884	토마스 파커 (Thomas Parker)/영국	· 마차를 연상시키는 외관을 갖는 전기자동차를 개발 · 기존의 유류 자동차를 개조해 전기자동차 개발
1886	칼벤츠	· 3륜 가솔린 자동차 발명
1891	라이카(A.L.Ryker)/미국	· 3륜의 전기자동차를 만들었으며 윌리엄・모리슨이 6인승의 전기자동차 왜건을 만들었지만 당시에 미국에서 전기자동차의 인기는 없음
1893	디젤	· 디젤엔진 발명
1895	라이카(A.L.Ryker)/미국	· 전기삼륜자동차가 개발되면서 미국에서도 전기자동차의 관심 높아짐 · 전기자동차는 기존의 다른 방식의 차량들과 비교해서 냄새가 적고, 진동이 적고, 소음도 작음 · 최고속도는 시속 32㎞에 불과하다는 단점
1897	필라델피아 전기자동차 회사	· 최초의 상업용 전기자동차 · 뉴욕시의 택시 전 차량에 채용 · 당시 판매되었던 페톤이라는 전기자동차는 주행거리 29㎞, 시속 22㎞의 성능/가격은 약 2천 달러
1898	포르쉐 설립자 페르디난트 포르쉐(Ferdinand Porsche)	· 에거-로너 C2페이튼(Egger-Lohner C2 Phaeton) 마차에 전기모터를 장착, 후륜구동 방식으로 설계, 배터리 무게가 500㎏에 달했다.

년도	이름	내용
1899	까뮈 제나지/벨기에	· 유선형 전기자동차 · 당시 세계 최고 기록인 시속 105㎞
1900 초		· 다른 방식의 차량(휘발유 자동차, 증기 자동차 등)보다도 많이 팔림 · 1912년에 생산 및 판매 정점을 기록 · 1900년대 초반에는 전기자동차가 휘발유자동차보다 더 많음
1916	우드사	· 전기자동차의 기술력이 본격적인 궤도에 오름 · 가솔린과 전기를 함께 이용하는 하이브리드 전기자동차를 개발하기 시작하면서 전기자동차사에서도 가장 황금기
1920 년대		· 미국 텍사스의 원유 발견으로 휘발유의 가격은 떨어지고, 내연기관의 대량 생산체제를 구축함에 따라 휘발유자동차는 500달러~1000달러 정도로 가격이 많이 떨어진다. · 전기자동차의 가격 : 평균 1750달러 · 휘발유자동차 : 평균 650달러 · 전기자동차는 극히 일부 교통수단으로 이용 · 휘발유자동차가 자동차시장에서 급부상하기 시작 · 1920년대부터 속도, 힘, 값싼 석유에 힘입어 가솔린자동차는 자동차의 주류
1930 년대		· 비싼 가격, 배터리의 무거운 중량, 충전에 걸리는 시간 등의 문제 때문에 자동차시장에서 전기자동차가 대부분 사라진다.
	공백기	
1990		· 자동차 배출가스로 인한 환경오염대책으로 미국의 캘리포니아주가 완전 무공해자동차(ZEV : zero emission vehicle)를 도입하는 정책을 법제화
1990	EV1/GM	· 1월 LA모터쇼에서 GM이 EV1이라는 이름의 전기자동차를 공개했지만, 사실 운행할 수 없는 무늬만 자동차 · 이때부터 모든 자동차메이커들은 전기자동차가 대세라고 판단하고 여기에 매달리기 시작
1996	EV1/GM	· 양산 전기자동차 1호로 미국 캘리포니아에서 운행 · 최고속도 : 150㎞/h · 1회 충전당 주행거리 : 208㎞
	옵신스키와 그의 부인	· 한 번 충전에 500㎞를 달리는 배터리를 발명했다가 회사가 GM에 적대적 인수된 뒤 석유회사에 매각
2003		· GM은 전기자동차가 배터리에 문제가 많고 비용이 비싸다는 등 억지로 문제점을 퍼뜨림 · 온갖 로비를 통해 캘리포니아 주정부에 압박을 가해 공청회를 가진 뒤 결국 2003년에 '배기가스 제로법'을 철폐

년도	이름	내용
2005		· 법이 사라지자 GM은 EV1 생산라인을 폐쇄하고 관련 직원들을 해고한 뒤, EV1을 소리 소문 없이 회수 · GM은 차례로 EV1을 폐차하다가 마지막 남은 78대의 EV1을 2005년 사막 한가운데서 조용히 폐차
	Who Killed The Electric Car?	· 자동차 업계, 석유업계, 자동차 부품 업계는 전기자동차에 위기의식을 느꼈고 황당한 결과를 내놓았다. 전기자동차를 죽이기로 한 것
2010 2011	시보레 볼트/GM/미국	· 연비 : 98㎞/ℓ · 최고속도 : 160㎞/h · 배터리 동력만으로 1회 충전이동거리 : 64㎞
2012	일본 도요타	· 순수 전기자동차(BEV) 대신 하이브리드(HEV)와 연료전지 자동차(FCV) 개발에 주력 발표, 순수 전기자동차의 짧은 주행거리, 비싼 가격, 긴 충전시간 등 3가지 문제점이 주요 장애요인
	2012 파리모터쇼	· '지금이 미래다' 신차 100여대 첫선
	다임러	· 소형 B클래스 전기차
	BMW	· PHEV BMW 콘셉트 액티브 투어러
	르노	· 소형 전기차 '조(Zoe)'
	도요타	· 하이브리드 쿠페 콘셉트카 'LF-CC'
	미쓰비시	· 아웃랜더의 플러그인 하이브리드
	현대차	· 블루온(i10 전기차), 쏘나타 HEV, ix35 수소연료 전지차
	기아차	· K5 하이브리드, 레이 전기차
	쌍용차	· 전기 콘셉트카 'e-XIV'
2013	2013 디트로이트모터쇼	· 고연비 대신 고성능이 주요 트렌드로 부상
2014		· 최초의 순수 전기차로 경쟁하는 포뮬러 레이스로서 'ABB FIA 포뮬러 E 월드 챔피언십ABB FIA Formula E World Championship'이 출범
2017		· 전 세계 한 해 전기차 판매량이 100만 대를 돌파
2018		· 2세대 레이스카로 업그레이드
2020	테슬라	· 완성차 업계 최초로 순수 전기차 생산 100만 대 돌파
2022	한국타이어 앤테크놀로지	· 세계 최초로 전기차 전용 타이어 풀 라인업을 갖춘 한국타이어 아이온(iON) 브랜드 소개
2023		· 전 세계 전기차 판매는 1000만 대에 달해 전체 자동차 시장의 14%를 차지할 것으로 전망 · 전기차 판매(신차)가 내연기관차를 앞지른 지 오래된 노르웨이는 전 세계 최초로 전체 자동차 중 전기차 비중이 20%를 넘어섰다.
2023	한국타이어	· 아이온(iON)을 공식 타이어로 사용하는 3세대 레이스카 데뷔

03 전기자동차의 종류

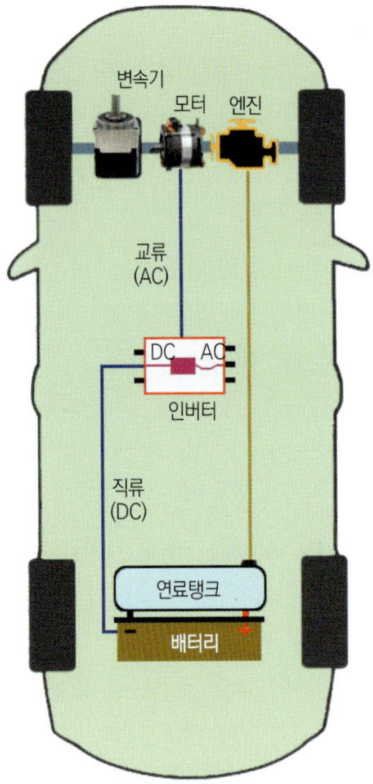

(a) 하이브리드차

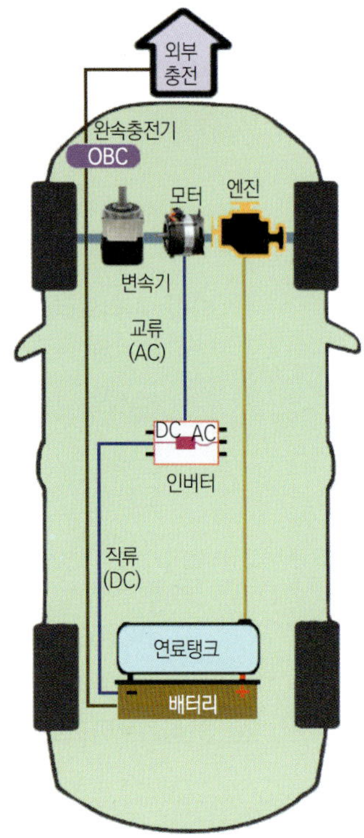

(b) 플러그인하이브리드차

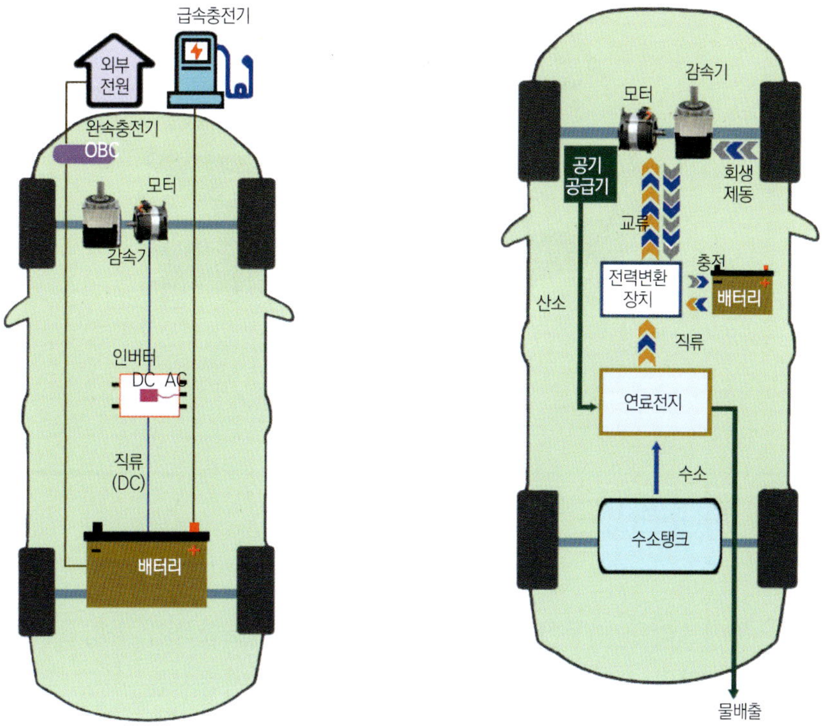

(c) 전기자동차 (d) 수소연료전지 자동차

그림 6 **전기자동차의 종류**

1 하이브리드 전기자동차

하이브리드 전기자동차는 두 종류 이상의 동력원을 함께 이용하는 자동차를 말한다. 통상 휘발유(또는 디젤) 엔진과 전기 모터를 함께 사용하는 차를 가리킨다. 출발과 저속 주행시에는 엔진 가동 없이 전기 모터동력만으로 주행시킴으로써 연료 사용을 줄이고, 배기가스 배출도 줄인다. 또한 감속시에 배터리 충전은 "회생제동" 이라는 방식으로 이루어지는데, 그 원리는 감속시 브레이크를 밟으면 모터가 발전기로 전환되어 전기를 생성하여 배터리에 충전하는 방식이다. 이 때문에 연비가 기존의 내연기관 자동차 보다 40%이상 높고, 큰 구동력이 필요한 오르막길 등에서도 가속성능이 좋고 정숙한 승차감을 갖는 장점이 있다. 전기 모터 작동에 필요한 전기 에너지는 100% 엔진의 구동력을 통해 얻어진다.

그림 7 **하이브리드 전기자동차**

2 플러그인 하이브리드 자동차

플러그인 하이브리드 자동차는 엔진과 모터 동력을 조합하여 차량을 구동하는 면에서 하이브리드 자동차와 동일하다. 플러그인 하이브리드 자동차는 차량 추진 에너지를 공급하기 위해서 외부 전원으로부터 에너지를 끌어와서 저장하는 하이브리드 자동차이다. 반면 하이브리드 자동차는 자체 엔진과 발전기에서 생산한 전기만을 저장하여 활용한다는 점에서 다르다.

① 전기차 모드와 하이브리드 자동차 모드로 주행이 가능하여 전기차의 짧은 주행거리를 극복 가능하다.

② 출퇴근 거리(약 30~40㎞)를 연료 소모 없이 전기차 모드로만 주행이 가능하다.

③ 전기차 모드의 주행기능 강화로 하이브리드 자동차 대비 배출가스를 40~50% 저감한다.

그림 8 **플러그인 하이브리드 자동차**

3 전기자동차

엔진이 없고 전기 모터만의 힘으로만 달리는 자동차를 말한다. 필요한 전기는 100% 충전을 통해서 얻는다. 대기오염을 일으키지 않고 소음도 거의 없다. 긴 거리를 주행하고 빠른 속도를 내기 위해서는 배터리에 저장해야 할 전기량이 아주 많아야 한다. 현재 기술로는 400㎞ 내외의 거리를 주행 가능하다.

전기의 새로운 충전과 발전과정이 연속적으로 충전되어져야 할 것이다. 그래서 전기의 힘이 충분하도록 운행 중에도 충전이 되도록 하는 기술이 중요하다.

향후 전기 충전시설이 확대되고 전기공급을 풍력이나 태양광등 신재생 에너지화 한다면 명실상부한 친환경 자동차로 평가받을 수 있다.

전기자동차는 일반 내연기관 자동차와 달리 전동기, 전동기 제어기, 축전지 및 충전장치로 구성된다. 전동기는 개발초기에는 직류 전동기가 주로 사용되었으나 최근 들어 교류 유도 전동기, 혹은 BLDC(Brushless Direct Current motor) 전동기가 주류를 이루고 있다.

그림 9 전기 자동차

4 수소연료전지 자동차

21세기 자동차로 가장 선두 주자라면 단연 연료전지(fuel cell) 전기자동차를 꼽는다. 특히 에너지 자원이 전무한 우리나라의 경우 에너지 기술개발의 중요성은 아무리 강조하여도 지나치지 않는다.

국내 에너지 현안 문제는 크게 에너지 수급 구조의 불안정성 심화, 석유 의존도의 급격한 증가, 에너지 소비의 고급화 추세, 환경요인 증대 및 투자 제약 요인 심화, 에너지 다 소비형 산업 구조, 에너지 산업의 경쟁력 제고 필요성 증대 등으로 집약할 수 있다. 전기분해의 역반응의 원리를 이용하는 연료 전지의 경우 그 기술력이 문제이지 자원의 문제는 아니라고 할 수 있다.

연료 전지는 19세기 초 영국의 글로브경(william R. grove)이 발명한 것으로 알려지고 있으며, 전기자동차와 마찬가지로 100% 전기모터의 힘으로 작동되지만, 전기에너지를 연료전지로부터 얻는다는 점에서 기존 자동차와 구별된다. 연료전지란 수소와 산소를 반응시켜 전기에너지를 만들어내는 장치이다. 수소를 차 안에 저장해 놓았다가 필요할 때마다 전기를 만들고 이 에너지로 모터를 돌려 차를 움직이게 된다. 배기가스는 전혀 없고 물만 배출될 뿐이다. 그러나 대량 보급까지는 상당한 개발기간이 필요할 것으로 보인다. 수소의 대량생산 및 생산된 차량내 수소 저장 방식 등이 장애요인으로 남아있다.

그림 10 수소연료전지 자동차

CHAPTER

02

하이브리드 전기자동차 (HEV : Hybrid Electric Vehicle)

01 하이브리드 전기자동차의 개요

하이브리드(hybrid)는 '잡종', '혼성'을 뜻하는 말로, 두 가지 기능이나 역할이 하나로 합쳐지는 뜻을 가지고 있으며 요즘시대에서 많은 분야에서 하이브리드의 말이 사용되고 있다.

1899년 페르디난트 포르셰가 내놓은 믹스테(Mixte)가 최초. 프랑스어로 '혼합된'이란 뜻으로 하이브리드와 뜻이 비슷하다. 4개의 바퀴마다 독립된 인휠 전기 모터가 독립적으로 구동되었다.

하이브리드 전기자동차는 두 가지 기능이나 역할이 하나로 합쳐져 사용되고 있는 자동차를 말하며 이는 2개의 동력원(내연기관과 모터)을 이용하여 구동되는 자동차를 말한다.

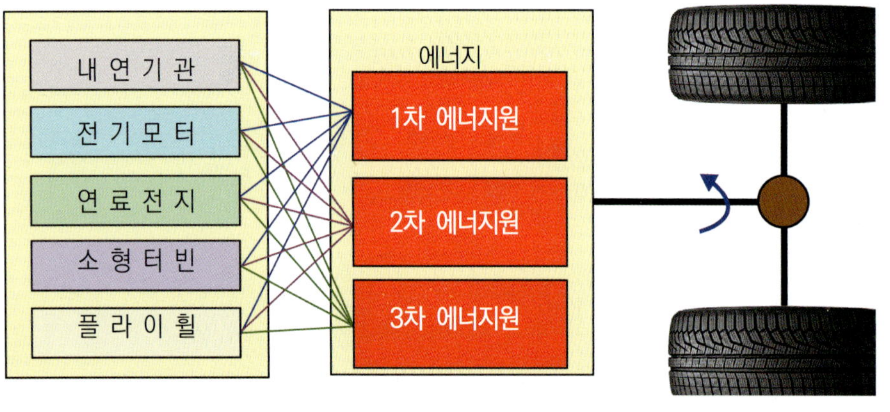

그림 1 하이브리드 전기자동차에서 2개의 동력원

하이브리드 전기자동차에서 2개의 동력원을 사용하는 형태를 보면 가솔린엔진과 전기모터, 수소연소 엔진과 연료전지, 천연가스와 가솔린엔진, 디젤엔진과 전기모터 등 2개의 동력원을 사용할 수 있으며 지금 현재로서는 주로 가솔린엔진과 전기모터를 함께 쓰는 방식을 이용하고 있다.

하이브리드 전기자동차는 엔진의 가동·정지에 따른 에너지 손실을 줄이기 위해 엔진의 출력을 전기에 연결하여 발전한 전력을 배터리에 충전해 두고 필요에 따라 모터를 회전시키는 방식이다. 기존 자동차에 사용되는 내연기관 엔진에 전기 모터를 결합한 형태가 일반적인데, 전기 모터는 차량 내부에 장착된 고전압 배터리로부터 전원을 공급받고, 배터리는 자동차가 움직일 때 다시 충전된다.

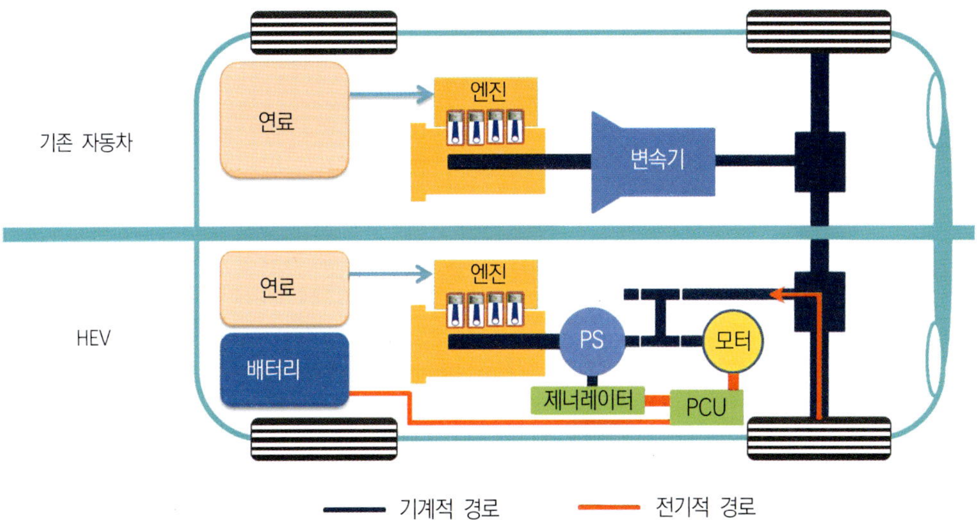

그림 2 기존 내연기관 자동차와 하이브리드 전기자동차 비교

02 하이브리드 전기자동차의 분류

하이브리드 전기자동차는 구동모터와 엔진의 조합에 따라 다양한 형태의 구조가 가능하다. 기술적인 면과 양산성을 고려하여 각 메이커별로 추구하는 개발 방향에 따라서 다양한 구조의 동력전달장치가 구성된다. 동력전달방식 및 구동모터의 사용정도에 따라 구분하고 있다.

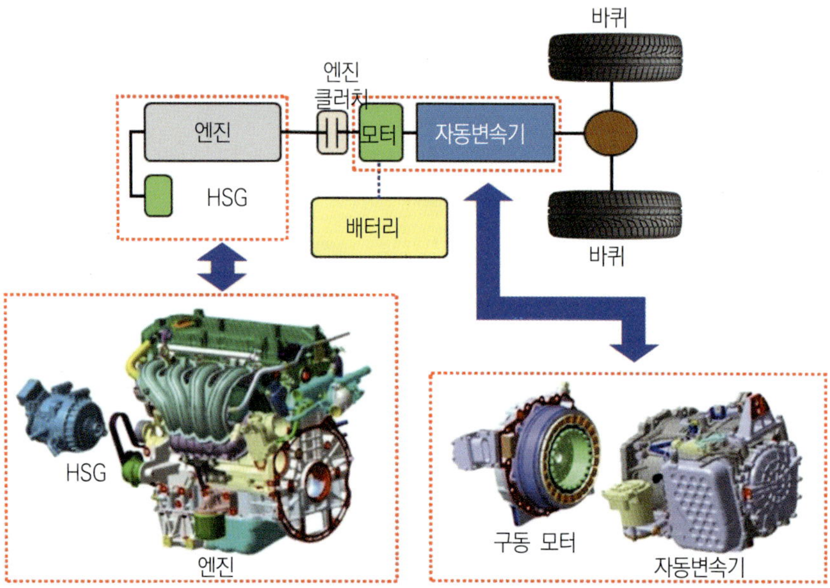

그림 3 **하이브리드 전기자동차 개요**

하이브리드 구성에는 다양한 방식이 존재하는데 크게 풀 하이브리드(Full Hybrid)와 마일드 하이브리드(Mild Hybrid)로 구분할 수 있다. 풀 하이브리드는 모터가 엔진이 완전히 꺼진 상태에서 모터의 힘만으로 일정 속도까지 가속, 주행이 가능하다. 모터로만 주행하고 있을 땐 전기차와 마찬가지로 엔진이 작동하지 않기 때문에 엔진에 의한 진동과 소음이 없다는 장점도 있다. 마일드 하이브리드는 모터가 시동모터 또는 알터네이터 역할을 겸하며 약간의 힘을 단순히 엔진에 보조하는 역할에 그친다.

표 1 하이브리드 자동차 분류

탑재한 엔진으로 분류	동력전달방식에 따른 분류	모터 출력 특성에 의한 분류
디젤엔진을 탑재	직렬형(Series Type) 방식	Mild(Micro)방식
가솔린엔진을 탑재	병렬형(Parallel Type) 방식	Soft(Power assist)
	혼합형(Series-Parallel Type) 방식	Hard(Full)

1 풀 하이브리드(Full Hybrid)

풀 하이브리드는 디젤엔진과의 조합에선 효율이 좋지 않다. 디젤엔진은 크기가 크기 때문에 좁은 엔진룸에 전기모터 등을 모두 넣기가 어렵고 디젤엔진과 모터가 저속 영역에서 최대 토크를 발휘하는 중복되는 특성, 디젤엔진의 힘이 떨어지는 고속 영역에서는 모터도 힘이 같이 떨어지기 때문에 가솔린 엔진과 조합되며 가솔린 하이브리드는 가솔린 엔진과 모터가 보호보완적인 조합으로 여겨진다. 일부는 LPG 엔진과도 조합되기도 한다. 풀 하이브리드 시스템은 엔진과 모터의 연결방식(동력전달 방식)에 따라 직렬형과 병렬형, 그리고 직·병렬형 하이브리드로 구분된다.

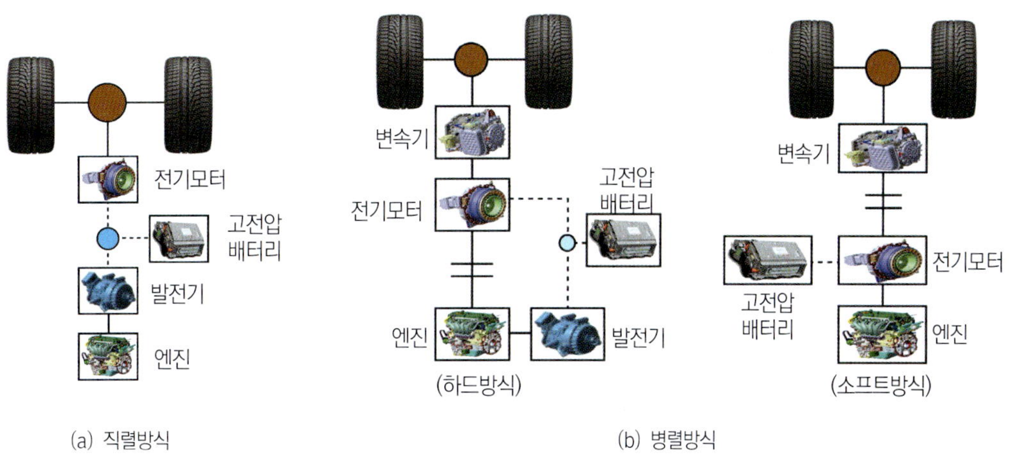

그림 4 풀 하이브리드 전기자동차의 종류

(1) 직렬방식(series type)

엔진과 인버터, 모터가 직렬로 이뤄진 시스템으로 엔진은 전기를 생산하는 발전기로서의 역할만을 수행하며 자동차 구동에 영향을 주지 않고, 모터의 힘으로만 구동하는 방식이다. 차량은 항상 모터에 의해 구동되기 때문에 대용량의 배터리가 필요하다.

동력 전달 과정은 엔진 → 발전기 → 배터리 → 모터 → 변속기 → 구동바퀴 순으로 전달된다. 하이브리드 자동차 내 인버터(inverter)는 교류발전기에서 생산된 교류를 직류로 변환시켜 배터리에 저장시키고, 전기모터를 구동할 때는 다시 직류에서 교류로 변환시키며 저장과 공급을 하는 역할을 한다.

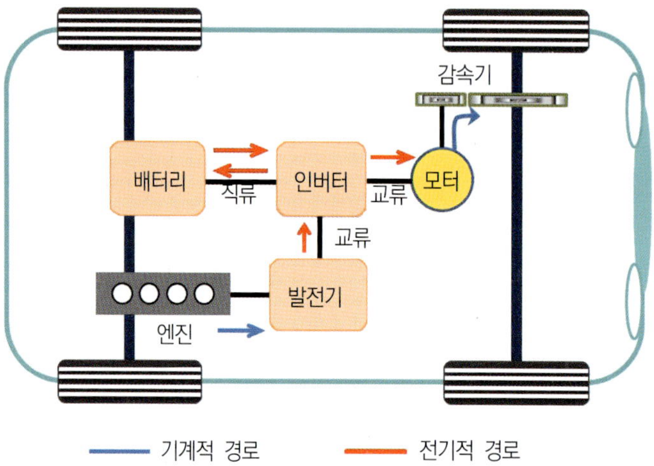

그림 5 직렬방식 HEV

직렬방식 HEV는 전기차의 장점을 두루 가지고 있는데 비교적 제어가 간단하고, 배터리 충전량이 충분하다면 엔진이 작동하지 않아 소음이 적고 처음부터 최대토크를 낼 수 있는 모터의 특성상 가속 성능이 좋다. 충전과 모터 구동이 동시에 가능하며 엔진과 바퀴가 직접 연결될 필요가 없어 변속기가 불필요하며, 2단 정도의 감속기로 체결 하는 등 다른 하이브리드 방식에 비해서 설계가 자유롭고, 엔진은 발전기 역할만 하므로 운전상황에 관계없이 항상 엔진 RPM이 최고 효율 구간으로 유지되며 배기가스 특성이 우수하고, 급가속, 급정지, 신호대기 등 주행 상황과 상관없이 엔진은 항상 연비 주행 상태이므로 엔진 효율 자체는 우월하다. 물론 언덕이나 고속 주행시에는 지속적으로 높은 RPM으로 발전해야하기 때문에 연비가 떨어지며, 전체 시스템의 에너지 효율이 병렬형에 비해 낮고, 모든 주행성능을 만족시킬 수 있는 고성능의 모터 개발이 필수조건이며 동력전달 구조가 크게 바뀌므로 기존 차량에 적용이 어렵다.

적용되는 차량으로는 중량이나 면적에서 제약조건이 적거나 저속주행에 출발과 정지가 반복되는 트럭이나 시내버스 등에 유리한 형태이다. 또한, 무거운 중장비에 채택되는 경우가 많은데 이유는 디젤-전기식 변속기는 기계식 변속기보다 내구성이 좋아 고출력 파워트레인에 적합하기 때문이다.

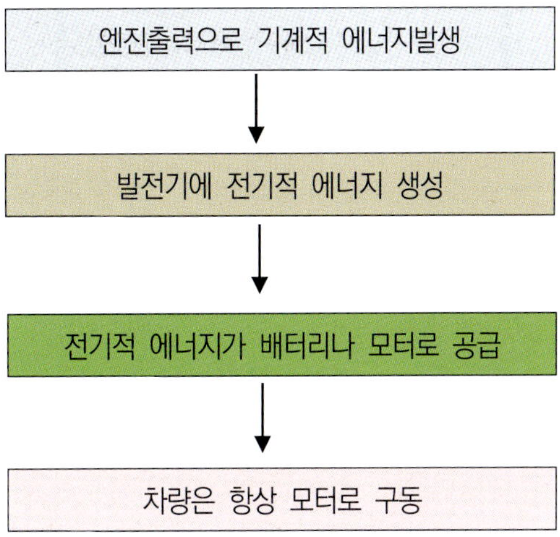

그림 6 직렬방식의 동력전달

(2) 병렬방식(parallel type)

병렬식 하이브리드는 엔진주행과 모터주행을 동시에 실시할 수 있어 모터와 엔진의 힘을 합해 구동력을 만들어내는 시스템이다. 병렬식 하이브리드 시스템은 낮은 속도에서는 전기모터만을 이용해 구동력을 만들어내다가 일정 속도를 넘어가면 내연기관 엔진이 구동력을 만들어 가속 시 성능을 높일 수 있다. 동력 전달 과정으로 기계 에너지는 엔진 → 변속기 → 구동바퀴 순서로 전달되고, 전기는 배터리 → 모터 → 변속기 → 구동바퀴 순서로 에너지가 전달된다.

주행조건에 따라 엔진과 모터가 최적의 상태서 구동되도록 동력원을 변화시키게 된다. 그리고 여유 동력이 발생하게 되면 모터는 발전기 역할을 하여 배터리를 충전하게 된다. 대표적인 차량으로는 혼다 시빅(honda civic)과 현대 아반테 LPI 하이브리드를 들 수 있다. 병렬식 하이브리드 시스템은 엔진과 모터 둘 다 동력원으로 사용되기 때문에 저성능의 모터를 사용해도 되며 이로 인해 무게가 가볍고 효율이 직렬식 시스템보다 더 우수하다는 장점이 있다. 하지만 모터의 성능이 약하며 모터 작동 시 배터리 충전이 되지 않는 단점이 있다.

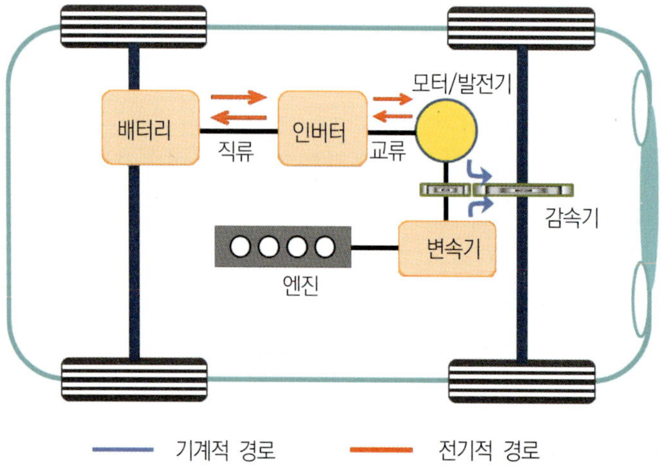

그림 7 **병렬방식 HEV**

병렬식 하이브리드는 모터의 위치에 따라 FMED(Flywheel Mounted Electric Device)와 TMED(Transmission Mounted Electric Device)로 분류된다. FMED는 엔진과 상시 맞물려있기에 모터만으로 주행할 수 없어 소프트형 하이브리드, TMED는 모터와 엔진 사이는 클러치로 분리되어 모터만으로 EV모드 주행이 가능하여 하드형 하이브리드 라고도 불린다.

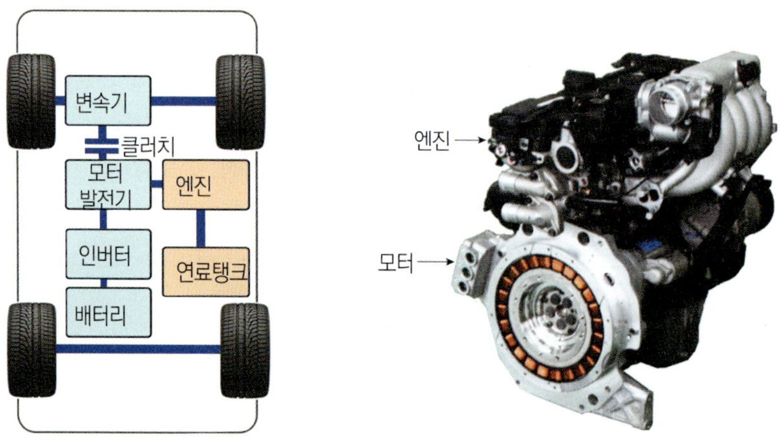

(a) FMED

(b) TMED

그림 8 **FMED 및 TMED**

1) FMED 방식 구동방식

FMED 방식의 하이브리드 자동차는 출발/저속주행/가속/등판 시에서는 모터와 엔진 동시에 구동하게 된다. 부하가 적은 평지 주행에서는 엔진으로만 주행하며, 브레이크 페달을 밟거나 페달을 아무것도 밟지 않을 때는 회생제동 모드로 충전을 한다.

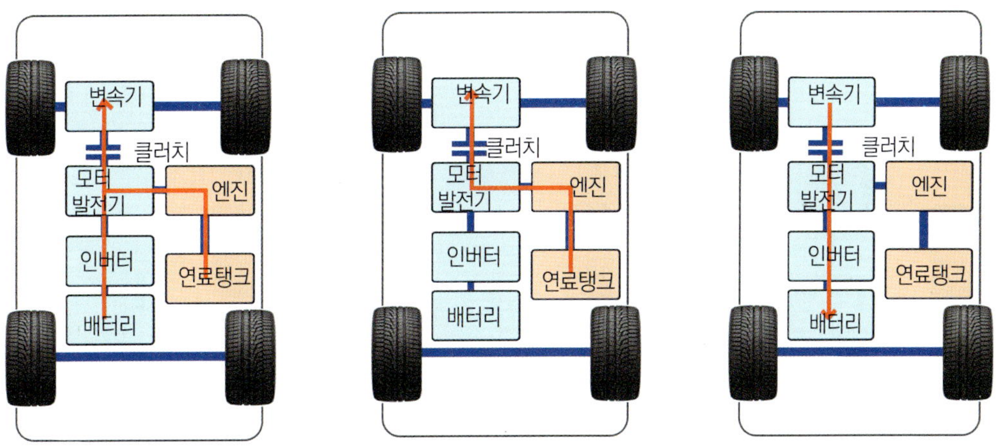

(a) 모터+엔진 모드 (b) 엔진 모드 (c) 회생제동 모드

그림 9 **FMED 자동차의 구동방식**

2) TMED 방식 구동방식

TMED 방식의 하이브리드 자동차는 출발 및 저속 주행에서는 모터로만 주행하는 EV 모드로 구동한다. 그리고 고속 주행과 가속/등판 주행 시에는 모터가 엔진을 보조하여 모터와 엔진 동시에 구동하게 된다. 엔진의 효율이 좋은 구간에서는 엔진으로만 주행하고, 주행 시 배터리가 부족할 때는 엔진을 통해 배터리를 충전하면서 달릴 수 있는 모드가 있다. 그리고 브레이크 페달을 밟거나 페달을 아무것도 밟지 않을 때는 회생제동 모드로 충전을 한다. 또한 공회전 상태에서 고전압 배터리를 충전할 때는 HSG를 통해서 충전한다.

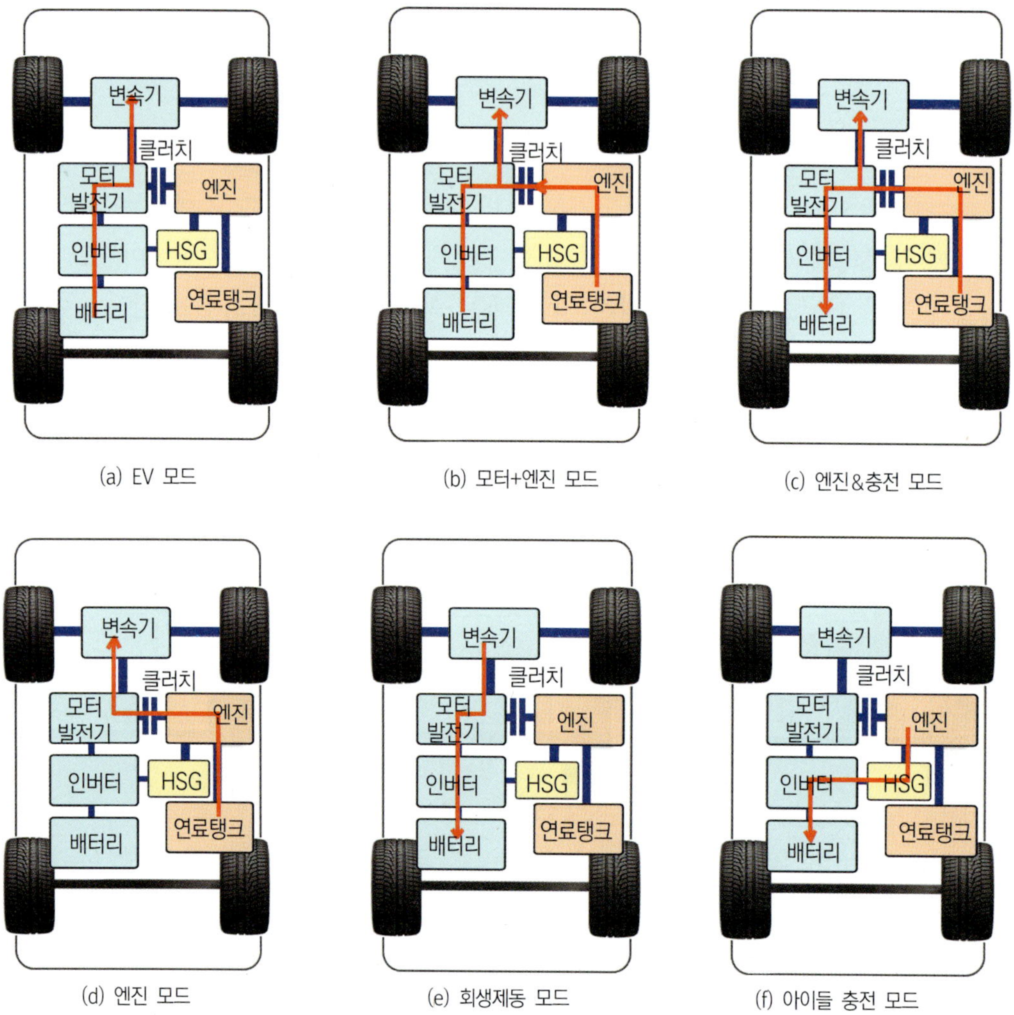

(a) EV 모드 (b) 모터+엔진 모드 (c) 엔진&충전 모드

(d) 엔진 모드 (e) 회생제동 모드 (f) 아이들 충전 모드

그림 10 **TMED 자동차의 구동방식**

3) 모터 위치에 따른 P0~P4 분류

자동차 업계나 학계에서는 모터 위치에 따라 P0~P4까지 번호를 붙여서 부른다. 최근에는 인휠모터(In wheel motor)를 P5로 포함시키기도 한다.

표 2 모터 위치에 따른 P0~P4 분류

Type	설명	Micro HEV	Mild HEV	Full HEV	PHEV	BEV
P0	벨트구동 스타터 제너레이터 EV 모드 없음	●	●	●	●	
P1	엔진 크랭크샤프트 연결된 모터. EV 모드 없음		●			
P2	기어 입력 샤프트에 연결된 모터		●	●	●	
P3	기어 출력 샤프트에 연결된 모터		●	●	●	
P4	동력축에 연결된 모터		●	●	●	●

① P0는 모터가 엔진의 가장 끝에 위치하며, 하이브리드 스타터 제너레이터를 의미한다. 엔진을 크랭킹시키며, 엔진이 회전하고 있을 때는 모터와 인버터를 통해 발전기 역할도 수행할 수 있다. 내연기관이 장착된 HEV, PHEV라면 P0에 모터(HSG : Hybrid Starter Generator)는 꼭 장착되어야 합니다.

② P1은 모터가 엔진의 크랭크샤프트에 위치한다. 축 방향으로의 모터 크기가 제한적이어서 마일드 HEV와 같은 출력을 보조하는 용도로 주로 사용되는 위치이다. 다른 말로 FMED라고도 한니다.

③ P2는 모터가 엔진과 변속기 사이에 위치하는 것으로 변속기 입력 쪽이라고 보면된다. 따라서 TMED라고 부르며, 병렬형 HEV의 대표라고 할 수 있다. 많은 제조사들이 하이브리드 자동차를 설계할 때 선택하는 방식이다. 설계 비용이 상승하고 클러치 제어가 어렵다는 단점이 있지만, 전기 모터로만 주행할 수 있는 모드를 구현할 수 있다는 장점이 있다.

④ P3는 모터가 변속기 출력에 위치한다. P2는 구동모터가 엔진과 회전속도를 맞춰 준다면, P3는 변속기 출력 쪽과 회전속도를 맞춰야 한다. 그리고 P2에 비해 P3는 변속 중 발생하는 동력 단절감이 상대적으로 적다.

⑤ P4는 모터가 구동축에 직접 장착된다. 모터만 장착한 전기차의 경우 모터+감속기가 바로 구동축에 연결되기 때문에 대표적인 P4 시스템입니다. 또한 토요타 프리우스의

AWD-e와 같이 4륜 구동(전륜은 엔진, 후륜은 모터) 시스템의 경우 구동 모터가 직접 구동축에 연결될 수 있다.

(3) 혼합방식(series-parallel type, 직 · 병렬 하이브리드)

혼합방식은 직렬형과 병렬형을 혼합한 방식으로 병렬 하이브리드 처럼 엔진이 직접 자동차의 구동에 관여할 수 있고, 직렬 하이브리드처럼 모터의 힘만으로도 움직일 수 있으며, 엔진과 모터가 동시에 구동할 수 있게 되어 있다.

엔진효율이 좋은 주행상태에서는 엔진으로 발전기를 돌려 축전지에 충전하는 것이 주요 동작과정이다. 바퀴 회전속도를 측정하여 엔진구동이 효율적이라고 판단되면 엔진으로 바퀴를 직접 구동하도록 하고, 이 보다 엔진-발전기-모터의 효율이 좋다고 판단되면 엔진은 발전기가 된다. 엔진은 일정속도 회전시가 효율이 가장 좋다. 이 엔진출력이 주행에 소요되는 구동력을 초과할 경우에는 남는 에너지로 발전하여 축전지에 저장한다. 보다 큰 구동력을 요할 때에는 엔진, 엔진-발전기-모터, 축전장치-모터의 구동력이 함께 동원되어 강력한 힘을 발휘한다. 전기차 수준의 급가속도 가능하다.

병렬 하이브리드와 달리 2개의 모터가 필수로 들어가며 예전에는 시스템에 따라 구동용, 발전용 모터가 각각 들어갔었지만, 현재는 구동과 발전을 모두 할 수 있도록 만들어졌다. 그리고 무엇보다도 엔진이 구동에 참여하지 않아도 발전을 할 수 있다.

2개의 모터는 MG1, MG2라고 하는데 여기서 MG는 모터(전동기)와 발전기를 뜻하는 (Motor Generator)의 머리글자에서 따온 것이다. MG1은 주행 중 발전으로 배터리 충전뿐만 아니라 시동을 걸때 시동 모터로도 사용되며 MG2도 구동에만 사용되는 것이 아닌 회생제동 시 돌아가 발전기 역할도 담당을 한다. 따라서 각각의 역할은 정해져 있지만 한 기능에만 치우쳐지지 않고 복합적으로 작동한다. 덕분에 모터로 주행 중이거나 엔진이 개입했을 때도 발전기 모터(MG1)를 돌려 배터리를 충전할 수 있다.

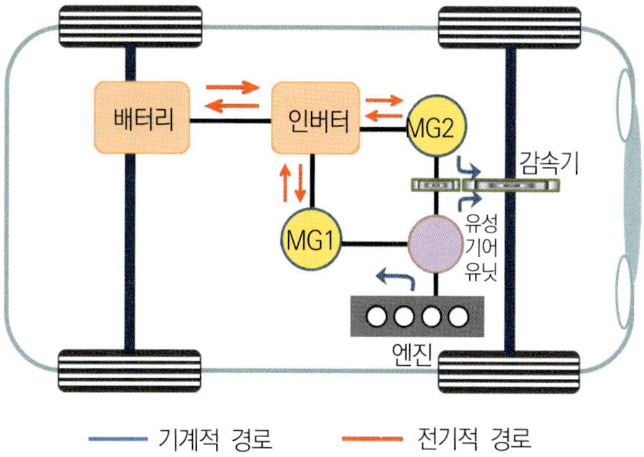

그림 11 혼합방식(직・병렬방식) HEV

또한, 발전기를 단독으로 갖고 있는 것이 병렬형과는 다른 점이다. 복잡한 구조와 전장기술의 필요로 하기 때문에 비교적 고가이며, 중형급 이상의 차종에 적합한 방식이다. 이 방식은 도요타의 프리우스(Prius)에 처음으로 채택한 방식으로 THS(toyota hybrid system) 방식이라 불리기도 한다. 하이브리드 시스템(THS)의 작동원리는 다음과 같이 요약할 수 있다.

① 발진시와 경부하시에는 엔진을 정지하고, 축전지로부터의 전력만을 가지고 모터로 주행한다.

② 통상 주행시에는 엔진 직접구동과 발전기에서 얻어진 전력을 사용한 모터구동 두 가지가 된다.

③ 가속, 추월, 등판시 등 큰 동력이 필요한 경우, 통상 주행시에 추가하여 축전지로부터 전력을 공급하여 모터의 구동력을 증가시킨다.

④ 감속시에는 모터를 발전기로 변환시켜 감속에너지로 발전하여 축전지에 충전하여 재생한다.

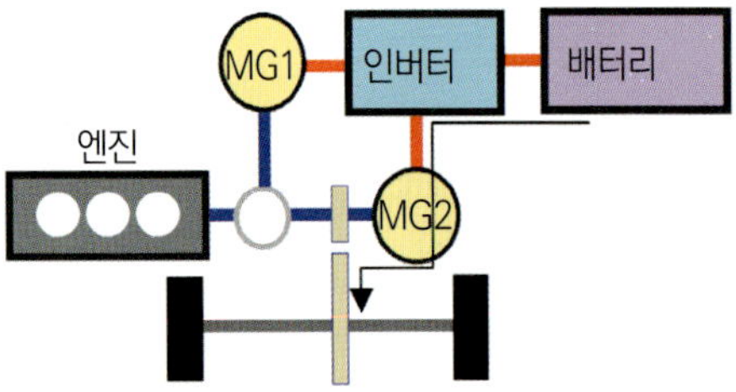

(a) 발진, 경부하시

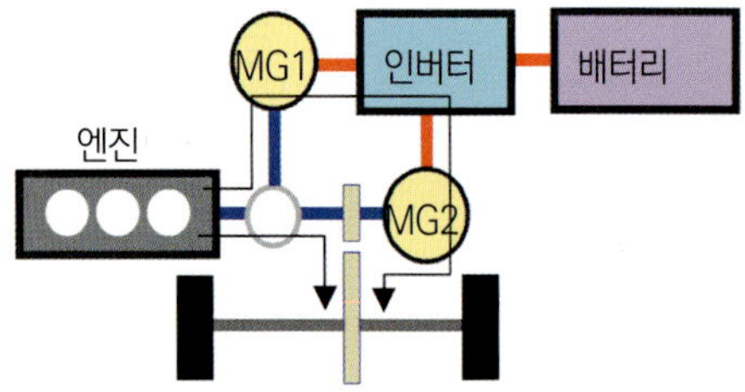

(b) 통상 운전시

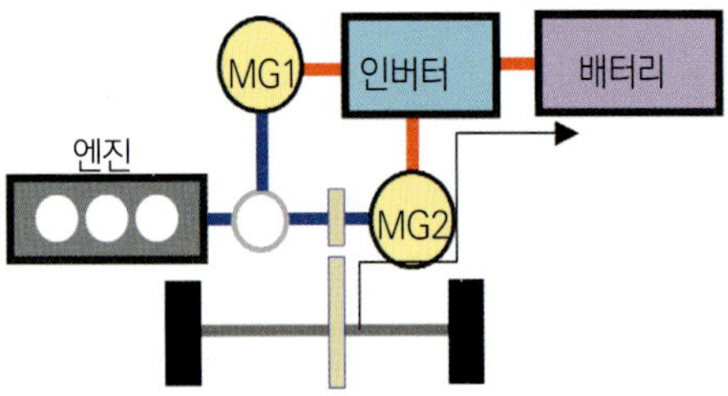

(c) 전출력 운전시

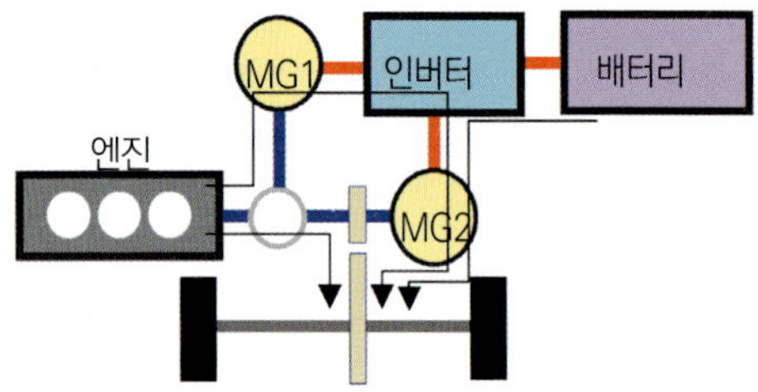

(d) 감속, 제동시

그림 12 **THS의 구동력 전달**

이러한 복잡한 제어를 변속충격 없이 실현시켜주는 시스템이 도요타(Toyota)가 자체 개발한 유성기어(Planetary-Gear) 전기식 무단변속기와 제어시스템이다. 따라서 하이브리드 시스템(THS)에는 무단변속기(CVT : continuously variable transmission) 등의 기계식 변속기가 장착되어 있지 않다.

표 3 **동력전달방식에 따른 구분의 장단점 비교**

구분	연비개선				주행성능	
	아이들 스톱	회생제동	엔진 최적제어	종합효율	가속성능	연속출력
직렬형	●	◎	●	●	○	○
병렬형	●	●		●	●	○
복합형	◎	◎	◎	◎	●	●

※ ◎ (우수), ● (보통), ○ (낮음)

2 마일드 하이브리드(MHEV : Mild Hybrid Electric Vehicle)

(1) 48V 마일드 하이브리드

마일드 하이브리드 시스템에도 모터와 배터리가 있다. 하지만 일반 하이브리드 자동차와는 다르게 여기서 모터는 엔진을 보조하는 역할을 하며, 차량 시동을 걸때 작동하고, 가속할 때 부가적인 동력을 제공하여 도움을 주며, 제동시 회생제동 시스템을 통해 배터리를 충전한다. 48V 배터리를 주로 사용하므로 48V 마일드 하이브리드라고 주로 불린다. 일반 하이브리드 자동차와 가장 큰 차이점은 전기모터만으로 차량을 구동할 수는 없다는 것이다.

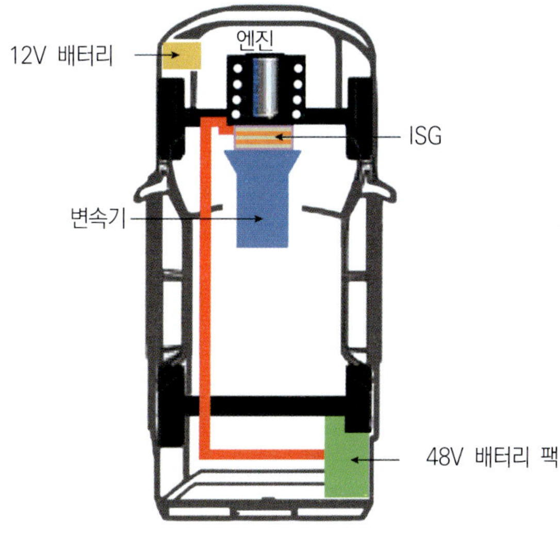

그림 13 Mild 하이브리드

유럽의 배기가스 기준을 충족시키기 위해서 적용된 기술이다. 연비향상은 종래 내연기관 대비 최대 15% 가량에 그친다. 반면 저렴하고 설계가 간편하다는 장점이 있다.

마일드 하이브리드의 대표 기능은 지능형 스탑 앤 고 기능이다. 신호 대기 등으로 잠시 멈췄을 때 시동을 완전히 껐다가 켜서 연료 낭비를 줄인다. 순수 내연기관 차량에도 적용된 기술이지만, 마일드 하이브리드에서는 매우 매끄럽게 작동한다. 이는 ISG(Integrated Starter Generator)로 불리는 모터가 발전기 역할을 겸하여 쉽게 시동을 켜주기 때문이다.

(2) 마일드 하이브리드 장점

① 풀 하이브리드 대비 쉬운 설계적용과 저렴한 설치비용 : 부피가 큰 디젤 엔진에 하이브리드 엔진을 적용하는 것은 상당히 어렵다. 하지만 마일드 하이브리드는 적용하기 수월하고 풀 하이브리드의 30% 비용으로 내연기관 차량에 탑재가 가능하다.

② 강력한 전압 시스템으로 스타터 모터를 구동하기 때문에 ISG(스탑 앤 고)작동 상태에서 한 박자 빠른 시동 반응과 진동 및 소음을 억제하여 이질감 없는 출발을 돕는다.

③ 이산화탄소 저감 효과 : 엔진을 다운사이징하더라도 마일드 하이브리드 시스템이 엔진을 보조하기 때문에 엔진을 다운사이징 하더라도 엔진 성능은 유지가 된다. 엔진 사용 비율을 줄이는 만큼 배기가스 또한 약 10%정도 줄어든다.

④ 연비 개선 효과 : 차가 정차하려고 할 때 발생하는 에너지를 회수하고 저장하는 회생제동을 지원해 약 10%의 연비 개선효과가 있다.

(3) 마일드 하이브리드 단점

① 운전자가 체감되지 않는다. : 풀 하이브리드 대비 연비는 낮고, 일반 내연기관과 큰 차이가 없기 때문에 운전자는 몸으로 느껴지기에는 차량이 하이브리드 차량인지 몸으로 느껴지지 않는다.

② 연비, 탄소 배출 대비 비싼 차량 가격 : 연비가 10%정도 상승하고 탄소배출 또한 10% 정도 줄어드는 데에 비해 차량가격은 일반 내연기관 보다 크게 비싼 경우가 많다.

③ 하이브리드 보다 낮은 저속, 초반 출력 : 저속에서 엔진을 쓰지 않는 풀 하이브리드 엔진보다 연비와 출력이 낮다.

3 플러그인 하이브리드(Plug-in Hybrid)

플러그인 하이브리드 자동차는 가정이나 건물의 전기 등을 이용하여 외부에서 충전한 배터리의 전기동력으로 주행하다가 배터리 방전시 일반 하이브리드 자동차(HEV) 처럼 내연기관 엔진과 배터리의 전기동력을 동시에 사용하여 운행하는 자동차로, 일반 하이브리드 자동차 보다 진일보한 방식의 하이브리드 자동차이다.

하이브리드 자동차는 내연기관을 기반으로 전기모터가 보조하는 방식인 반면, 플러그인 하이브리드 자동차는 전기모터가 기반이며 내연기관이 보조하는 시스템으로 순수 전기자동차보다 주행거리가 길고, 전기를 메인으로 구동이 가능하니 하이브리드 자동차 보다 연료 소모가 적은 것이 특징이다. 또한 하이브리드 자동차와 달리, 충전상태를 감소시키는 방전모드에서 주행이 가능하다는 특징이 있으며, 내연기관보다는 전기자동차에 더욱 가까운 형태이기 때문에 배터리의 에너지밀도가 무엇보다 중요하다고 할 수 있다. 기존 자동차의 핵심은 엔진이었다면, 플러그인 하이브리드 자동차를 비롯한 전기차의 핵심기술은 배터리이다.

(1) 장점

① 전기자동차에 비해서는 최대 항속거리가 길다. 전기 충전량이 부족하면 그냥 주유소에서 기름을 채워서 일반 하이브리드 차량처럼 운행하면 된다. 엔진 구동 시의 진동은 어쩔 수 없지만, 화석연료 기반 자동차보다는 평균적으로 적다.

② 내연기관 차량이나 하이브리드 차량에 비해서는 단거리 운전 시 전기를 사용하므로 연비가 좋다. 장거리 운전 시에는 화석연료를, 단거리 운전 시에는 전기를 사용하는 식으로 서로의 단점을 커버하는 운행이 가능하다는 것이다.

③ 기본적으로 단거리를 주로 달리고, 충전 인프라 문제가 없으며, 장거리 운전의 빈도가 낮지만 그 장거리 운전이 전기차가 두세 번씩 충전하며 달려야 하는 초장거리 운전이거나 충전소 인프라가 부족한 환경에서의 운전이라면 연비와 주행거리를 모두 챙긴 최적의 선택이 될 수 있다.

④ 가솔린 충전소를 이용 가능하며, 충전 시설 정비가 진행될 때 까지는 편리하게 사용할 수 있다.

(2) 단점

① **배터리의 용량** : 순수 전기차처럼 대용량의 배터리를 달지 않고, 작은 배터리 용량으로 인해 주행거리 대비 배터리에 충전된 전기가 쉽게 고갈된다. 장거리 운행 시에는 화석연료를 쓰니 문제될 것이 없지만, 1~2일에 한 번씩은 충전해야 한다는 문제점이 생긴다.

② **배터리 무게** : 일례로 단종된 아이오닉 플러그인 하이브리드의 중량은 1,515㎏으로, 한 체급 위인 쏘나타 2.0(1,470㎏)보다 무겁다. 이로 인해 화석연료 사용 시 연비가 떨어져, 충전을 하지 않고 일반 하이브리드 차량처럼 사용하기에는 더 비싼 가격과 더 낮은 연비로 가성비가 떨어진다. 이산화탄소 배출량도 크게 상승하며, 충전을 자주 하지 않은 PHEV 차량의 이산화탄소 배출량은 추정치의 2~4배 가량으로 순수 내연기관 자동차보다 못하다.

③ PHEV 배터리가 트렁크에 장착되는 경우 트렁크 턱이 살짝 높아지거나 좁아져서 트렁크 용량이 줄어든다. 중앙에 세로로 배치할 경우에도 센터터널이 높아져서 콘솔박스의 수납공간이 제한된다.

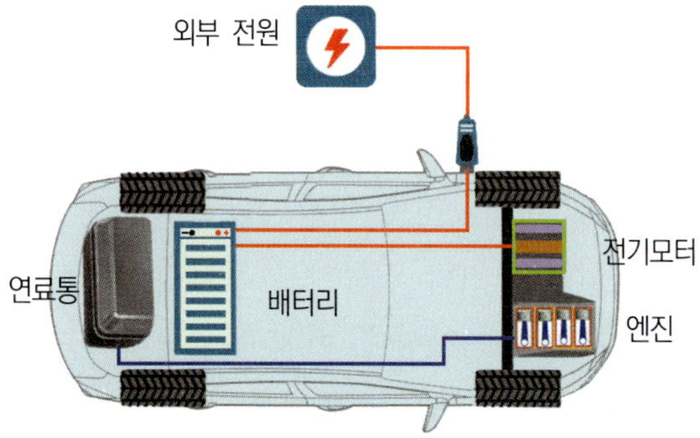

그림 14 **플러그인 하이브리드 자동차**

4 모터 사용정도에 따른 구분

(1) Micro(Mild)방식

Micro방식은 공회전시에 시동이 자동으로 꺼지고 액셀러레이터를 밟아 출발하게 되면 시동이 켜지는 지능형 스탑앤고 기능을 장착한 차량으로 제약조건이 많은 소형차량에 적합한 방식이다. 이 방식에서 모터는 보조역할만 하는 단순한 시스템이다.

(2) Soft(Power assist)방식

Soft HEV의 경우 Micro(Mild) HEV 방식보다는 모터의 보조역할이 더 크다. 대부분의 병렬형 방식이 Soft 타입으로 현대자동차의 아반테 LPI 하이브리드 및 혼다자동차의 시빅 하이브리드와 같이 엔진+전기모터 한개+CVT로 구성되어 있다. 이 경우 엔진과 변속기 사이에 모터가 삽입되어 있으며 모터가 엔진의 동력 보조 역할을 수행하게 된다. 전기모터 단독으로 차를 움직일 수 있지만 모터는 단지 추진의 보조역할을 한다.

Soft 하이브리드 시스템은 전기적인 비중이 적어 가격이 저렴한 장점이 있지만 순수 전기모드 구현이 불가능하여 배기가스 저감 및 연비개선에서 상대적으로 불리하게 된다. Soft 타입은 시동이나 가속순간에만 모터가 엔진을 보조하고 정속 주행 시는 일반 자동차와 동일하게 엔진으로만 구동하는 타입이다. 그래서 하드타입에 비하여 연비가 저하된다.

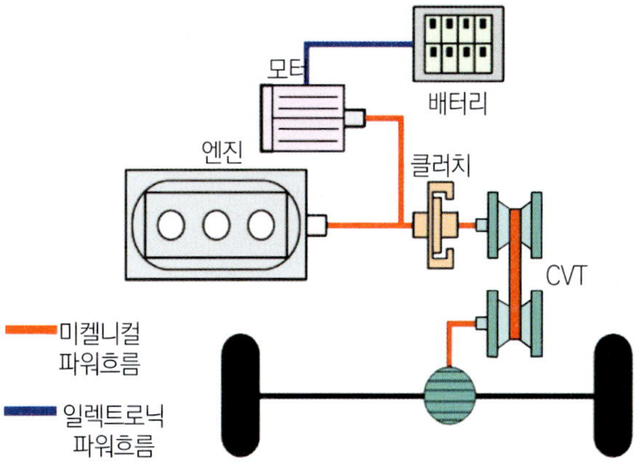

그림 15 Soft(Power assist) HEV

(3) Hard(Full)방식

Hard(Full) HEV는 전기 모터가 출발과 가속 시에만 역할을 하는 것이 아니라 주행에 주로 사용되는 방식이다. 직렬형과 혼합형(직·병렬형)이 이 방식에 속한다. 도요타의 프리우스가 대표적이며 이러한 방식이 하이브리드의 주류가 될 것으로 보인다.

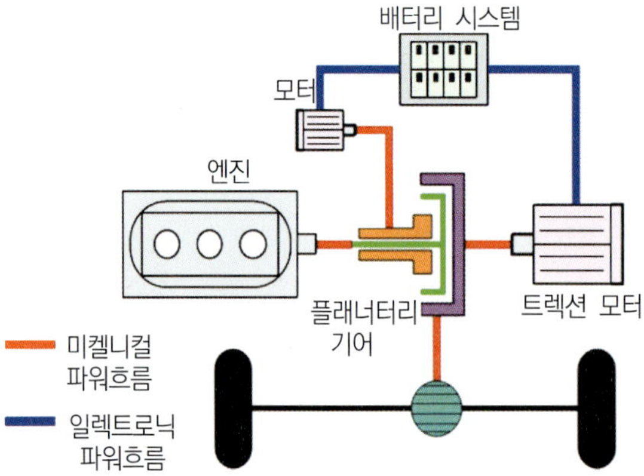

그림 16 Hard(Full) HEV

Hard 하이브리드는 도요다자동차의 프리우스처럼 엔진에 전기모터 2개를 가지고 있으며 전기식 CVT로 구성된 하이브리드 시스템이다. 이 경우 엔진, 모터, 발전기의 동력을 분할/통합하는 기구인 유성기어를 채택하여 효율적으로 동력을 배분하고 있으며 모터 2개가 유기적으로 작동하여 동력보조 역할도 수행하면서 순수 전기자동차로 작동도 가능하다.

Hard 하이브리드 시스템은 대용량 모터와 추가 모터 등 2개 이상의 모터와 제어기가 필요하고 대용량 축전지가 필요하여 Soft 타입에 비하여 전용부품이 1.5~2배 이상 고가인 단점이 있지만 회생제동 효율이 우수하고 연비가 좋은 장점도 가지고 있다.

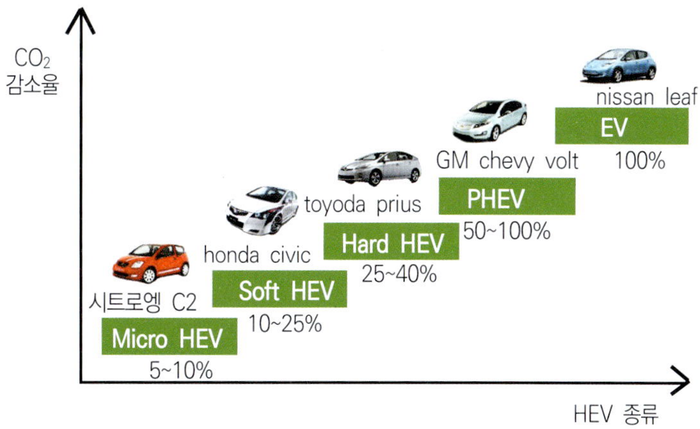

그림 17 HEV의 종류별 CO_2 감소율

Hard 하이브리드는 저속구간인 약 60㎞/h까지 급가속을 하지 않으면 고전압 축전지의 전압을 이용 모터로만 자동차를 구동하는 방식이다. 급가속 순간시에는 엔진 출력을 보조하는 소프트타입과 동일한 작동을 한다.

03 하이브리드 전기자동차의 구성

하이브리드자동차의 전체적인 구성을 살펴보면 첫 번째로 차량 앞쪽에 있는 엔진부분을 들 수 있는데 이 부분은 엔진과 자동변속기 또는 CVT의 결합으로 이루어져 있고 일반 차량과는 다르게 그 사이에 구동을 위한 하이브리드 모터가 들어가 있다.

그림 18 하이브리드 자동차의 주요 구조

다음으로 하이브리드 고전압 배터리부분을 들 수 있는데 고전압 배터리부분을 보면 고전압 배터리 외에도 배터리를 식혀 주는 쿨링시스템과 하이브리드 모터를 제어하는 모터 컨트롤 유닛이 장착되어 있다.

모터 컨트롤 유닛이 여기에 있는 이유는 모터 컨트롤 유닛에서는 열이 많이 발생하기 때문에 쿨링시스템이 있는 이곳에 같이 장착이 된 것이다. 또한 저연비 고효율 자동차를 실현하기위해 전기 모터방식의 파워스티어링의 적용과 차량 밀림방지시스템이 추가적으로 적용된다.

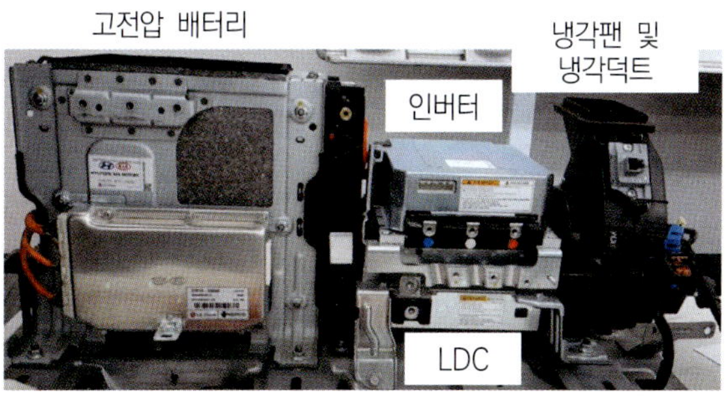

그림 19 **하이브리드 고전압 배터리부분**

1 모터

(1) 하이브리드 구동모터 개요

전기에너지로부터 전자계를 매개체로 하여 기계에너지로 변환을 통해 구동력을 발생시키기 장치는 회전기기(Rotary Machine) 또는 선형기기(Linear Machine)이다. 하이브리드 자동차에 장착되는 동기모터는 출력밀도가 높고 광범위한 운전이 가능한 AC(교류)전압으로 동작하는 고출력인 영구자석 동기 모터(PMSM : Permanent Magnet Synchronous Motor)로 형상에 의해 엔진에 직결하는 HEV/PHEV용인 팬케익형(Pancake type)이 있다. 구조를 보면 크게 3가지 부분으로 회전자의 절대위치검출을 위한 레졸버 어셈블리, 전원공급과 모터를 지지하기 위한 하우징/고정자 어셈블리, 동력을 발생시키고 전달하는 회전자 어셈블리로 나눌 수 있다. 외부에 원형의 스테이터가 있고, 내부에 로터가 있는 방식으로 스테이터(고정자)는 코일이 감겨져 있고 모터의 고정자 기능을 하고, 로터(회전자)에는 영구자석이 내장되어 있어 모터 고정자에 형성된 회전 자계에 의해 발생된 회전 토크를 변속기 입력축으로 전달하는 회전자 기능을 하고 엔진 시동(이그니션 키 & 아이들 스탑 해제시 재시동) 제어와 출발 및 가속 시 엔진의 동력을 보조하는 기능을 한다.

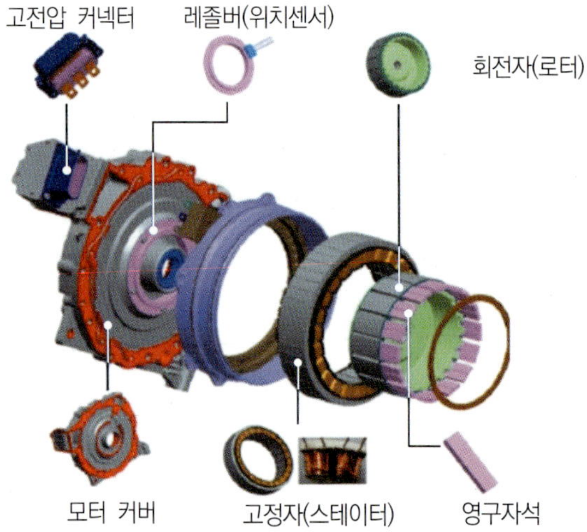

그림 20 HEV/PHEV용 구동모터 구조

(2) 구동모터의 설계

TMED용 구동모터로는 팬케익형(Pancake)이 주로 이용되고 있으며 효율 경쟁력을 가지기 위해서는 분할코어 집중권 모터로 설계되어야 한다. 분할코어 집중권의 경우 분포권보다 엔드턴이 짧고 점적률이 높아 동손이 작다. 하지만 분할코어 집중권의 단점은 코깅토크 및 토크리플이 커서 NVH 측면에서 불리하다. 따라서 효율 및 출력 등 다른 조건은 최대화하며 코깅토크 및 토크리플을 최소화하는 방향 및 전달계를 강건화하는 방향으로 설계가 진행되어야 한다.

모터 효율을 극대화하기 위한 방법으로는 코일의 점적율을 올리는 방향과 코어의 두께를 줄여 철손을 줄이는 방향으로 설계 진행되었다. 점적율을 높이기 위해 기존의 환선에서 사각권선을 적용하여 설계하였으며 코어의 두께는 0.3㎜ 이하 박판을 개발하여 적용하고 있다. 시스템 효율을 개선하기 위해서는 역기전압을 증대시켜 전류를 줄이는 방향으로 설계 진행되고 있으며, 역기전압을 높이기 위한 방법으로는 구동모터의 상당 직렬턴수를 증대시키는 방법을 적용하였다. 이로 인해 전류가 감소하여 인버터의 효율이 높아지며 시스템 효율을 개선하였다.

코깅토크와 토크리플에 영향을 많이 주는 부분은 공극에 접하고 있는 회전자의 외경부 형상 및 고정자의 내경 형상이다. 즉, 공극 부분의 형상을 변경함에 따라서 코깅토크와 토크리플은 크게 바뀌게 된다. 회전자 형상은 Groove를 적용하여 최적화하였고 이로 인해 릴럭턴스 토크 사용량이 줄어들게 되나 토크리플은 상당히 감소시킬 수 있다.

고정자의 형상 또한 코깅토크와 토크리플에 영향을 주며 특히, 치끝 형상에 대한 최적화 설계가 진행되었다.

Sonata/K5에는 변속기로 AT(Automatic Transmission)가 모터에 결합되어 변속기와 모터의 냉각을 공유할 수 있는 유냉으로 설계되었다. 냉각은 서포트링과 하우징 사이에 위치하는 냉각 채널로 오일을 흘려 고정자 외부를 간접 냉각을 하는 방식과 베어링과 엔진클러치를 냉각시킨 오일이 비산에 의한 직접냉각 방식을 동시에 적용하여 냉각 성능을 확보하였다.

아이오닉/니로의 경우는 DCT(Double Clutch Transmission)을 적용하고 변속기 내부의 건식 엔진클러치로 인해 모터는 독립적으로 분리하였다. 이로 인해 냉각을 위해 서포트링에 냉각수를 흘려 고정자 코어 외부를 간접냉각하는 방식으로 설계를 하였다.

그림 21 **아이오닉 하이브리드의 영구자석형 동기모터**

(3) FMED 방식 하이브리드 모터 구조

모터의 구조는 로터와 스테이터는 각각 전자석 혹은 영구 자석으로 되어 있는데, 같은 극일 때 작용하는 척력(미는 힘), 반대 극일 때 작용하는 인력(당기는 힘)이 적절히 교차하며, 구동과 정지를 반복하게 된다.

(a) 하우징과 스테이터

(b) 스파이더와 로터

그림 22 **모터의 구조**

통상 로터에 영구 자석을 사용하는 방식이 사용되고 있는데, 이는 높은 최고 출력과 최대 토크를 구현하는 데 유리하며, 액셀러레이터 답력에 따른 정교하고 기민한 반응이 가능한 까닭이다. FMED 방식 하이브리드 전기자동차에서 모터는 주 동력원인 엔진과 무단변속기(CVT)사이에 장착되어, 엔진시동 및 발진·가속시 엔진의 동력을 보조하는 역할과 차량 감속 또는 제동시 고전압 배터리의 충전을 위한 발전기의 역할을 수행하게 된다.

1) 리어 플레이트

엔진블록과 모터 하우징사이에 장착되어 있으며, 모터 회전자(로터)의 위치 및 속도정보를 검출하기 위한 레졸버(resolver)센서가 장착된다.

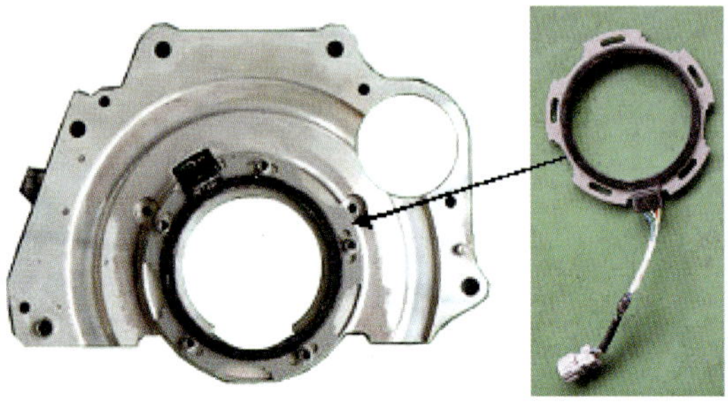

(a) 리어 플레이트 (b) 레졸버

그림 23 **리어 플레이트**

2) 모터 하우징

엔진과 무단변속기사이에 장착되며, 모터 고정자와 회전자 등 모터 구동 관련 부품들이 내장되어 있다.

(a) 엔진쪽에서 본 하우징 (b) CVT쪽에서 본 하우징

그림 24 **모터 하우징**

3) 회전자 어셈블리

실제 구동력을 발생시키는 모터 회전자 즉, 로터는 엔진 크랭크축에 직접 체결된다. 영구자석이 내장된 로터이며, 모터 고정자에 형성된 회전 자계에 의해 발생된 회전 토크를 변속기 입력축으로 전달한다.

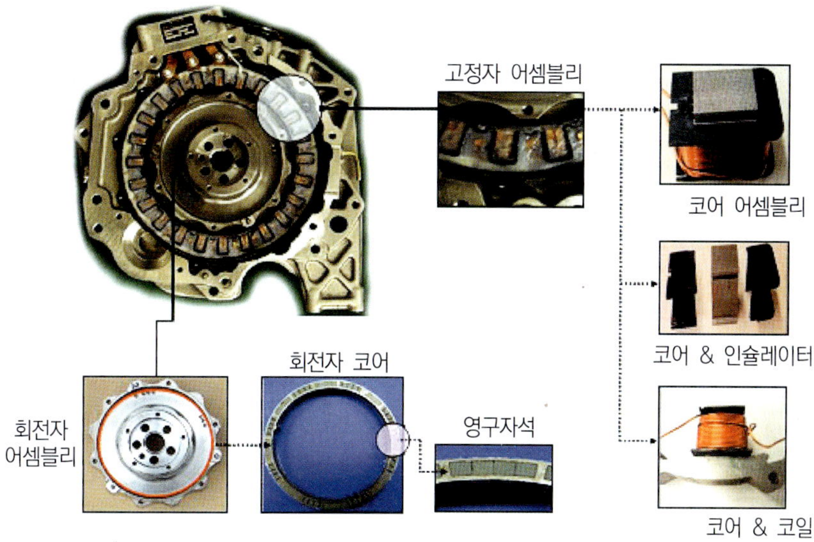

그림 25 **모터 세부구조(엔진측에서 보았을 때)**

① 댐퍼 플레이트

모터 회전자(로터)와 무단변속기(CVT)사이에 장착되며, 변속기 입력축이 연결되는 스플라인 기어가 가공되어 있다. 엔진 또는 모터 회전에 따른 동력을 변속기 입력축에 전달하는 역할을 한다.

그림 26 **댐퍼 플레이트**

② 스테이터

모터 고정자(스테이터)는 엔진과 무단변속기 하우징에 체결되고, 스테이터 코일에 감겨진 권선코일에 인버터를 통해 3상(U, V, W) 교류를 보내주면 회전자계를 형성하여 회전자의 자석과 전자기적 상호작용에 의해 회전 토크가 발생하여 구동한다.

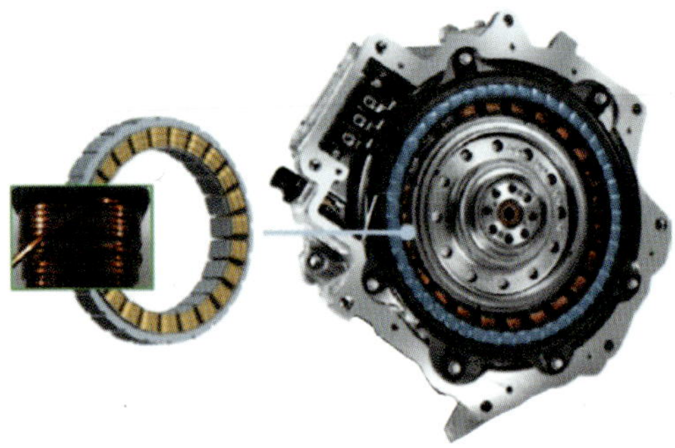

그림 27 **스테이터**

③ 스파이더

모터 회전자이며, 로터가 내부에 삽입되어 있다.

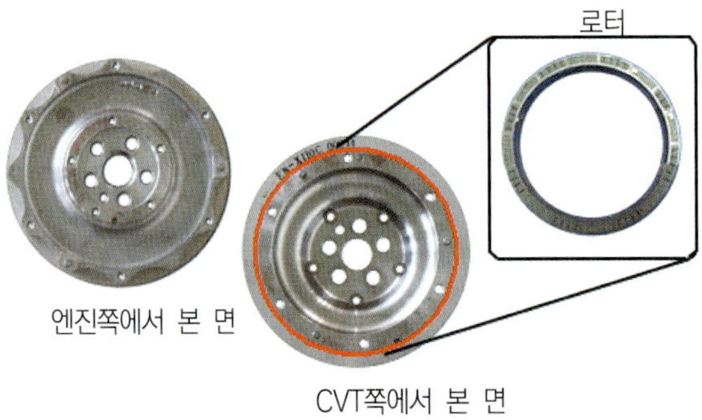

그림 28 **스파이더**

④ 로터

회전자(로터)는 크랭크축에 직접 체결되고, 댐퍼플레이트 중심에 변속기(CVT) 입력축이 연결되어 동력을 전달한다. 영구자석이 내부에 삽입되어 있으며, 영구자석은 네오디뮴 자석으로 일반자석보다 7~10배 더 높은 자력(G, 가우스)으로 취급시 주의해야 한다. 스테이터와 공극(에어갭)을 0.5~1.2㎜ 이내의 간극을 유지해야 한다.

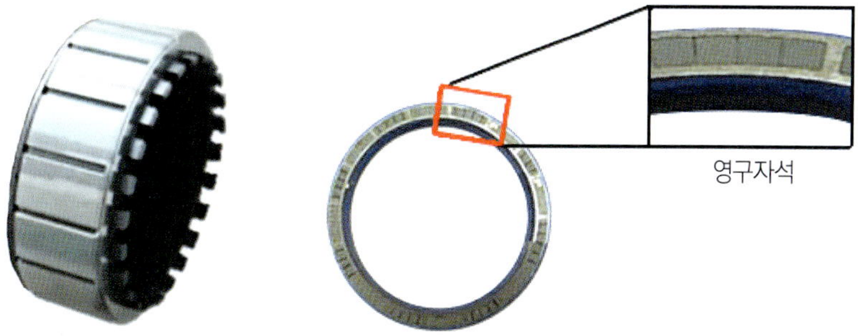

그림 29 로터

4) 레졸버(resolver)

위치센서인 레졸버는 변압기 원리를 이용한 1차 측 여자코일(Exciting coil)과 2차 측 2상의 출력코일(Two-phase output coil)로 구성된 고정자부와 전기 강판으로 적층한 회전자부를 포함하고 있다. 하우징/고정자 어셈블리는 모터를 지지하고 변속기/엔진과 결합하는 하우징부와 전기강판이 적층되어 있고 권선을 포함하고 있는 고정자부, 그리고 구동모터과 온도센서를 포함하고 있다. 회전자 어셈블리는 동력전달을 위한 샤프트부와 전기강판을 적층 후 영구자석을 삽입한 회전자부로 구성된다.

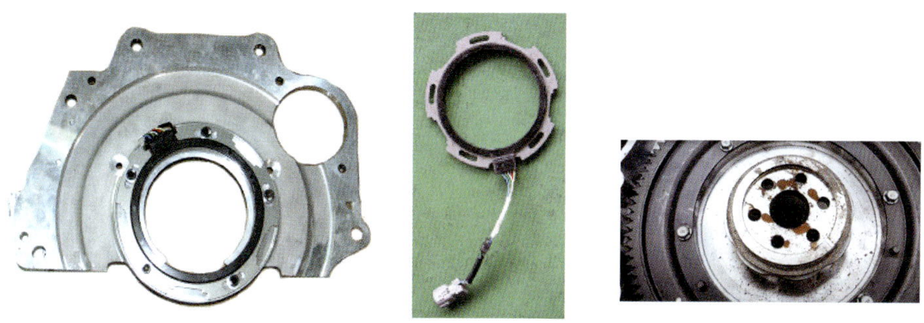

(a) 고정자 (b) 회전자

그림 30 레졸버 위치센서

① 레졸버 보정의 개요

레졸버(resolver) 보정은 모터(리어 플레이트)에 장착되어 있는 레졸버의 정확한 상(phase)의 위치 검출을 통해 MCU는 정확한 토크로 모터를 제어해야 하는데 일반적으로 레졸버는 정확한 위치로 모터와 조립되어 보정이 필요 없도록 해야 하지만 차량의 파워트레인과 조립되는 하이브리드 차량의 경우에는 하드웨어적으로 로터와 레졸버 상의 위치가 맞도록 조립하는 것이 어렵다(기계적인 조립 공차 발생).

따라서 정확한 상의 위치 값과 레졸버 출력 값이 같아지도록 자동적으로 보정해주는 방법이 제공되어야 한다.

② 레졸버(Resolver)의 구조

㉮ 모터와 유사한 구조이다(여러 개의 극수로 제작).

㉯ 고정자(스테이터) : 1상의 여자 권선과 2상의 검출 권선(상호 90° 위상 차)이 감겨 있다.

㉰ 회전자(rotor): 회전각에 따라 철심 형상이 변화하여 쇄교 자속량이 변동하게 한다(가변 릴럭턴스).

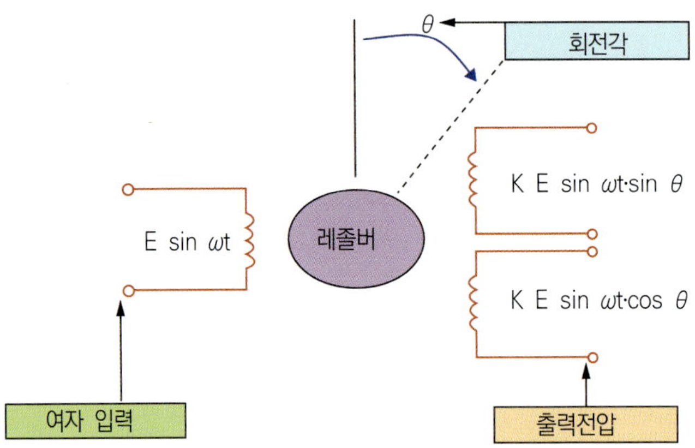

그림 31 **레졸버 구조 및 작동원리**

③ 동작원리(변압기의 원리)

㉮ 고정자(스테이터)여자 권선에 고주파 여자신호인가(ex. 10㎑) : 외부 구동회로 필요하다.

㉯ 회전자(로터)가 회전하면 릴럭턴스 변화에 따라 1차와 2차 측 상호 쇄교자속이 주기적으로 변화한다.

㉰ 스테이터 2상의 검출 권선의 출력전압 진폭이 회전각에 비례하여 변화한다(sin/cos형태).

㉱ 출력신호를 RDC(resolver to digital converter)를 거쳐 위치각으로 변환시킨다.

(a) 2극 레졸버　　　　(b) 8극 레졸버

그림 32 **레졸버의 형상**

④ 모터 회전자 위치각의 정의

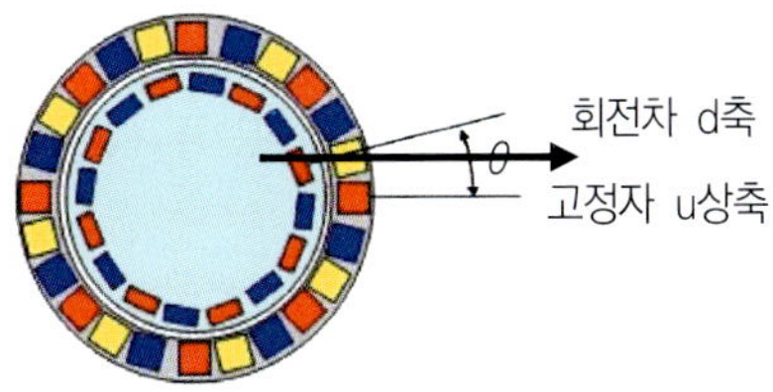

16극 영구자석 동기모터(8극쌍)

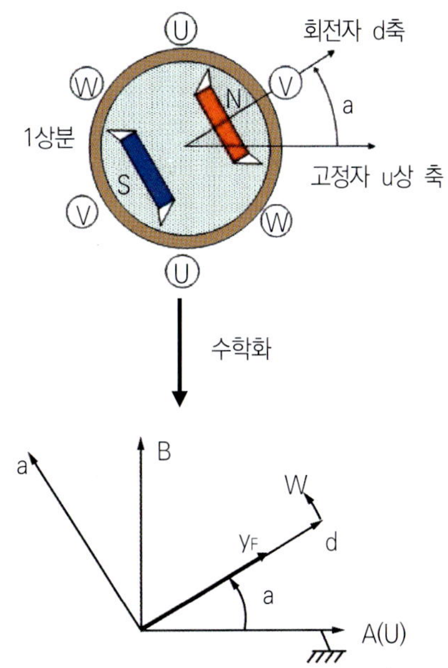

※ 관습적으로 모터의 극수는 자석수와 같은 단극수로 말하고 레졸버의 극수는 극쌍의 수로 말한다.

모터정지-동기 좌표계

그림 33 **모터 회전자 위치각의 정의**

⑤ 레졸버의 설치

㉮ 모터와 동일한 극수 적용

㉯ 모터 고정자와 레졸버 고정자 연결

㉰ 모터 회전자와 레졸버 회전자 연결

㉱ 레졸버 위치각과 모터 위치각이 1 : 1 대응

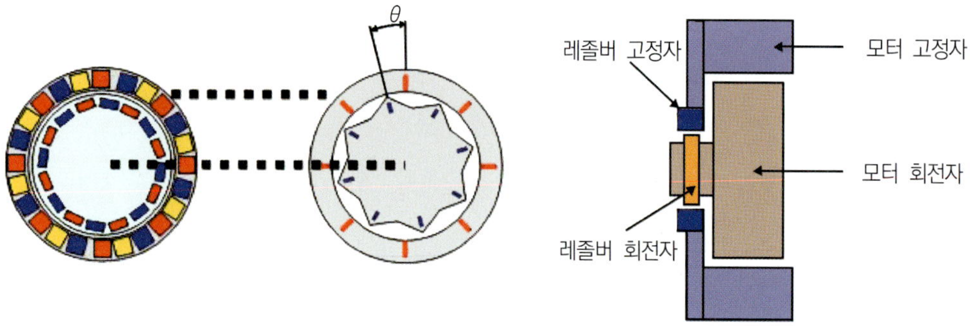

(a) 모터-레졸버 간 결합도　　(b) HEV 모터-레졸버 연결구조

그림 34 **레졸버의 설치**

5) 모터 온도센서

모터의 성능 변화에 영향을 주는 요소가 온도이다. 모터가 과열되면 영구자석 및 고정자의 코일 등의 변형 및 성능저하가 발생하므로 모터 온도에 따른 모터의 출력을 제어한다. 모터의 온도가 180℃ 이상이 되면 모터의 출력에 제한을 둔다.

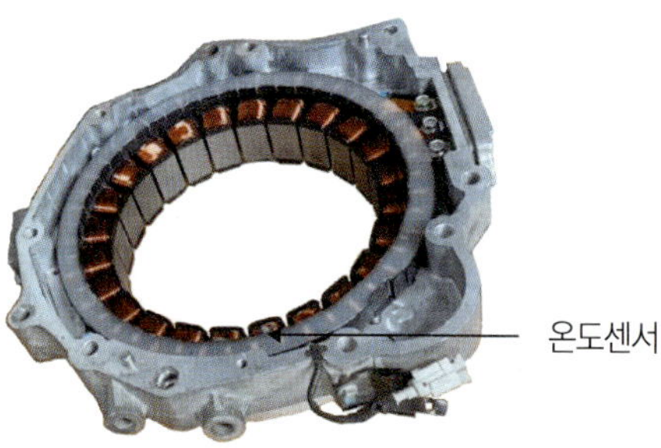

그림 35 **모터 온도센서**

(4) 모터 취급시 유의사항

① 고전압으로 작동되는 장치이므로, 시동 키 2단(ON) 또는 엔진 시동 상태에서는 절대 만지지 않는다(키 OFF 후 약 5분 이상 경과해야만 안전 함).

그림 36 시동 키

② 모터에 연결된 고전압 파워 케이블(AC 3상)은 감전의 우려가 있으므로 손으로 부품을 만지거나 커버 또는 전기케이블을 임의로 탈착하지 않는다.

③ AC 3상 케이블의 각 상간(U, V, W) 연결이 잘못되면 부품의 손상 또는 사용자나 작업자의 안전에 심각한 위협을 초래할 수 있으므로 주의한다.

그림 37 AC 3상 케이블 커넥터 및 터미널

④ 엔진 룸 내부 고압 세차금지(고전압 누전에 의한 감전 또는 부품손상 우려)

⑤ 관련 부품 정비 점검 및 수리작업은 반드시 직영 서비스센터로 의뢰한다.

그림 38 하이브리드 자동차 엔진 룸

2 고전압 배터리

고전압 배터리는 HEV, PHEV, EV의 고출력 대용량 배터리 시스템으로 기본적으로 모터를 구동시켜 주행하게 하는 에너지원이다. 고전압 배터리로 인해 주행거리가 판별되고 출력에도 영향이 있기 때문에 관리가 필요하다.

하이브리드 자동차에는 보통 Ni-MH(니켈-수소) 혹은 Li-PB(리튬이온 폴리머전지, Lithium-ion polymer battery)가 주로 사용되며, 모터 작동을 위한 전기 에너지를 공급하는 기능을 한다. 국산 차량은 모두 리튬이온 폴리머 전지를 주로 사용한다고 보면 된다.

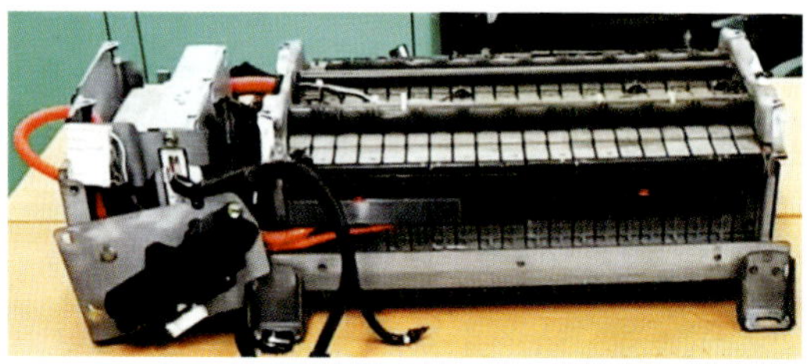

그림 39 **하이브리드 자동차 고전압 배터리**

고전압 배터리는 내부를 보면 크게 배터리 팩 부분이 보이며, 그리고 그 옆 부분에는 고전압 배터리를 제어하는 BMS가 위치하고 있으며, 그 주변으로 릴레이나 안전 플러그 등의 전장부품이 결합되어 있다.

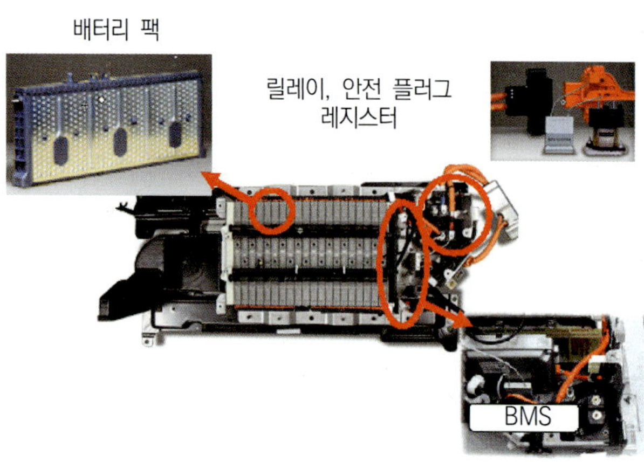

그림 40] **고전압 배터리의 내부**

(1) 고전압 배터리시스템 구성

고전압 배터리 시스템은 하이브리드 구동 모터, HSG와 전기식 A/C 컴프레서에 전기 에너지를 제공하고, 회생 제동으로 인해 발생된 에너지를 회수한다. 고전압 배터리 시스템은 고출력, 고에너지, 고내구성을 가지고 있는 배터리 팩 어셈블리, 배터리상태 예측, 입·출력 에너지 제한, 냉각 및 안전제어 그리고 에너지 잔존 용량계산 등을 총괄 제어하는 BMS ECU, 전원공급 및 안전 제어를 위한 파워 릴레이 어셈블리, 케이스, 컨트롤 와이어링, 쿨링팬, 쿨링 덕트로 구성되어 있다.

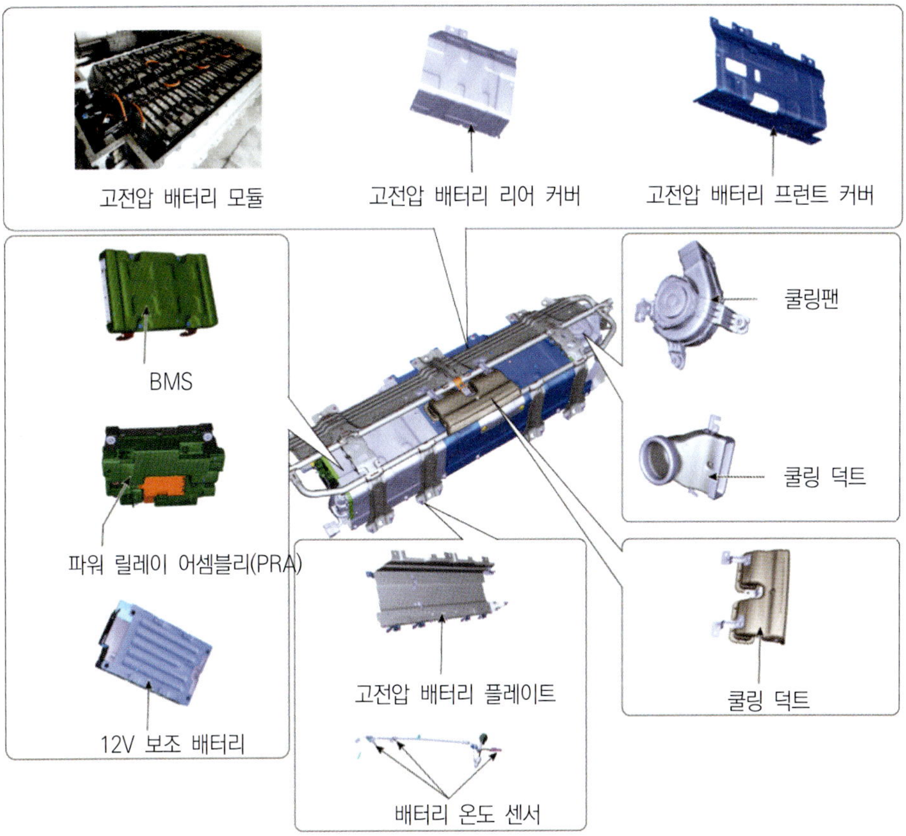

그림 41 **고전압 배터리시스템의 구성**

(2) 고전압 배터리시스템 구성부품 기능

1) 배터리 팩(pack) 어셈블리

소나타 하이브리드(DN 8) 배터리는 리튬 이온 폴리머 배터리(Li-PB)타입 파우치 형식으로 72셀(8셀×9모듈)이다. 각 셀의 전압은 DC 3.75V이며, 따라서 배터리 팩의 정격 용량은 DC 270V이다.

그림 42 **배터리 모듈**

2) BMS ECU(battery management system ECU)

고전압 배터리 제어를 위한 컴퓨터이며, 배터리 에너지 입·출력 제어와 배터리 성능 유지를 위한 전류, 전압, 온도, 사용시간 등 각종 정보를 모니터링하고, 종합적으로 연산된 배터리 에너지 상태정보를 HCU(Hybrid Control Unit) 또는 MCU로 송신하는 역할을 한다.

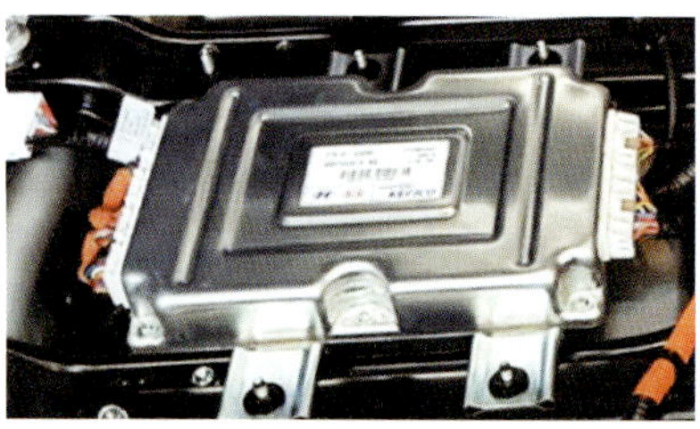

그림 43 **BMS ECU**

3) 메인 릴레이

메인 릴레이는 파워 릴레이 어셈블리 통합형이며, 고전압(+) 라인을 제어해주는 연결된 메인릴레이와 고전압 (-) 라인을 제어해주는 메인 릴레이, 이렇게 2개의 메인 릴레이로 구성되어 있다. 그리고 BMS ECU 제어 신호에 의해 고전압 정션 박스와 고전압 배터리팩 간의 고전압 전원, 고전압 접지 라인을 연결 시켜주는 역할을 한다.

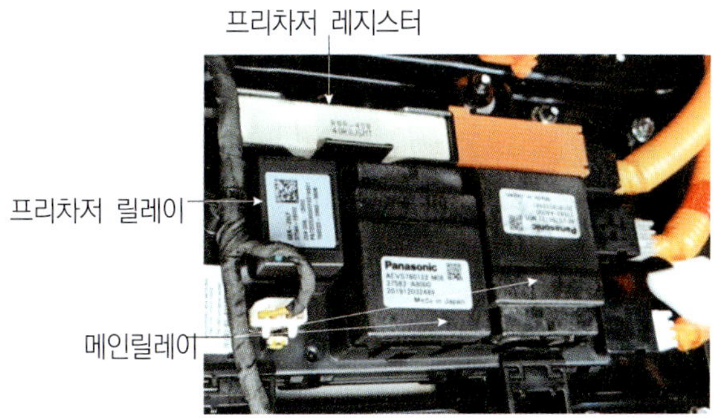

그림 44 **파워 릴레이 어셈블리**

4) 프리차저(pre-charger) 릴레이

프리차저 릴레이는 파워 릴레이 어셈블리에 장착되어 있으며, 인버터의 커패시터를 초기 충전할 때 고전압 배터리와 고전압 회로를 연결하는 기능을 한다. 시동(Ignition ON)을 하면 프리차저 릴레이와 레지스터를 통해 흐른 전류가 인버터 내에 커패시터에 충전이 되고, 충전이 완료 되면 프리차저 릴레이는 OFF된다.

5) 프리차저 레지스터(Pre-Charge Resistor)

프리차저 레지스터는 파워 릴레이 어셈블리에 장착되어 있으며, 인버터의 커패시터를 초기 충전할 때 충전 전류를 제한하여 고전압 회로를 보호하는 기능을 한다.

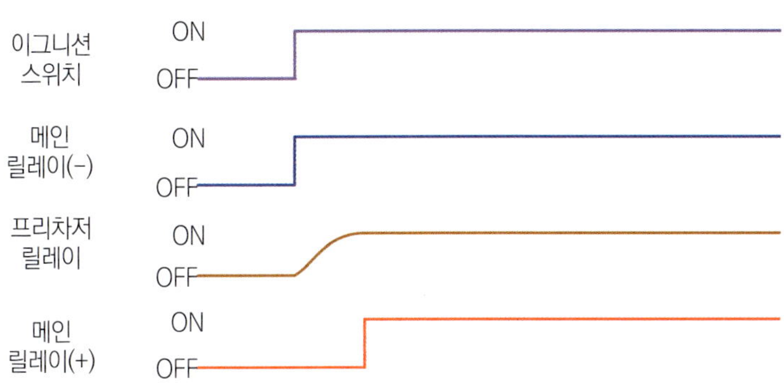

그림 45 **고전압 배터리 릴레이 제어**

6) 전류센서

배터리 전류 센서는 릴레이 어셈블리 통합형으로 장착되어 있으며, 홀 효과를 이용해 고전압 배터리의 충·방전 시 전류를 측정하는 센서이다.

(a) 전류센서 위치

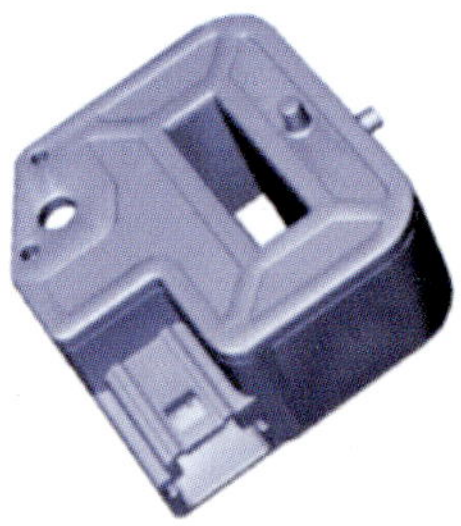

(b) 전류센서

그림 46 **전류센서**

7) 온도센서

배터리 온도 센서는 고전압 배터리 팩(pack) 어셈블리에 장착되어 있으며, 온도센서는 부특성 서미스터(Negative Temperature Coefficient Thermistor) 소자를 사용하며, 고전압 모듈과 12V 배터리 모듈 온도를 측정한다. 배터리 온도 센서는 각 모듈의 전압 센싱 와이어링과 통합형으로 구성되어 있어 배터리 주변 온도를 감지하여 BMS ECU(배터리 제어 유닛)로 전송한다.

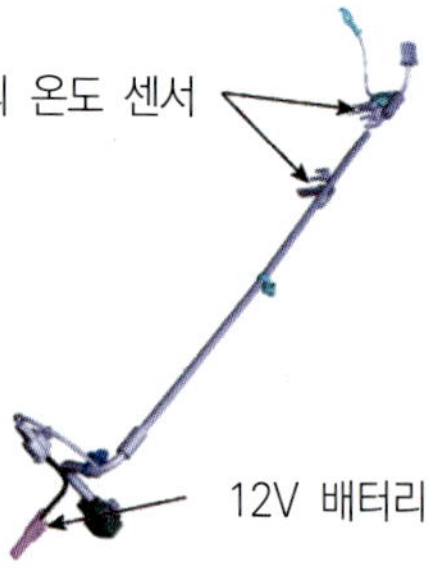

그림 47 **고전압 배터리 온도센서**

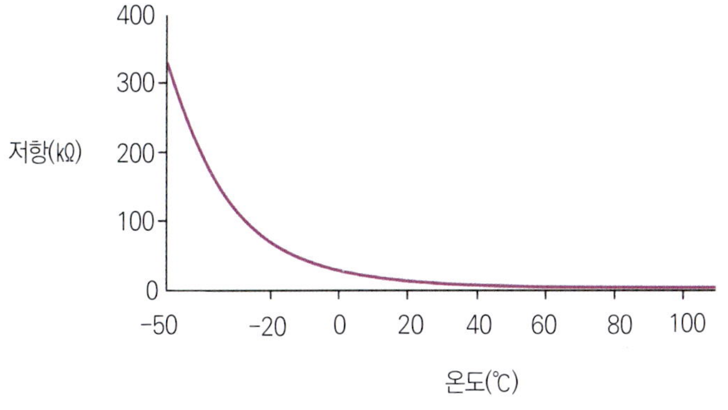

그림 48 **고전압 배터리 온도센서 특성**

8) 세이프티 플러그

고전압 배터리는 고전압장치이기 때문에 취급시 안전에 유의해야 한다. 세이프티 플러그는 고전압 배터리 전원을 임의로 차단시킬 수 있는 전원 분리장치로 과전류 방지용 퓨즈를 포함하고 있다.

고전압 전기 동력시스템과 관련된 부품 탈・부착이나 정비점검 시 세이프티 플러그를 탈거하면 고전압을 차단시킬 수 있으므로 이점 유의하여 작업을 해야 하고, 엔진 시동 상태 또는 이그니션 ON상태에서는 세이프티 플러그를 탈거하지 말아야 한다.

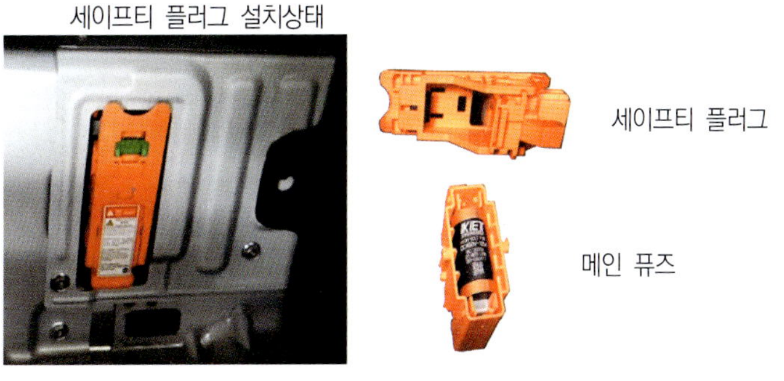

그림 49 **세이프티 플러그**

9) 서비스 인터록 커넥터

소나타 하이브리드(DN 8)에 설치된 서비스 인터록 커넥터는 엔진 룸 우측에 있으며, 기계적인 분리를 통하여 고전압 배터리 내부의 회로 연결을 차단하는 장치이다. 서비스 인터록 커넥터 작동조건은 다음과 같다.

① 서비스 인터록 커넥터 탈거시, BMS가 메인 릴레이 ON하지 않도록 제어한다. 만약, 서비스 인터록 커넥터를 체결하지 않으면, IG ON→시동 상태로 진입하지 않는다(고전압 배터리 전원 비활성화).

② 시동상태에서라도, 0km/hour 조건하에, 인터록 단선시 BMS가 메인 릴레이를 강제로 OFF한다.

그림 50 소나타 하이브리드(DN 8) 서비스 인터록 커넥터

10) 메인 퓨즈

메인 퓨즈는 안전 플러그 내에 장착되어 있으며, 고전압 배터리 및 고전압 회로를 과전류로부터 보호하는 기능을 한다.

그림 51 메인 퓨즈

(3) 고전압 배터리시스템의 취급시 유의사항

고전압 배터리 시스템 자동차를 잘못 건드릴 경우 심각한 누전이나 감전 등의 사고로 이어질 수 있다. 그러므로 고전압 시스템 작업 전에는 반드시 안전 진단을 해야 한다. 고전압 부품의 종류에는 고전압 배터리, 모터, 파워 케이블, 인버터(MCU), 메인 릴레이, 프리차지 릴레이 등이 있다.

① 차량에 "고전압 위험 차량" 표지판을 설치하여 타인에게 고전압 위험을 주지시킨다.

그림 52 **제한표시**

그림 53 **경고 펜스**

② 고전압 시스템 작업 전 준수 사항 숙지한다.

③ 항시 절연 장갑을 착용하고, 절연 공구를 사용하여야 하며, 찢어짐, 파손여부 확인하고 물기를 완전히 제거한 후 착용한다.

그림 54 **절연장갑**

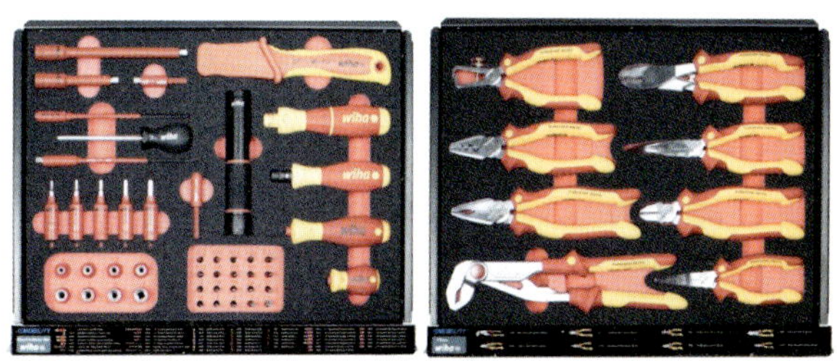

그림 55 **절연공구**

④ 금속성 물질(시계, 반지, 기타 금속성 제품 등)은 작업 전 몸에서 제거한다.

그림 56 **금속성 물질 착용금지**

⑤ 고전압 시스템 취급 전 고전압을 차단한다.

㉮ 시동스위치를 OFF하고, 12V 보조 배터리 케이블을 탈거한다.

(a) 보조 배터리 (-) 케이블 탈거

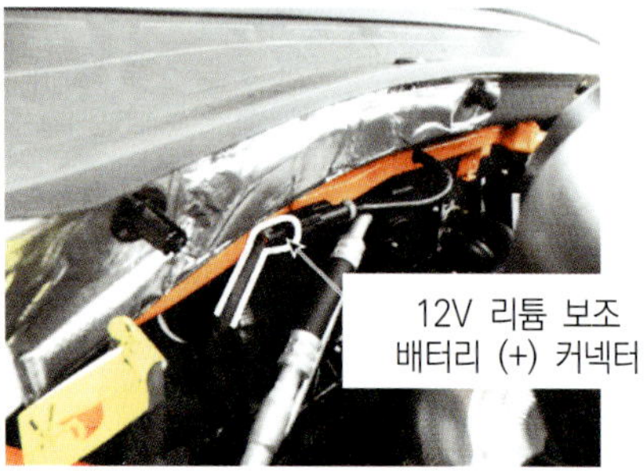

(b) 12V 리튬 보조 배터리 (+) 커넥터 탈거

그림 57 **보조 배터리 케이블 탈거**

㉯ 고전압 시스템을 점검하거나 정비하기 전에, 반드시 안전 플러그 또는 서비스 인터록 커넥터를 분리하여 고전압을 차단 한다. 서비스 인터록 또는 서비스 인터록 커넥터를 분리 후 인버터 내에 있는 커패시터의 방전을 위하여 반드시 5분 이상 대기한다.

(a) 안전 플러그

(b) 서비스 인터록 커넥터

그림 58 **안전 플러그 또는 서비스 인터록 분리**

⑥ 인버터의 (+)단자와 (-)단자 사이의 전압값을 측정하여 잔존 전압을 점검한다. 측정값이 30V 이하이면 고전압회로가 정상적으로 차단된 것으로 판단하고, 30V가 초과이면 커패시터 방전까지 조금 더 기다려 측정해도 30V가 초과하면 고전압회로에 이상이 있는 것으로 점검해야 한다.

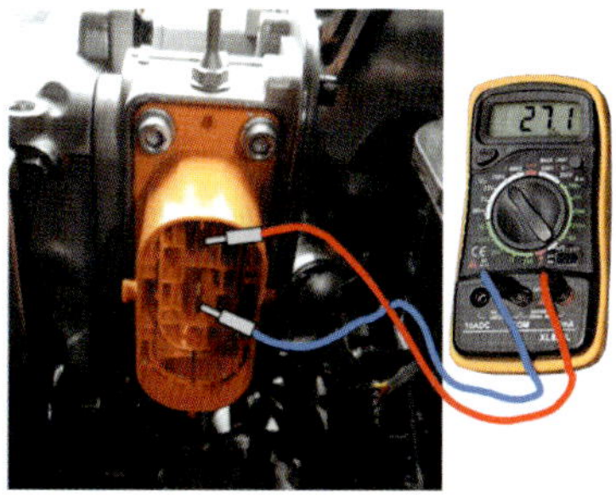

그림 59 인버터의 (+)단자와 (-)단자 사이 전압값 측정

⑦ 탈거한 고전압 부품에 의한 감전사고 예방을 위해 절연 매트 위에 정리하여 보관한다.
⑧ 보호 장비 미착용자의 안전사고 예방을 위해 고전압 부품을 절연 덮개로 차단한다.

1) 고전압 배터리 또는 차량화재 발생시

① 차량의 시동 키를 OFF하여 전기 동력시스템 작동을 차단시킨다(고전압 배터리 전기에너지 입·출력이 금지 됨).
② 고전압 배터리 부위의 집적적인 화재가 아니거나 화재 초기상태라면 트렁크를 열고 신속히 세이프티 플러그를 탈거한다(화재진행 중이라면 접근금지).
③ 실내 또는 밀폐된 공간에서 화재가 발생되었을 경우 수소가스의 원활한 방출을 위해 신속히 환기시킨 후 대피한다.
④ 화재진압을 위해서는 액체물질을 사용하지 말고 분말소화기 또는 모래를 이용한다.
⑤ 배터리에서 분출된 가스나 액체성분이 피부 또는 눈에 침투되었을 경우 붕산 액, 소금물 또는 흐르는 물로 환부를 신속하게 세척한 후 의사의 진료를 받는다.

2) 고전압 배터리 또는 차량 장기 방치시

① 차량의 시동 키를 OFF하여 전기 동력시스템 작동을 차단시킨다(고전압 배터리 전기 에너지 입·출력이 금지 됨).

② 고전압 배터리의 SOC(충전상태)가 30% 이하일 경우(계기판의 SOC 게이지가 적색 구간 이하) 2개월 이상 차량 장기방치 시 고전압 배터리의 재사용이 불가할 수 있으므로 주의한다.

③ 고전압 배터리의 SOC(충전상태)가 정상(약 60%)일 경우라도 6개월 이상 장기 방치 시 고전압 배터리의 재사용이 불가할 수 있으므로 주의한다.

3 하이브리드 컨트롤 시스템

(1) 개요 및 작동원리

하이브리드 컨트롤 시스템은 전체 하이브리드 시스템 제어용 컨트롤 모듈인 HCU(Hybrid Control Unit)를 중심으로 엔진(ECU), 변속기(TCM), 고전압 배터리(BMS ECU), 하이브리드 모터(MCU), 저전압 직류 변환 장치(LDC)등의 각 시스템 컨트롤 모듈과 CAN 통신(CAN 통신 라인은 하이브리드 CAN 라인과 파워트레인 CAN 라인으로 나뉘어져 있다.)으로 연결되어 있다. 이 외에도 HCU는 시스템 제어를 위해 브레이크 스위치 등의 신호를 이용한다.

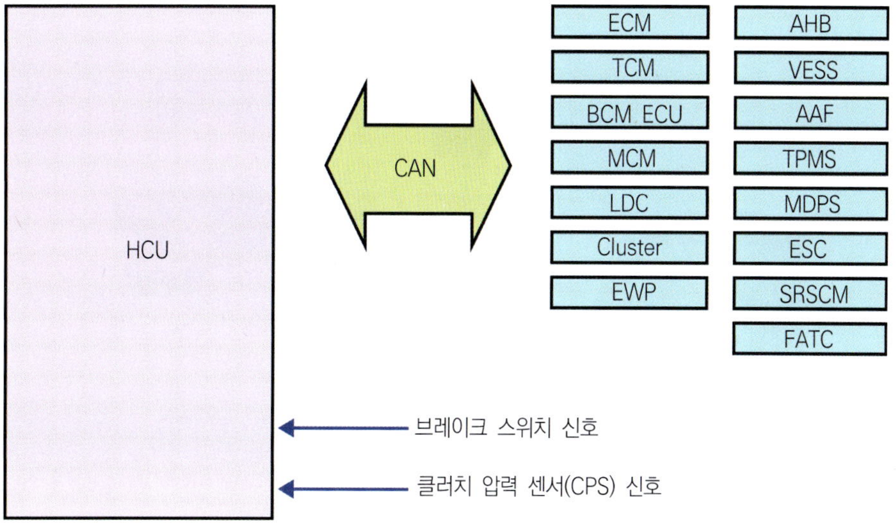

그림 60 **하이브리드 컨트롤 시스템**

참고

ECM	엔진 컨트롤 모듈	VESS	가상 엔진 사운드 시스템
TCM	DCT 컨트롤 모듈	AAF	액티브 에어 플랩
BCM ECU	배터리 제어 시스템 ECU	TPMS	타이어 공기압 모니터링 시스템
MCM	모터 컨트롤 유닛	MDPS	전자식 파워 스티어링
LDC	저전압 직류 변환 장치	ESC	차체 자세 제어 장치
EWP	전기식 워터 펌프	SRSCM	에어백 컨트롤 모듈
AHB	액티브 유압 부스터	FATC	풀 오토 에어컨

하이브리드 전기자동차에서 고전압 배터리는 차량내의 타 제어시스템(HCU : 하이브리드 컨트롤 유닛) 제어기와의 CAN통신을 통하여 다음과 같은 항목들을 제어한다.

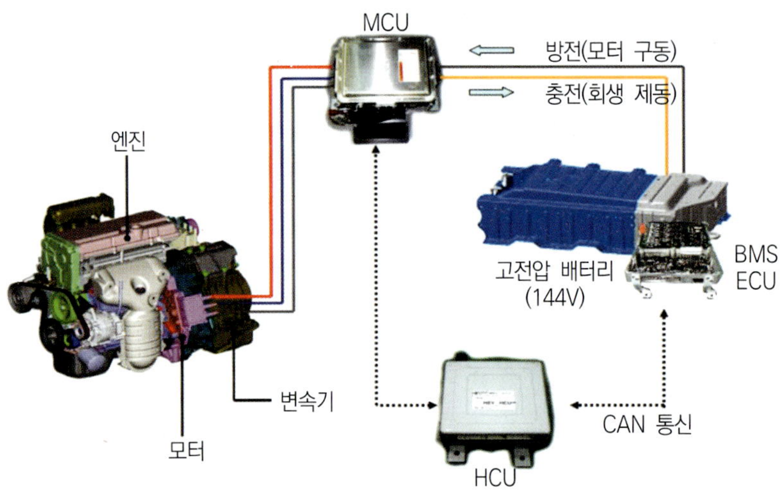

그림 61 고전압 배터리 에너지 입 · 출력 개요

1) 에너지 입 · 출력제어

고전압 배터리시스템에 이상이 있을 경우 방전 전류량 제어를 통해 가용 에너지 입 · 출력 파워를 제한한다.

그림 62 에너지 입 · 출력제어

2) 안전제어

에너지 입 · 출력과정에서 발생되는 수소가스에 의한 폭발방지를 위한 제어와 배터리 성능 또는 손상에 영향을 줄 수 있는 항목들을 모니터링하여 안전사고를 방지한다(BMS ECU).

3) 배터리 최적 동작환경 조성

배터리 외부온도 상승과 화학적 열발생을 제한하기 위해 냉각시스템을 제어하여 최적의 동작환경을 조성한다.

(2) 고전압 배터리 컨트롤 시스템(BMS : Battery Management System)

1) 개요 및 작동원리

고전압 배터리 컨트롤 시스템은 컨트롤 모듈인 BMS ECU, 파워 릴레이 어셈블리(PRA), 안전 플러그, 배터리 온도센서, 배터리 외기온도 센서로 구성되어 있으며, 고전압 배터리의 SOC(State Of Charge), 출력, 고장진단, 배터리 셀 밸런싱(Balancing), 시스템 냉각, 전원 공급 및 차단을 제어한다. 파워 릴레이 어셈블리는 메인 릴레이, 프리차지 릴레이, 프리차지 레지스터, 배터리 전류센서로 구성되어 있으며, 부스바(Busbar)를 통해서 배터리 팩과 연결되어 있다.

표 4 **고전압 배터리 컨트롤 시스템 기능 및 목적**

기능	목적
배터리 충전률(SOC) 제어	• 전압/전류/온도 측정을 통해 SOC를 계산하여 적정 SOC 영역으로 제어
배터리 출력 제어	• 시스템 상태에 따른 입/출력 에너지 값을 산출하여 배터리 보호, 가용 파워 예측, 과충전/과방전 방지, 내구 확보 및 충/방전 에너지를 극대화
파워 릴레이 제어	• IG ON/OFF시 고전압 배터리와 관련 시스템으로의 전원 공급 및 차단 • 고전압 시스템 고장으로 인한 안전사고 방지
냉각 제어	• 쿨링 팬 제어를 통한 최적의 배터리 동작 온도 유지(배터리 최대 온도 및 모듈 간 온도 편차 량에 따라 팬 속도를 가변제어)
고장진단	• 시스템 고장진단, 데이터 모니터링 및 소프트웨어 관리 • 페일-세이프(Fail-Safe) 레벨을 분류하여 출력 제한치 규정 • 릴레이 제어를 통하여 관련 시스템 제어 이상 및 열화에 의한 배터리 관련 안전사고 방지

2) 고전압 배터리 시스템 제어 특성

① 차량에서의 동작모드 정의

㉮ 방전모드(discharge, 모드 1)

모터 구동을 위해 고전압 배터리가 전기 에너지를 방출하는 동작모드이며, 모터 동작 요구 토크에 따라 방전 전류량은 달라진다.

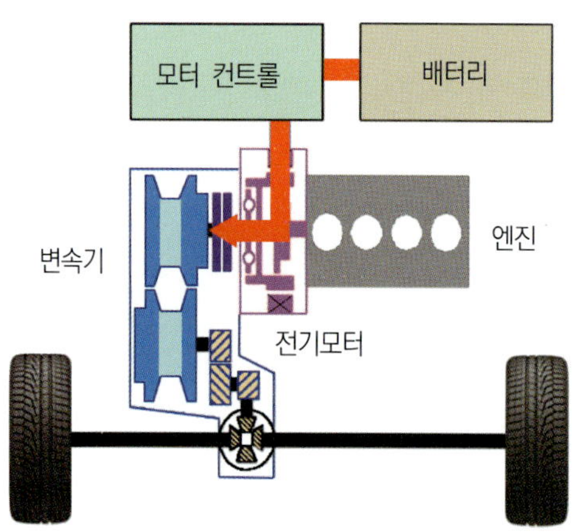

그림 63 **방전모드**

㉯ 정지모드(No power, 모드 2)

고전압 배터리의 전기 에너지 입·출력이 발생되지 않는 동작모드

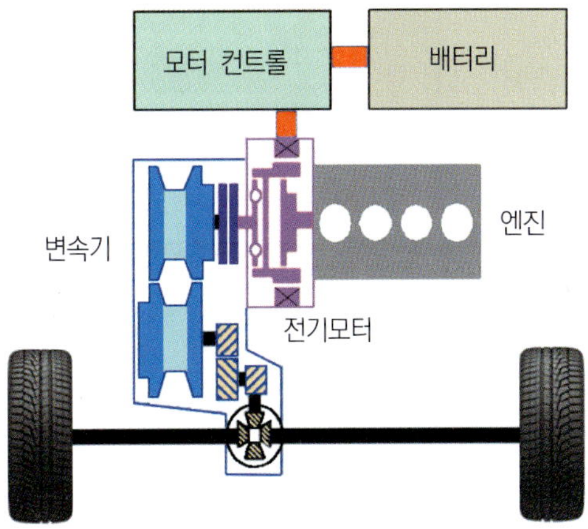

그림 64 **정지모드**

㉰ 충전, 회생 제동모드(generating, regenerating, 모드 3)

고전압 배터리가 소모한 전기 에너지를 회수·충전하는 동작모드로, 충전(generating) 모드와 회생 제동(regenerating)모드로 구분된다.

충전모드는 공회전 또는 정속주행과 같이 일반적인 주행상태에서 고전압 배터리의 SOC(state of charge, 충전상태)가 낮을 경우 모터에서 발생된 전기 에너지를 고전압 배터리로 충전시키는 동작모드이며, 회수할 전기량은 HCU(하이브리드 컨트롤 유닛)가 결정하여 MCU(모터 컨트롤 유닛)로 CAN 통신 라인을 통해 명령을 주고, MCU는 모터를 충전모드로 제어하여 회수된 전기 에너지를 DC로 변환시켜 고전압 배터리로 보내준다.

회생 제동모드는 주행 중 감속 또는 브레이크에 의한 제동발생 시점에서 모터를 충전모드로 제어하여 전기 에너지를 회수하는 동작모드를 말하며, 충전모드와 동일한 제어과정을 가진다.

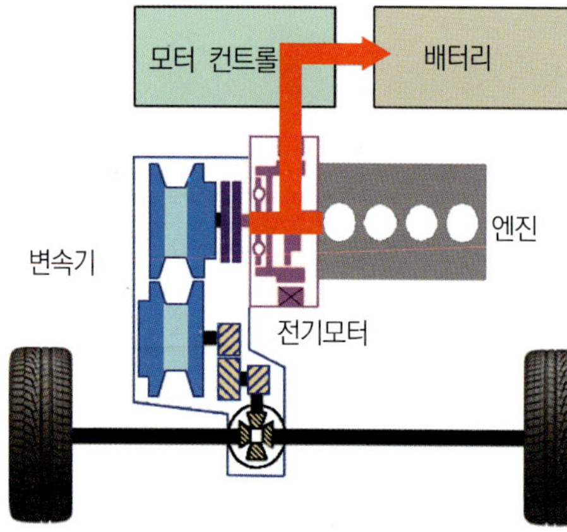

그림 65 충전 · 재생 제동모드

② 모터 사용정도에 따른 모드

㉮ 소프트 타입

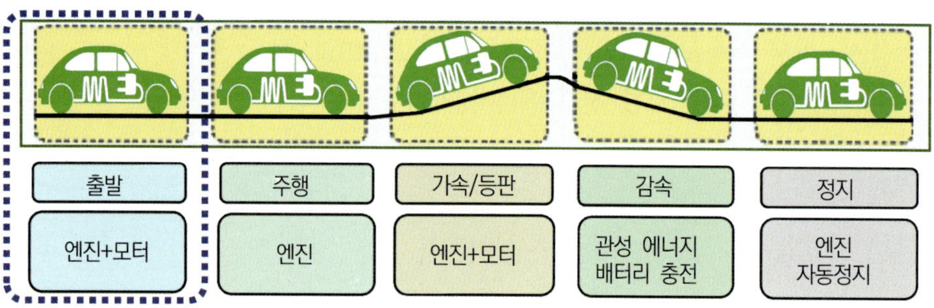

그림 66 소프트 타입

㉯ 하드 타입

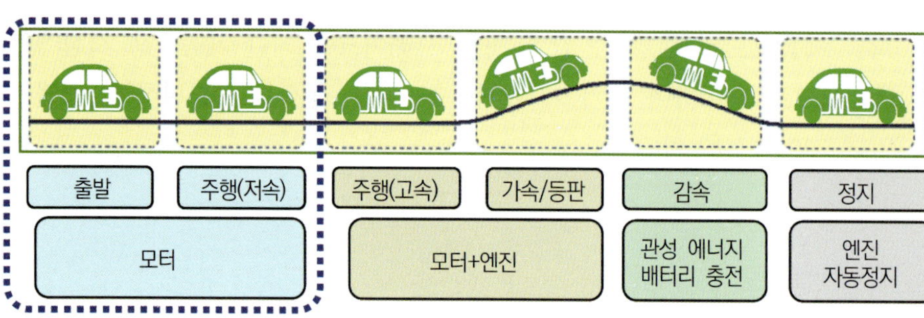

그림 67 하드 타입

㉰ 플러그인 하이브리드

플러그인 하이브리드 차량은 EV 모드와 HEV 모드를 모두 운용하기 때문에, 도로 상황과 운전자의 컨디션 등에 따라 자연스럽게 모드를 전환하는 것이 핵심이다. EV 모드로 주행하는 동안에도 급가속이 필요하면 엔진이 작동되도록 설계하여 운전의 즐거움이나 위급 상황의 안전성까지 갖추고 있다.

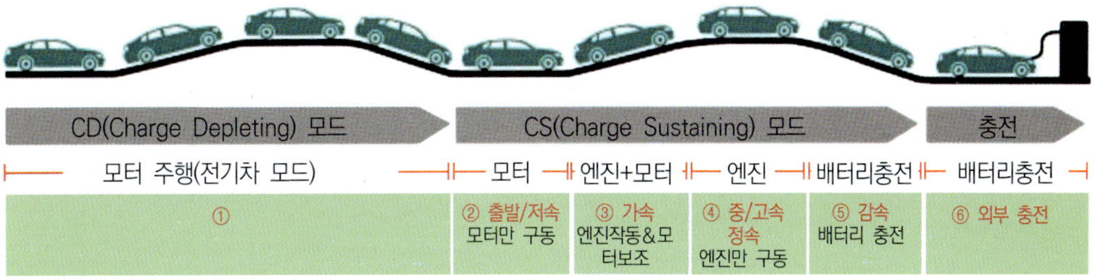

① 모터주행 : 배터리를 일정량 사용할 때까지 모터만으로 전 구간 주행을 한다.
② 모터주행(전기차모드) : 큰 구동력이 필요치 않은 출발이나 서서히 가속시 전기모터를 사용한다.
③ 엔진+모터 주행 : 속도 증가로 큰 구동력이 필요시 엔진 시동하거나 오르막길, 급고속 등으로 매우 큰 구동력이 필요시 엔진과 전기모터를 동시에 사용한다.
④ 엔진 주행 : 엔진 효율이 가장 좋은 고속 정속 주행시는 엔진만 사용한다.
⑤ 배터리 충전 : 감속이나 제동시 발생되는 에너지를 전기 에너지로 전환시켜 배터리를 충전한다.
⑥ 외부 충전 : 외부에서 배터리 충전이 가능하다.

그림 68 **플러그인 하이브리드**

③ 차량 주행상태에 따른 배터리 제어특성

차량 주행모드에는 시동모드, 출발 및 가속모드, 정속 주행모드, 감속 및 회생제동모드, 아이들 스탑모드가 있다. 차량 주행모드에 따라 배터리 제어는 각 특성에 따라 차이를 보이며 내용은 다음과 같다.

㉮ 시동모드

하이브리드 전기자동차는 고전압 배터리를 포함한 모든 전기 동력시스템이 정상일 경우 모터를 이용한 엔진 시동을 제어한다.

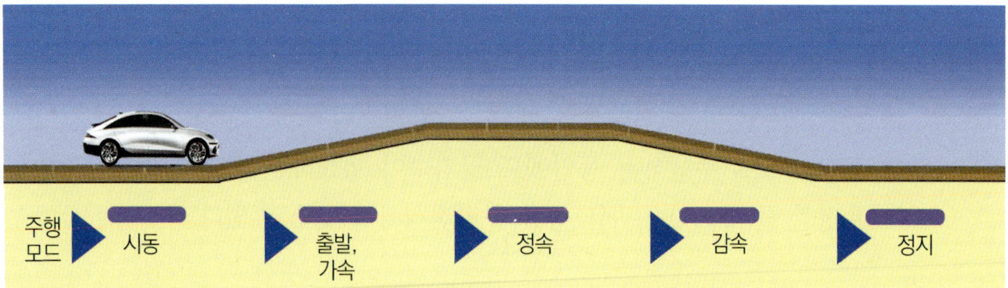

(a)

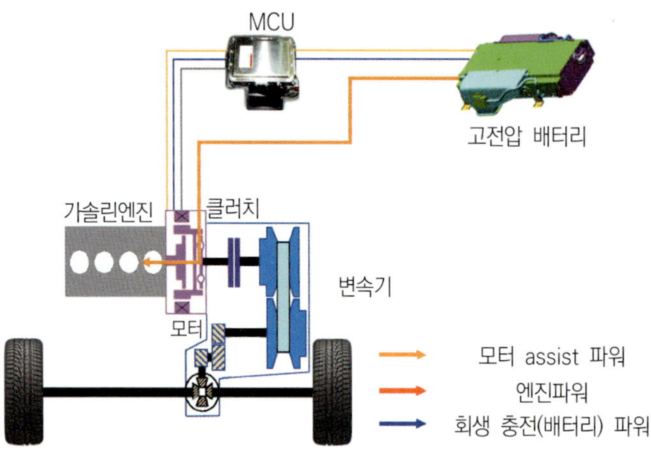

(b)

그림 69 **고전압 배터리 에너지 흐름(시동모드)**

고전압 배터리시스템에 이상이 있거나 배터리의 SOC(충전상태)가 기준치 이하로 떨어질 경우 HCU(하이브리드 컨트롤 유닛)는 모터를 이용한 엔진 시동을 금지시키고 12V 스타터 모터를 작동시켜 엔진 시동을 제어한다(fail-safe).

㉯ 출발 및 가속모드

출발 또는 가속모드에서 HCU(하이브리드 컨트롤 유닛)는 운전자의 토크 요구 정도 양을 연산하여, 엔진과 모터의 토크 분배량을 결정하고 고전압 배터리의 SOC(충전상태)에 따라 모터 출력을 제어한다. 또한, HCU는 고전압 배터리의 SOC상태가 낮을 경우 출발 또는 가속모드에서 모터 구동을 제한하거나 충전모드로 전환시키는 SOC상태에 따른 제어를 수행한다.

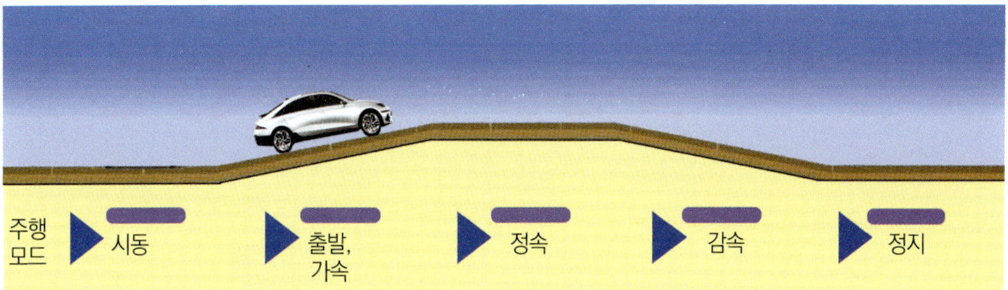

(a)

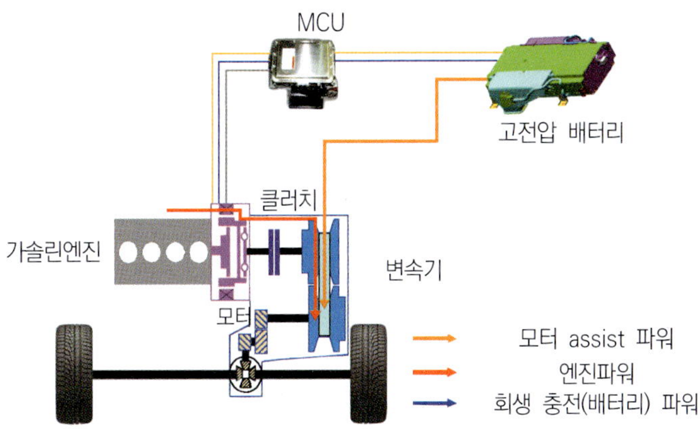

(b)

그림 70 **고전압 배터리 에너지 흐름(출발 및 가속모드)**

㉰ 정속 주행모드

정속주행과 같이 엔진부하가 낮은 영역에서는 엔진 출력만으로 효율적인 운전이 가능하기 때문에 모터를 이용한 동력보조는 이루어지지 않는다.

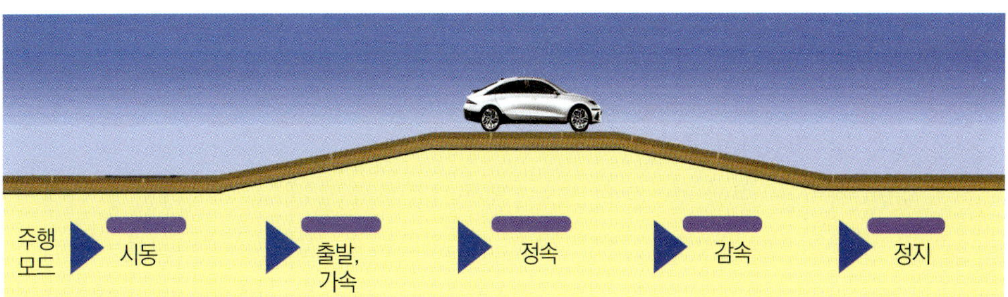

그림 71 **정속주행모드**

정속 주행모드일지라도 고전압 배터리의 SOC상태가 낮다면 HCU는 엔진의 여유 출력이 발생되는 영역에서 충전모드로 전환시키는 SOC상태에 따른 제어를 실행한다.

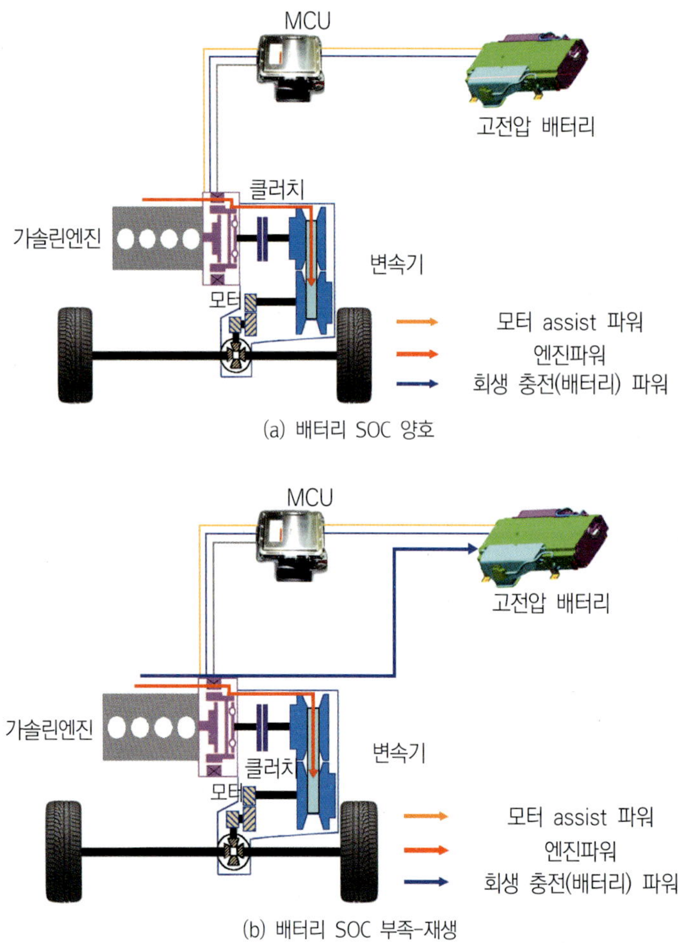

그림 72 **고전압 배터리 에너지 흐름(정속 주행모드)**

㉣ 감속 및 회생제동모드

일반 차량은 주행 중 감속 또는 제동시점에서 발생되는 에너지가 마찰식 브레이크 사용함으로써 열로 소산되지만, 하이브리드 전기자동차에서는 모터를 발전모드로 전환시켜 제동 에너지의 일부를 전기 에너지로 회수하게 된다.

HCU는 고전압 배터리의 SOC상태에 따라 감속 또는 제동모드에서 충전모드로 전환시키는 제어를 실행한다.

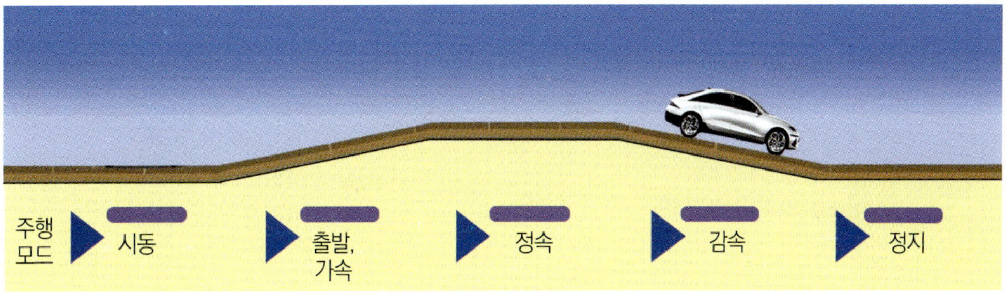

(a)

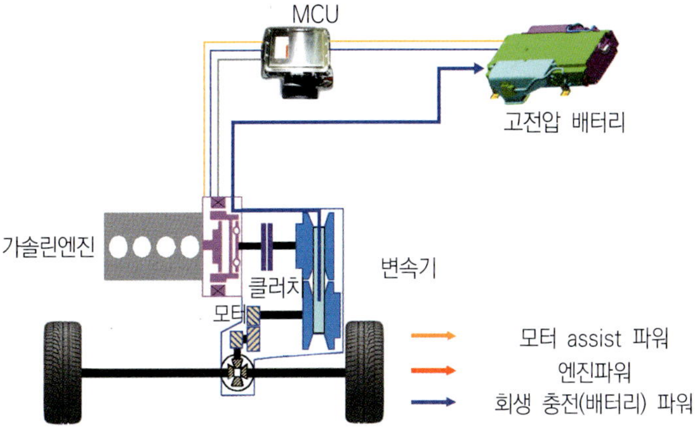

(b)

그림 73 **고전압 배터리 에너지 흐름(감속 및 회생제동모드)**

㉲ 아이들 스탑(idle stop, 공회전 정지) 모드

아이들 스탑은 차량이 정지할 경우 연료 소비를 줄이고 배기가스를 저감시키기 위해 엔진을 자동으로 정지시키는 기능이다. HCU는 아이들 스탑이 해제되면 모터를 이용해 엔진 크랭킹과 엔진 연료분사를 재개하여 엔진을 재시동 시킨다.

오토 스탑이 작동되면 Auto Stop 램프가 점멸하고, 오토 스탑이 해제되면 Auto Stop 램프가 소등된다. 또한 Auto Stop 스위치가 눌러져 있지 않은 경우 Auto Stop OFF 램프가 점등된다. IG Off 후 IG On할 경우 Auto Stop 스위치는 ON 상태로 된다.

동작 조건 (엔진 정지)	• 진입 : 9 Kph 이상의 속도로 2초 이상 차량 운행 후 브레이크 페달을 밟은 상태로 차속이 4 Kph이하가 되면 엔진을 정지시킨다.
금지 조건	• 엔진 냉각수온이 낮은 경우(50도 이하) / CVT 유온(30도 이하) • 오토 스탑 스위치가 OFF인 상태 • Main 배터리의 SOC가 낮은 경우(18%) (SOC : State Of Charge 충전량) • 브레이크 부압이 낮은 경우(250mmHg이하, 서비스데이터에서는 680hPa 이상) • 12V 배터리의 전압이 낮은 경우(전기 부하가 큰 경우) • 가속 페달을 밟은 경우 • 변속 레버가 'P'단 또는 'R'단인 경우 • 관련 시스템(배터리, 모터)의 Fault가 검출된 경우 • 급감속시(기어비 추정 로직) • ABS 동작 시
해제 조건 (엔진재시동)	• 금지 조건 발생시 • D단에서 브레이크 페달 뗄 경우 • 차속이 발생하는 경우 • 구배가 17%(경사각 10°) 이상

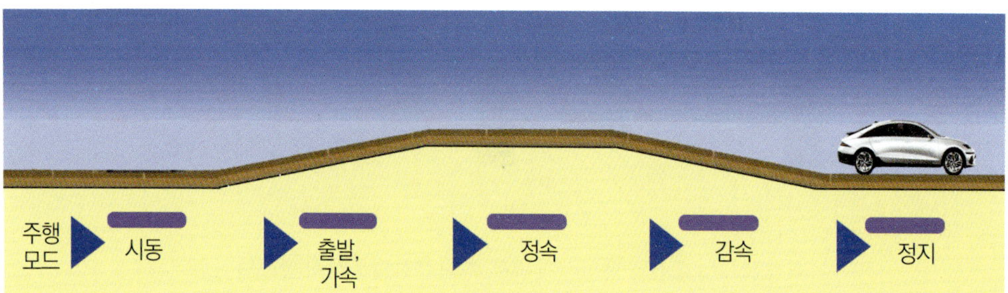

(a)

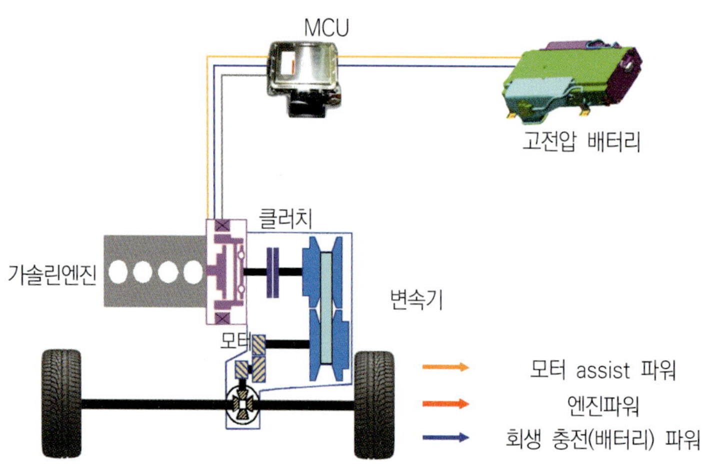

(b)

그림 74 고전압 배터리 에너지 흐름(아이들 스탑모드)

3) SOC(충전상태)에 따른 배터리 제어특성

SOC는 'State of Charge'의 약자로, 전기자동차 또는 하이브리드 자동차의 배터리팩(Battery Pack)에서 연료게이지와 같은 역할을 하는 것이다. 단위는 퍼센트(%)를 사용하며, 0~100%로 그 양을 나타낸다. SOC의 반대 개념인 DOD(Depth of Discharge, 방전량)의 경우 완전방전 상태가 100%, 완전 충전상태가 0%이다. SOC는 주로 사용 중인 배터리의 현재 충전 상태를 나타낼 때 사용되고, DOD는 반복 사용한 후의 배터리의 기대수명을 나타낼 때 주로 사용되는 차이점이 있다.

그림 75 SOC와 DOD

하이브리드 전기자동차는 모터를 이용해 엔진의 동력을 보조하는 시스템이기 때문에 전기 동력시스템이 정상적으로 동작하기 위해서는 전기 에너지 공급원인 고전압 배터리가 최적의 효율을 낼 수 있도록 SOC(state of charge, 충전상태)를 유지할 필요성이 있다. 하이브리드 컨트롤 유닛은 고전압 배터리의 SOC를 지속적으로 모니터링하고, SOC에 따라 각 주행모드에서 충전 및 방전을 제어한다.

표 5 충전상태에 따른 제어내용

고전압 배터리 충전영역	제어내용
고 충전영역	방전 지향, 충전금지
동작 충전영역 : ~70%	방전 지향, 충전허용
최적 충전영역 : 55~65%	충・방전 제어
동작 충전영역 : 20%~	충전 지향, 방전허용
저 충전영역	충전 지향, 방전금지

① SOC상태에 따른 전략 제어

배터리에서 SOC는 매우 중요한 역할을 한다. 제조사들은 SOC를 통해 배터리의 안전성을 강화할 수 있는데 배터리의 최대 충전량을 SOC의 최고점보다 더 낮게 설정하고, 배터리의 최소 충전량을 SOC의 최저점보다 더 높게 설정하게 되면, 배터리의 과충전과 과방전에 의한 안전사고 등 여러 문제를 미연에 방지할 수 있다. 그렇게 되면 사용자는 더 안전하게 배터리를 사용할 수 있게 된다.

하이브리드 컨트롤 유닛(HCU)은 고전압 배터리가 최적의 효율을 낼 수 있는 영역인 55%~65%의 SOC를 유지하도록 제어한다. 아래 표는 고전압 배터리의 SOC에 따라 HCU가 모터 시동, 모터를 이용한 동력보조, 회생제동, 부분부하 및 아이들 충전 등을 어떻게 제어하는지를 보여주고 있다.

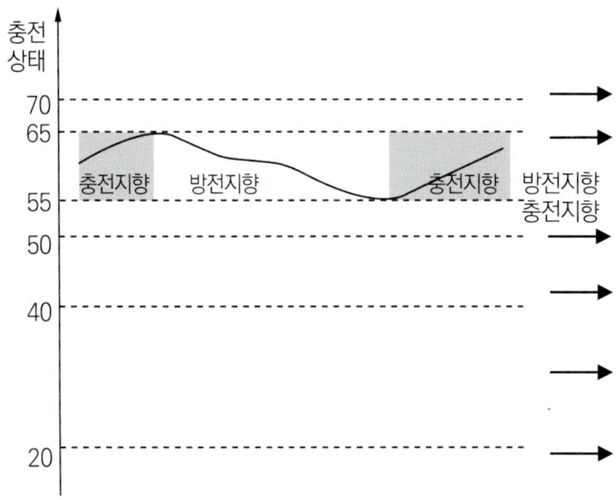

모터시동 (아이들 정지)	모터 보조	부압 제어	회생 제동	부분 부하 충전	아이들 충전
○	○	○	×	×	×
○	○	○	저감	×	×
○	○ 저감	○	○	X 저감	×
○	저감	○	○		× ○
○	발진 시만	○	○	증대	○
×	×	×	○		○

그림 76 SOC(충전상태)상태에 따른 전략제어

② 하이브리드 전용 게이지

하이브리드 전기자동차의 계기판에는 두 가지의 하이브리드 전용 게이지가 설치되어 있는데, 하나는 고전압 배터리의 충전상태를 표시해 주는 SOC게이지이고 나머지 하나는 모터의 충·방전 동작상태를 보여주는 회생 제동·ECO·파워게이지이다.

SOC게이지와 회생 제동·ECO·파워게이지는 모두 LCD를 이용한 디스플레이방식이며, 계기판과 HCU간의 CAN통신을 이용해 작동이 이루어진다.

㉮ 회생 제동·ECO·파워게이지는 경제운전 안내 시스템이다. 주행할 때 효율적인 연비로 운전할 수 있는 영역을 계기판에 표시하여 운전자에게 알려 줌으로써 연

비 향상에 도움을 준다. 운전자의 주행 조건에 따라 게이지가 움직이게 된다.

㉯ CHARGE 구간으로 내려올수록 감속에너지를 전기에너지로 많이 변환하고 있음을 표시하고, ECO 구간에 게이지가 움직이고 있으면 효율적인 경제운전을 하고 있음을 의미하며, 파워구간으로 올라갈수록 연비가 불리하다.

㉠ EV 켜짐 : 모터를 이용하여 주행하는 모드

㉡ EV 꺼짐 : 엔진 또는 엔진과 모터를 이용하여 주행하는 모드

㉰ SOC(구동용 배터리 충전계) 표시계는 시동 "ON" 인 상태에서 구동용 배터리 충전 상태를 나타낸다. 표시계에서 "L" 위치는 구동용 배터리 잔량이 부족한 상태이며, "H" 표시는 구동용 배터리 93% 이상의 충전 상태를 표시한다.

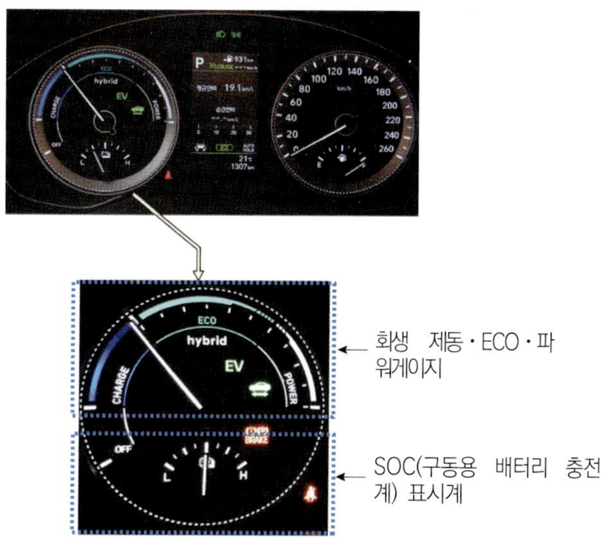

그림 77 SOC(충전상태)게이지

HCU는 모터의 충 · 방전상태 및 고전압 배터리 SOC정보를 CAN통신 라인을 이용해 계기판 측으로 송신하고, 계기판에 내장된 마이크로컴퓨터는 그 정보들을 수신하여 게이지 작동을 직접적으로 제어한다.

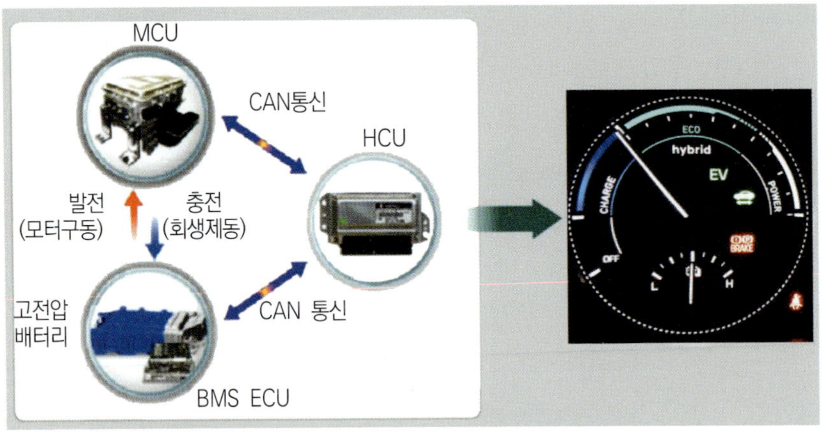

그림 78 SOC게이지 제어

③ SOC 측정 방법

SOC를 정확하게 측정하는 것은 배터리 제조 기업의 핵심 경쟁력을 나타내는 부분이기도 하다. 그만큼 SOC를 측정하기 위한 다양한 방법이 존재하는데, 4가지의 대표적인 SOC 측정 방법은 다음과 같다.

㉮ 화학측정법 : 배터리 전해질의 비중이나 산도(PH)를 측정하여 계산한다. 액체 전해질에 직접 접근이 가능한 축전지에만 사용 가능한 측정 방법이다.

㉯ 전압측정법 : 배터리 전압을 측정하고 방전곡선과 대조하여 계산한다.

㉰ 전류적분법 : 쿨럼카운팅이라고도 하며, 배터리의 전류를 측정한 후 시간에 따라 적분하여 계산한다.

㉱ 압력측정법 : 니켈 수소 축전지의 잔존 용량을 측정하는 데 사용되며, 배터리 내부의 압력을 측정하여 계산한다.

4) 온도에 따른 배터리 제어특성

고전압 배터리가 최적의 효율을 내기 위해서는 온도관리가 매우 중요하다. 특히 프리우스에 탑재된 니켈-수소 배터리는 고온에서 장시간 사용할 경우 전기 에너지 입·출력 과정에서 발생되는 수소가스 누출로 인한 화재발생의 우려가 있기 때문에 환기 및 적절한 냉각을 고려한 독립적인 냉각시스템을 가지고 있다.

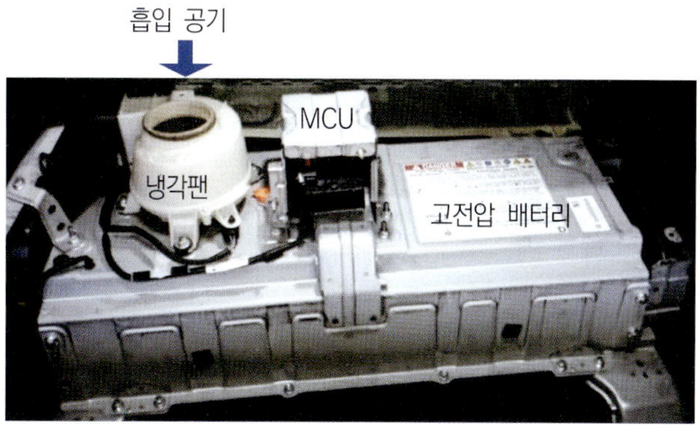

그림 79 고전압 배터리 & MCU 통합 냉각시스템의 구성

고전압 배터리와 MCU(Motor Control Unit)는 하나의 냉각팬에 의해 동시 냉각이 이루어지는 통합 냉각방식이 적용되었는데, 냉각팬이 작동되면 리어 패키지 트림을 통해 차 실내의 공기가 에어 덕트로 흡입되고, 흡입된 실내공기가 고전압 배터리와 MCU 측으로 유입되어 냉각된 다음 배출 덕트를 통해 차량 외부로 배출되도록 유로가 설계되어 있다.

냉각 팬은 고전압 배터리와 MCU의 온도 조건에 따라 5단계로 속도제어가 이루어지는데, BMS ECU가 최종적으로 냉각 팬 속도를 결정하고 파워 트랜지스터를 이용해 냉각 팬 모터의 전류량을 제어한다. MCU는 내부 인버터 온도정보를 기준으로 냉각팬 동작 요구 속도정보를 BMS ECU측으로 전송하고, HCU는 차량정지 시 또는 아이들 스탑 모드 진입시 냉각팬 작동 중지명령을 MCU와 BMS ECU측으로 전송하여 실내 소음 유입을 최소화시킨다.

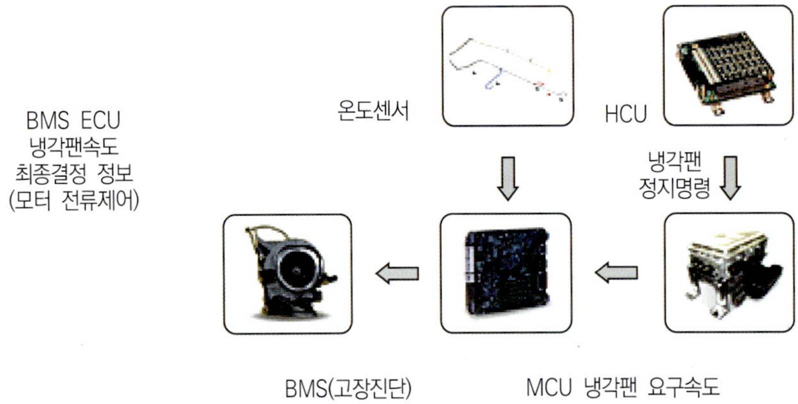

그림 80 **고전압 배터리 냉각 팬 제어 흐름도**

5) 배터리 셀 밸런싱(Battery Cell Balancing)

2개 셀 이상의 배터리에서 충전·방전을 하면 셀마다 전압이 조금씩 달라진다. 예를 들면 2개의 셀을 충전 중 첫 번째 셀 전압이 4.4V가 되고 두 번째 셀 전압이 4.1V가 된다면 첫 번째 셀의 보호를 위해 충전을 중지해야 한다. 그렇게 되면 두 번째 셀이 완전히 충전되지 않기 때문에 전체 충전 용량이 줄어들게 된다. 위와 같이 달라지는 셀의 보호를 위하여 사용하는 기능이 셀 밸런싱 기능이다. 셀 밸런싱은 전압이 높은 셀 부분만을 방전시켜 다른 셀들과 같은 전압으로 낮추는 것이다. 셀 밸런싱 기능은 보통 충전 중에만 사용한다. 셀 밸런싱은 Passive와 Active 방식이 있다. Passive 방식은 셀 전압을 낮추기 위해 저항으로 셀의 충전 에너지를 소비시키는 방식이고, Active 방식은 높은 전압 셀의 충전 에너지를 낮은 전압의 셀로 이동시키는 방식이다.

(3) 12V 보조 배터리

12V배터리는 고전압 배터리 옆에 따로 있다. 최신 하이브리드 자동차는 저전압 배터리를 기존의 12V 납산 배터리 대신 리튬인산철 배터리를 사용한다.

리튬인산철 배터리는 납산 배터리보다 부피는 작지만 에너지 효율이 더 높고, 더 가볍다. 최신 하이브리드 차량에 적용된 저전압 리튬인산철 배터리의 중량은 약 4㎏ 정도로, 납산 배터리를 적용했을 때 보다 무려 15㎏ 이상 감량이 가능하다. 이와 같은 경량화는 자연스레 높은 연비로 이어진다. 아울러 부피가 작기 때문에 고전압 배터리와 함께 시트 아래에 탑재할 수 있다. 따라서 트렁크에 별도의 공간을 차지하지 않고 약 60ℓ의 추가

공간을 확보할 수 있다.

높은 에너지 밀도 역시 리튬인산철 배터리의 큰 장점 중 하나다. 리튬인산철 배터리는 납산 배터리에 비해 무게당 에너지 밀도가 2배가량 높다. 따라서 훨씬 가벼운 배터리 무게로 더 높은 에너지 효율을 발휘한다. 가령 납산 배터리는 충전량이 40% 이하로 떨어지면 전압 역시 12V 아래로 내려가지만, 리튬인산철 배터리는 충전량 10%까지도 전압을 12V 이상으로 유지한다. 즉, 자동차의 전장이 요구하는 전압을 더 잘 유지하는 것이다. 이 밖에도 리튬인산철 배터리는 납산 배터리 대비 약 3배 이상 충·방전 내구성이 우수해 수명이 굉장히 길며, 충격이나 과방전 상태에서도 폭발이나 가스 누설 없이 안정된 상태를 유지하는 안전성까지 갖추고 있다.

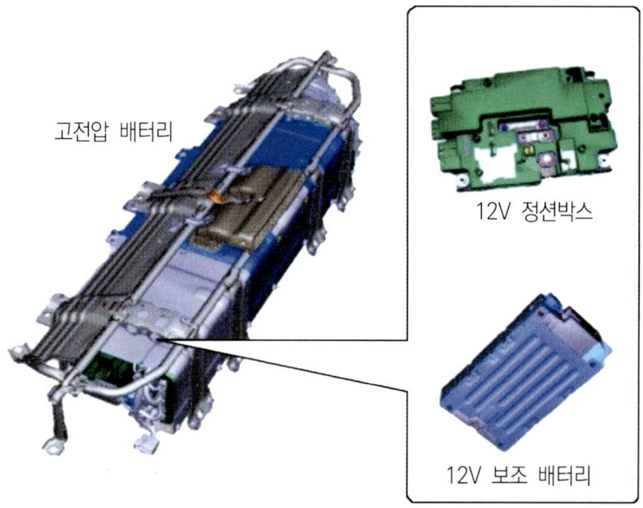

그림 81 하이브리드 12V 보조 배터리

최신 하이브리드 차량은 저전압 배터리의 과방전을 막기 위해 전원을 스스로 차단하는 기능을 갖고 있다. 해당 기능은 엔진 전원을 끈 후, 과도한 암전류로 저전력 배터리의 전압이 일정 수준 이하로 떨어졌을 때 자동으로 전원을 차단해 과방전을 방지한다.

참고로 최신 하이브리드 자동차는 시동을 끈 상태에도 저전압 배터리의 SOC를 30분 간격으로 확인해 스스로 충전을 진행한다. 이는 하이브리드 차량에 적용된 LDC(Low voltage DC-DC Converter, 저전압 직류 변환 장치)가 고전압 배터리의 전기를 12V로 변환해 저전압 배터리를 충전하는 원리다. 이처럼 하이브리드 자동차는 시동이 꺼진 상태에서도 SOC 확인, 충전, 배터리 보호 등의 안전 기능을 갖춰 과방전 문제를 대비하고 있다.

(4) 하이브리드 컨트롤 유닛(HCU : hybrid control unit)

1) 제어기의 구성

하이브리드 전기자동차는 내연기관+고출력 전기모터와 무단변속기에 의해 동력을 발생 구동을 하는 구조로 되어 있으므로 이에 따른 각종제어기가 구성되어 있는데 일반적으로 엔진제어기와 변속기 제어기는 일반자동차에도 구성이 되는 부품이며 여기에 구동모터 즉 하이브리드 모터를 제어하는 모터 컨트롤 유닛과 배터리의 충·방전을 제어하는 배터리 컨트롤 유닛 또, 자동차의 조명장치 및 각종 전기장치의 구동은 12V의 배터리(보조 배터리)를 사용하므로 이 배터리의 충전을 관장하는 보조배터리 충전 컨트롤 유닛이 구성되며 이러한 각종 제어기를 전체적으로 관장하는 하이브리드 컨트롤 유닛으로 구성되어 있다.

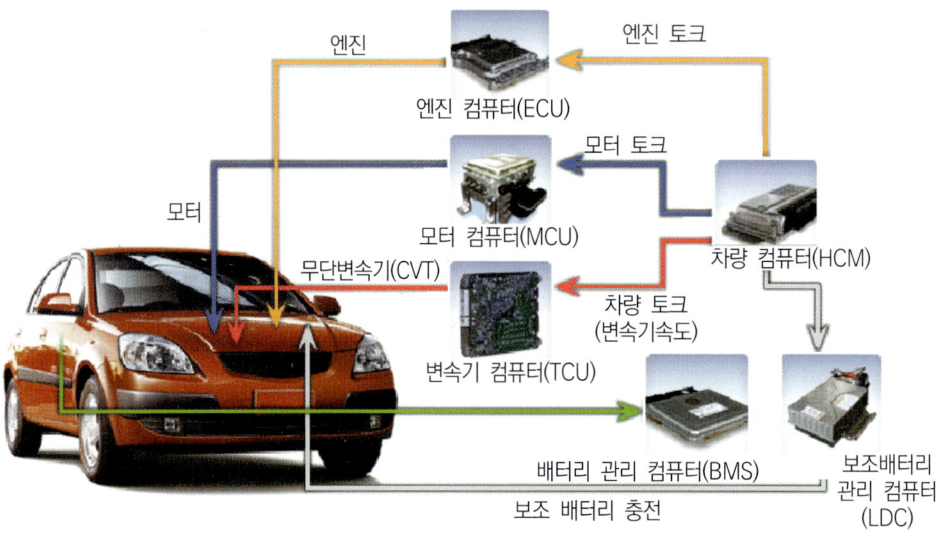

그림 82 제어기의 구성

2) 엔진 컨트롤 유닛

ECU는 기본적인 기능은 기존 가솔린 자동차의 ECU와 같이 연료분사량 및 점화시기를 조절하지만 하이브리드 자동차의 ECU는 HCU로 엔진의 상태에 대한 정보를 보내고 HCU에서 이에 대한 정보와 주변 제어장치들에 상태를 파악한 뒤 적절한 제어를 할 수 있도록 도와주는 역할을 한다.

하이브리드 자동차에서의 ECU는 부압, 아이들 상태등 주로 가솔린 엔진의 상태에 대한 정보를 HCU로 보내고, 이에 맞춰 HCU에서는 MCU를 이용, 아이들 스탑이나 부압보조, 토크보조 등에 일을 할 수 있도록 지시를 내린다. 가솔린 자동차와 같이 단순히 엔진제어만을 위해 있다기보다는 하이브리드 모터와의 연계하여 작동을 하게 된다.

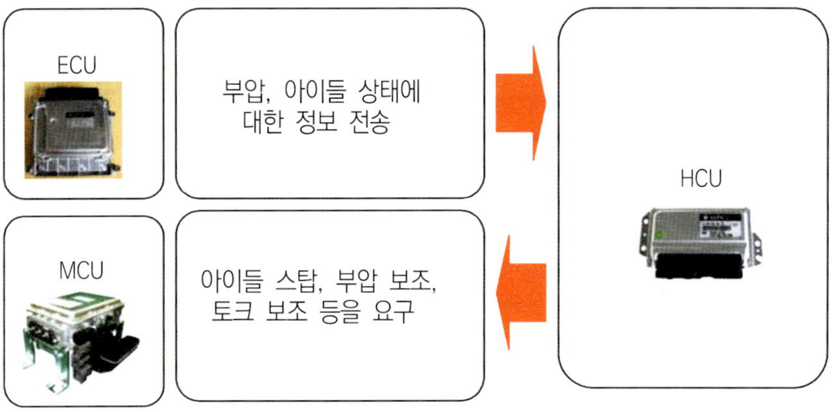

그림 83 엔진 제어

3) 변속기 컨트롤 유닛

TCU(transmission control unit)는 CVT 즉 무단변속기를 제어하는 제어장치이다. CVT 상태, 엔진 회전수, 클러치, 변속비 외의 여러 가지 센서에서 입력되는 신호를 ECU, MCU, HCU등과 주고받으며 변속을 해야 하는 시기를 결정해서 CVT를 제어 한다.

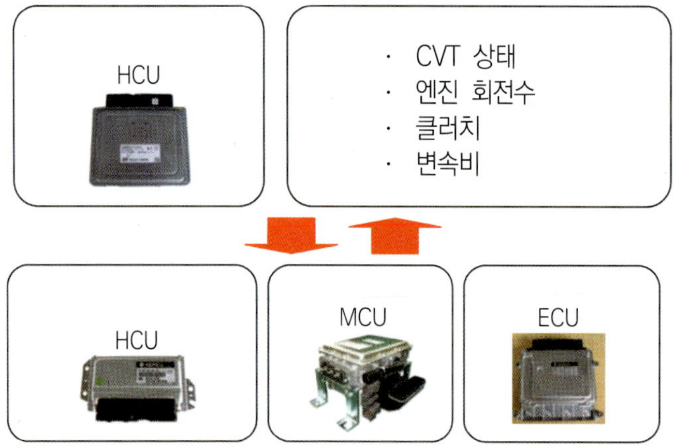

그림 84 변속기 제어

4) 모터 컨트롤 유닛

MCU(Motor control unit)는 하이브리드 자동차의 모터를 제어하는 장치로서 모터의 상태를 HCU에게 보내면 ECU와 TCU, BMS 등에게서 들어오는 정보를 분석하고 MCU에게 모터를 적절하게 제어할 수 있도록 명령을 한다. 주로 ECU의 상태와 MCU의 상태를 HCU가 판단해서 모터를 작동시키기 때문에 ECU와는 항상 긴밀한 관계를 유지한다고 볼 수 있다.

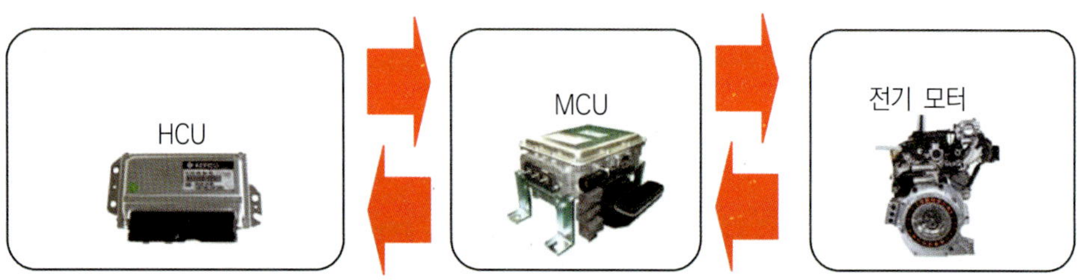

그림 85 모터제어

모터 컨트롤 유닛은 하이브리드 모터 제어를 위한 컨트롤 유닛이다. 모터 컨트롤 유닛은 HCU(hybrid control unit)의 토크 구동명령에 따라 모터로 공급되는 전류량을 제어하여 각 주행특성에 맞게 모터의 출력을 조절한다. 또한 MCU는 고전압 배터리의 DC(직류) 전원을 AC(교류) 전원으로 변환시키는 인버터의 기능과 배터리 충전을 위해 모터에서 발생된 AC전원을 DC로 변환시키는 컨버터의 기능도 동시에 수행한다.

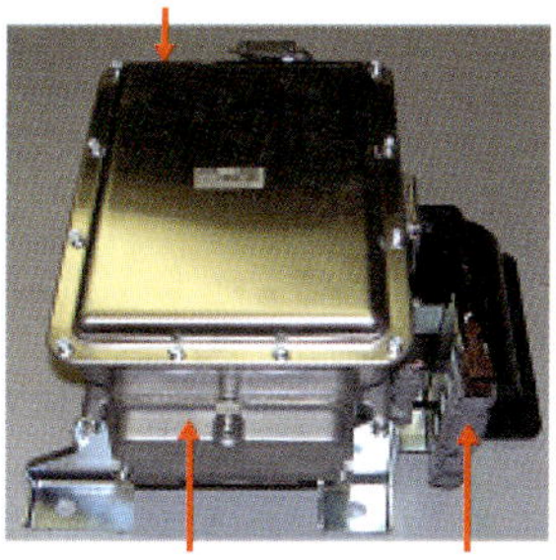

(a)

(b)

그림 86 **모터 컨트롤 유닛의 구성**

① 모터 컨트롤 유닛의 개요

MCU는 고전압 배터리로부터 DC전기를 공급받아 3상의 AC전기를 발생시키고, HCU의 모터 구동 토크 명령에 의해 AC 3상전류 제어하여 모터의 회전속도 및 토크를 제어하는 장치이다. 고전압 배터리와는 2상 파워케이블이 연결되어 DC전기를 공급받도록 되어 있고, 모터와는 AC 3상 파워케이블에 의해 연결되어 3상전류를 출력하게 된다.

(a) 트렁크에서 바라본 모습

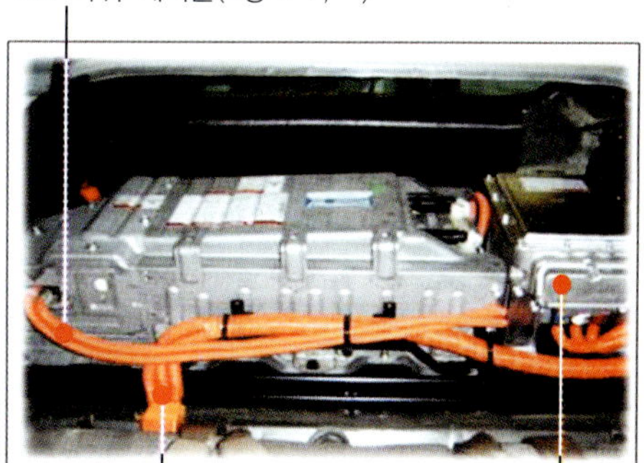

(b) 실내에서 바라본 모습

그림 87 **MCU의 장착위치**

② MCU의 내부구성

그림 88 MCU의 내부구성

㉮ 제어보드

제어보드는 CPU, 메모리, 입·출력 인터페이스회로, 전원 공급장치 및 차량의 타 제어모듈(HCU, BMS, 엔진 ECU, TCU 등)과 정보 송·수신을 위한 CAN통신회로를 가지고 있으며, 12V 보조 배터리 전원을 이용한다.

㉯ 파워보드

전기적인 스위칭을 통하여 전력의 흐름을 제어하는 MCU의 핵심부품이며, 600V, 400A 정격의 산업용 전력소자를 이용해 고전압 배터리의 DC를 AC로 변환시켜 모터 각 상의 전류를 출력하는 인버터(inverter)와 U, V, W 각 상의 전류량을 검출하는 전류센서, DC 평활 및 소자보호를 위한 콘덴서 등이 파워 모듈 부를 구성하고 있으며, IGBT 구동을 위한 각종 구동회로, 산업용 전력소자 고장진단회로, 아날로그 전류제어회로 PWM발생기 등이 인버터 구동제어부를 구성하고 있다.

참고 파워 모듈(인버터)

전력용 반도체 소자 및 6개의 다이오드로 구성되어 있고, 소자 보호를 위한 전류 검출 회로와 온도 검출 회로를 포함한다. 평균속도는 늦어진다.

㉠ 인버터(inverter) : DC전원을 가변 주파수(㎐) 및 가변전압의 AC전원으로 변환시키는 장치를 말하며, 그 반대의 개념으로 AC를 DC로 변환시키는 장치를 통상적으로 컨버터(converter)라고 한다.

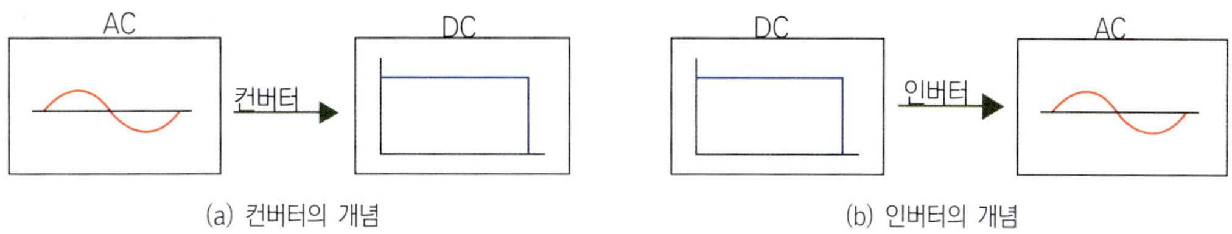

그림 89 인버터

ⓐ 평활부(평활회로) : DC전원에서 맥동 성분을 제거

ⓑ 인버터부 : 정류된 직류 전원을 PWM 제어방식을 이용하여 가변 주파수 및 가변 AC전압으로 변환시켜 모터 구동전류 출력(가변 속도제어)

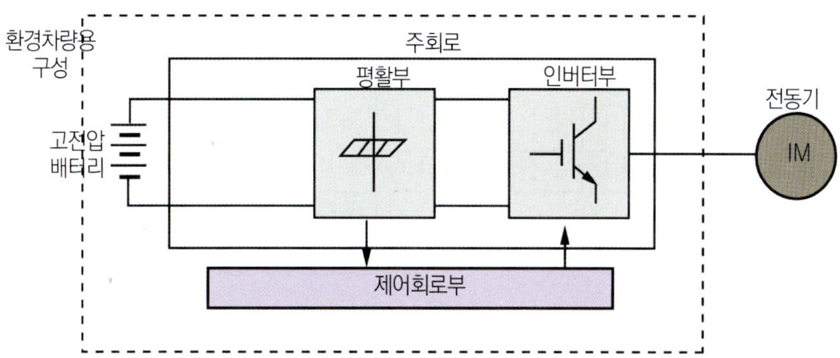

그림 90 인버터의 구성

㉡ 인버터의 가변 전압 발생원리

ⓐ 반도체 스위치의 ON/OFF시간의 폭을 조절하여 평균 전압의 크기를 조절한다.

ⓑ (+), (-)전원에 연결된 2개의 스위치를 선택하여 극성을 결정한다.

ⓒ 이 방식을 펄스 폭 변조방식(PWM : pulse width modulation)이라고 한다.

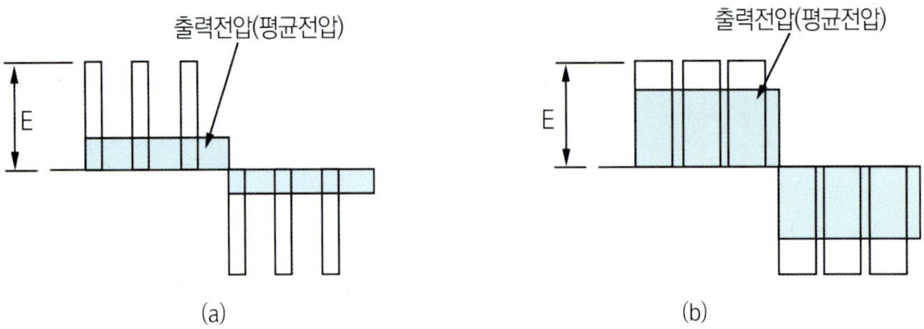

그림 91 **인버터 가변전압 발생원리**

㉢ 인버터의 가변 주파수 AC 발생원리 : 반도체 스위치의 ON/OFF 시간을 조절한다.

$f = \frac{1}{1} = 1[Hz]$, $f = \frac{1}{t_0} = [Hz]$, f : 주파수[Hz], t0 : 주기(sec)

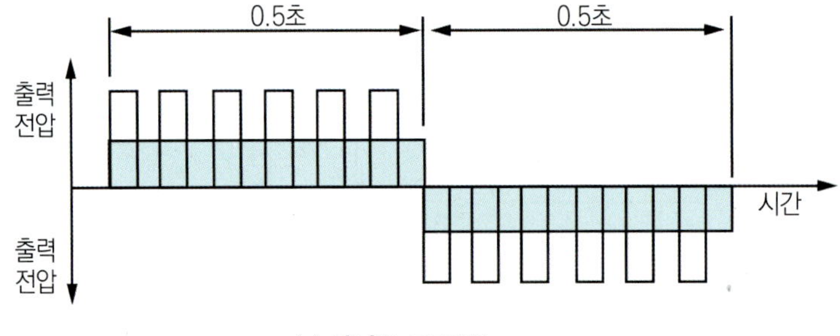

(a) 1[Hz]의 교류파형

$f = \frac{1}{0.5} = 0.016[sec]$

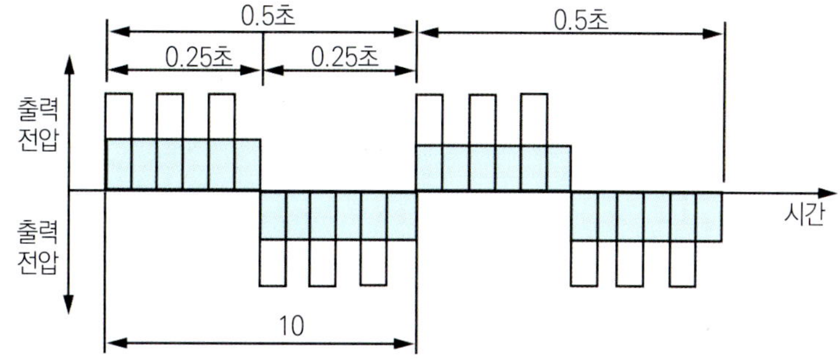

(b) 2[Hz]의 교류파형

그림 92 교류파형

③ MCU의 AC모터 제어

㉮ 제어방식

	open loop제어	closed loop 제어	
	V/F 일정 제어	슬립 주파수 제어	벡터제어
제어 기본 블록 선도	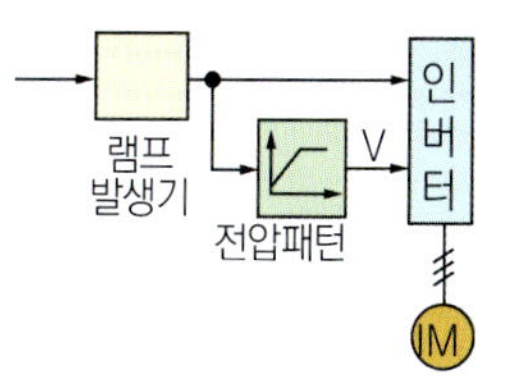	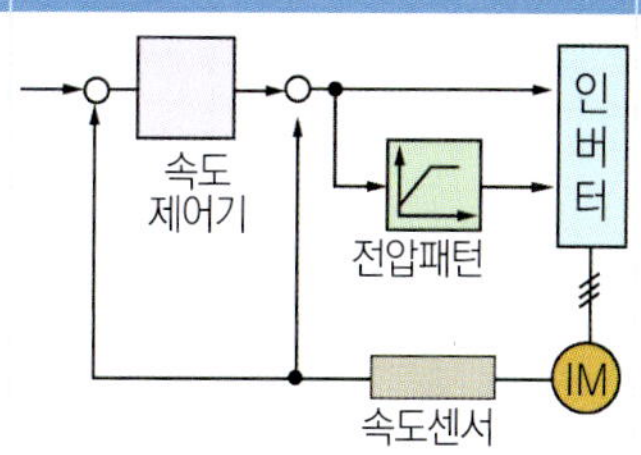	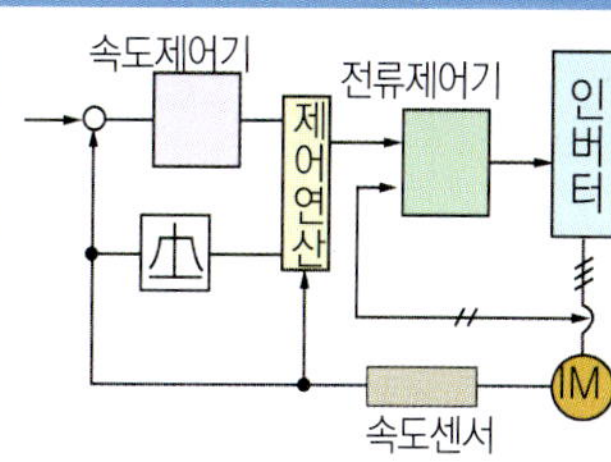
제어 특성	· 직접적 토크제어 불가 · 저속영역에서 토크저감 · 과전류 제한에 문제	· 평균(정상상태) 토크제어 · 가감속 특성이 V/F제어 보다 향상 · 슬립제한에 의한 과전류 제한	· 순시 토크제어(정지 토크제어 가능) · 토크분 및 자속분 전류의 분리 제어
범용성	조정요소가 적고, 전동기 선택에 제한이 없어 범용성이 높음	전동기의 슬립 토크 특성에 따른 설정 필요성	벡터제어 연산에서 전동기 상수를 사용하므로 전용기로서의 성격이 강함
복잡도	가장 간단	비교적 간단	복잡
용도	일정부하 운전용도로 속도 균일성이 요구되지 않을 경우	정속운전 및 일정 출력용도	일정출력 및 고속의 동적 가감속 특성이 요구되는 경우

스칼라(scalar)제어(전압, 주파수) ⟷ Vector 제어(전류 벡터)

그림 93 제어방식 종류

㉯ 벡터제어 원리

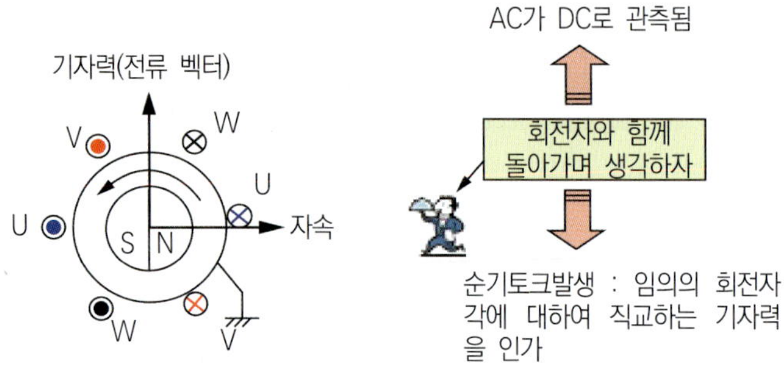

그림 94 **AC모터 벡터제어 원리**

④ 모터 & MCU제어

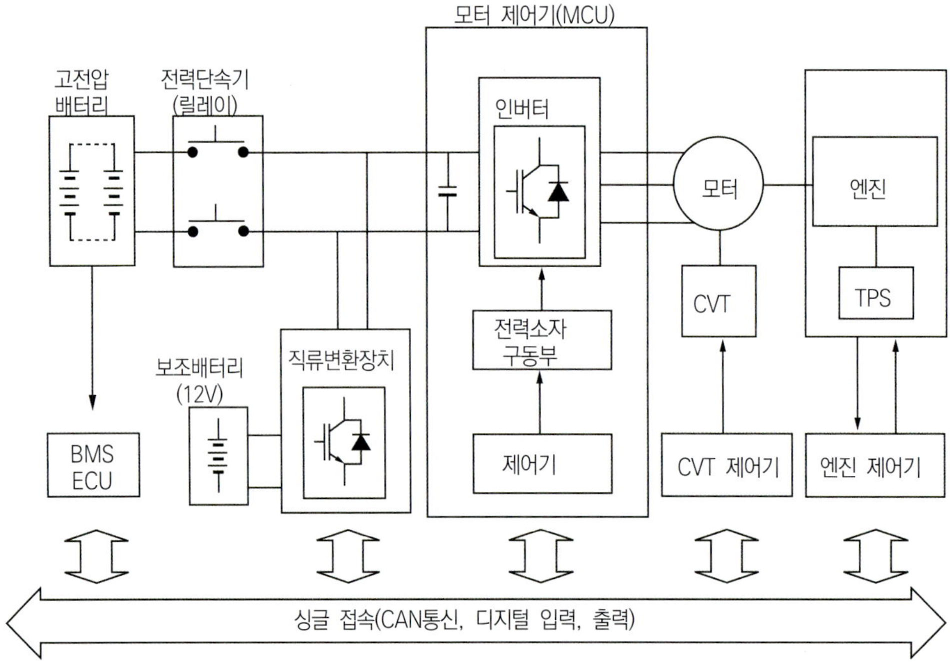

그림 95 **모터 & MCU제어 블록 다이어그램**

⑤ MCU 냉각시스템

MCU는 고전압 전류를 제어하는 부품이기 때문에 모터 제어 중 다량의 열이 발생된다. 트렁크 룸 내부에 설치된 냉각장치는 쿨링팬, 흡입 및 배출 덕트로 구성되어 있고, 차량 실내 공기를 흡입해 고전압 배터리와 MCU를 냉각시키고 배출 덕트를 통해 차량 외부로 방출시키는 시스템으로 되어 있다.

그림 96 MCU 냉각시스템

⑥ MCU취급시 유의사항

㉮ 고전압으로 작동되는 장치이므로 시동 키 2단(ON) 또는 엔진 시동상태에서는 절대 만지지 않는다(키 OFF 후 약 3~5분 이상 경과해야만 안전함).

그림 97 접촉금지

㉯ MCU에 연결된 파워케이블(DC 2상, AC 3상)은 감전의 우려가 있으므로 손으로 만지거나 전기케이블을 임의로 탈착하지 않는다.

㉰ AC 3상 케이블의 각 상간(U, V, W) 연결이 잘못되거나 DC 케이블의 (+), (-) 극성이 반대로 연결되면 부품(MCU 또는 배터리)이 손상되거나 사용자 또는 작업자의 안전에 심각한 위협을 초래할 수 있으므로 주의해야 한다.

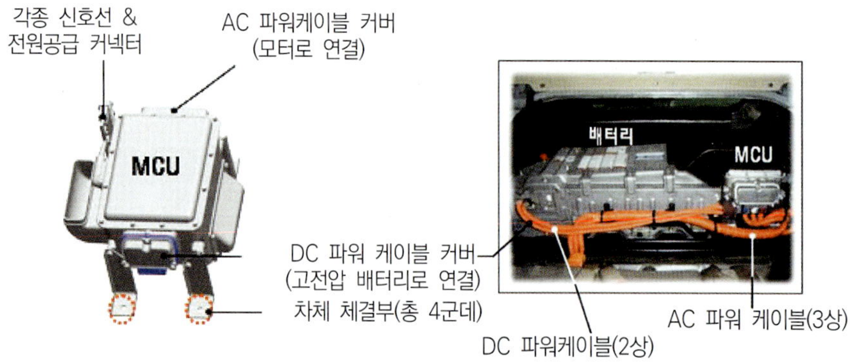

그림 98 MCU취급시 유의사항

㉣ MCU는 트렁크 룸 내부에 장착되므로, 과다한 화물적재 또는 충격이 가해지지 않도록 주의한다.

㉤ 관련 부품 정비점검 및 수리작업은 반드시 직영 서비스센터로 의뢰한다.

5) 보조 배터리 충전 컨트롤 유닛

LDC(low voltage DC/DC converter)는 12V 충전용 직류 변환장치로써, 일반 가솔린자동차의 발전기 대용으로 하이브리드 차량의 메인 배터리의 고전압을 저전압으로 낮추어 보조배터리 충전 및 기타 12V 전장품(전조등, 와이퍼, 펌프, 제어보드 등)에 전력을 공급하는 장치이다. 이렇게 해서 LDC의 장착으로 하이브리드 자동차에는 일반 자동차에서 볼 수 있는 발전기는 볼 수 없게 된다.

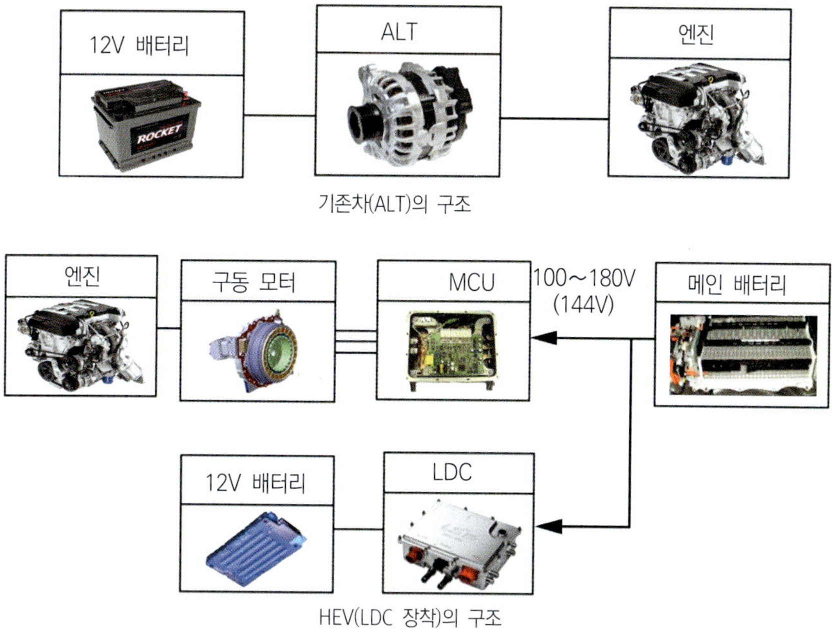

그림 99 보조 배터리 충전 컨트롤 유닛

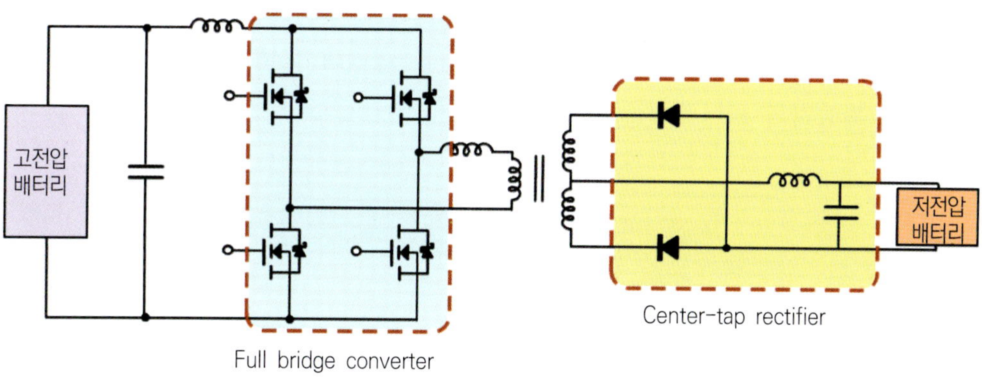

그림 100 LDC의 회로도

6) HCU의 작동

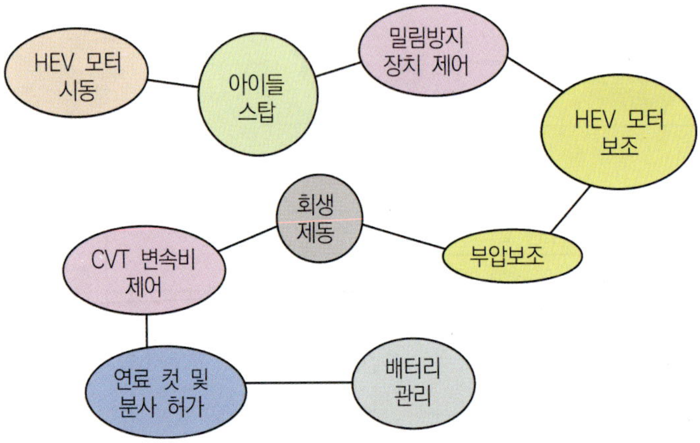

그림 101 **HCU의 작동**

① 하이브리드 자동차 시동

하이브리드 자동차는 가솔린자동차와는 다르게 보통 하이브리드 모터를 이용해서 시동을 건다. 하지만 하이브리드 모터 시동에 장애가 생기면 MCU에서는 즉각 이에 대한 정보를 HCU로 보내게 되고 HCU는 이에 대한 적절한 조치로 가솔린엔진의 시동모터를 구동해서 시동을 걸 수 있게 ECU로 명령을 내리며 특별한 일이 없다면 보통은 하이브리드 자동차의 모터로 시동을 걸게 된다.

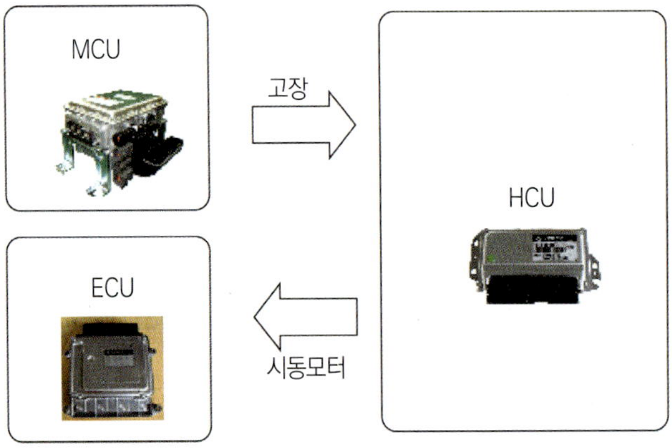

그림 102 **하이브리드자동차 시동**

② 아이들 스탑

아이들 스탑 진입조건 즉, D단 주행 후 브레이크 정차 시 이에 대한 정보가 HCU로 입력이 되면 HCU는 MCU와 ECU에게 엔진과 모터의 작동 중지명령을 내리게 되고 이와 반대로 브레이크를 OFF시키거나 가속페달을 밟을 시에는 HCU에서 모터와 엔진을 움직여 상황에 맞는 적절한 주행을 할 수 있게 HCU가 명령을 내리게 되다.

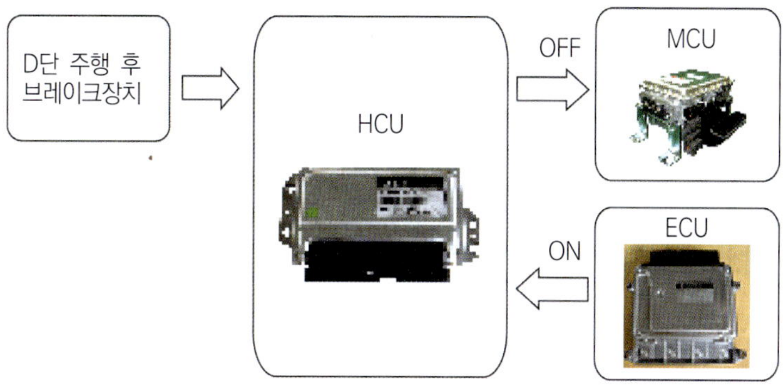

그림 103 **아이들 스탑**

③ 브레이크 밀림 방지장치

경사로 밀림 방지장치는 일반 오토 가솔린자동차와는 달리 정차시 아이들 스탑 모드로 들어가는 특수성 때문에 언덕길에서 순식간에 차가 뒤로 밀리는 위험한 상황이 발생할 수 있는데 이러한 이유로 장착된 기능이 바로 CAS(creep aid system)로 하이브리드의 특성상 장착된 일종의 안정장치이다.

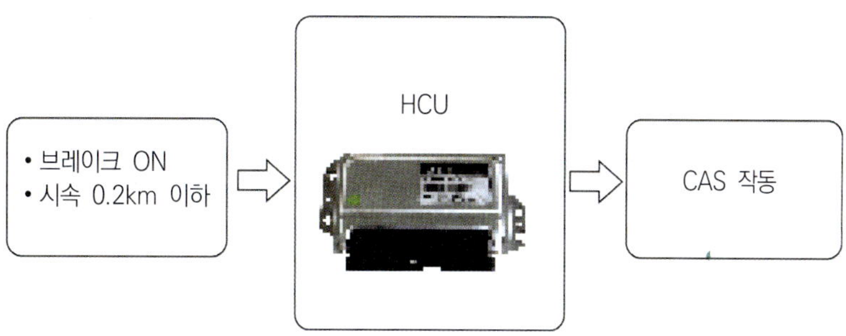

그림 104 **브레이크 밀림 방지장치**

브레이크 밀림방지장치는 크게 브레이크스위치, 경사각 센서, HCU, ABS모듈 이 4가지 장치가 제어를 한다. 이 장치들은 브레이크를 작동시키고 차가 멈추기 시작하면서 시속 0.2㎞ 이하로 속도를 줄이게 되면 일단 브레이크 밀림 방지장치 모드로 진입한다.

(a) 브레이크스위치 (b) 경사각센서 (c) HCU (d) ABS 모듈

그림 105 **브레이크 밀림장치의 구성**

이렇게 브레이크 밀림방지장치가 작동하는 순서를 보면 일단 언덕길에서 액셀러레이터를 밟기 위해 브레이크에서 발을 떼도 경사각센서에서 보내준 정보를 HCU에서 분석하고 ECU에게 전달해주는데 ECU는 ABS에게 신호를 줘서 차가 밀리지 않게 일정시간 밀림방지 밸브를 막아 브레이크 밀림을 방지한다.

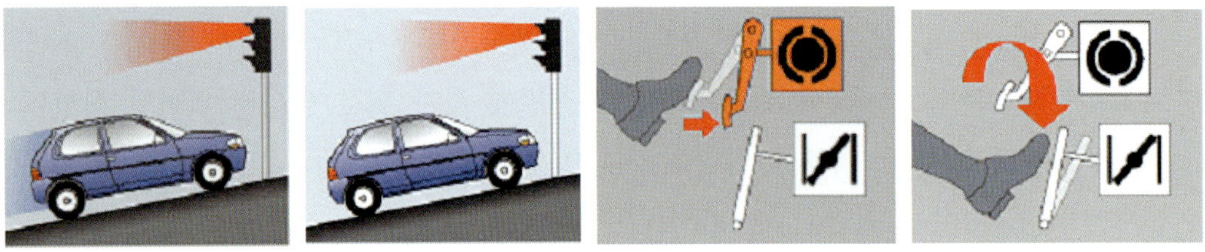

(a) (b) (c) (d)

그림 106 **브레이크 밀림장치의 작동**

④ 하이브리드 모터 보조

하이브리드 자동차의 특성상 작은 엔진으로 인해 토크가 모자란 경우 ECU는 얼마 정도의 힘이 필요한지에 대한 정보를 HCU에게 보내게 된다.

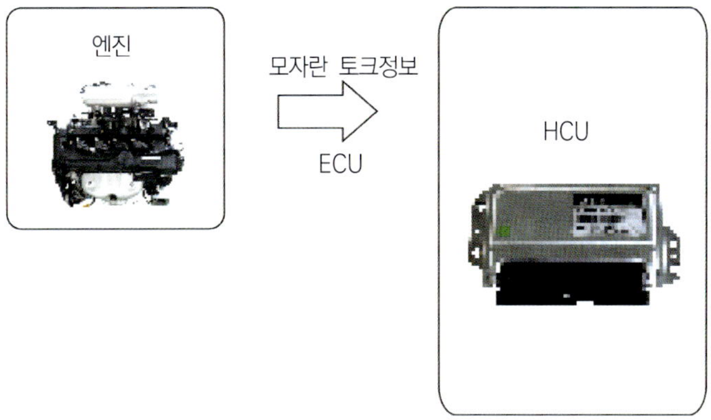

그림 107 **모터 보조**

이때 HCU에서는 가속시 엔진이 어느 정도의 토크가 모자란 가에 대한 분석을 한 뒤 이 정보를 바탕으로 MCU에게 모자란 토크를 보조할 수 있게 모터를 구동하라는 명령을 내린다.

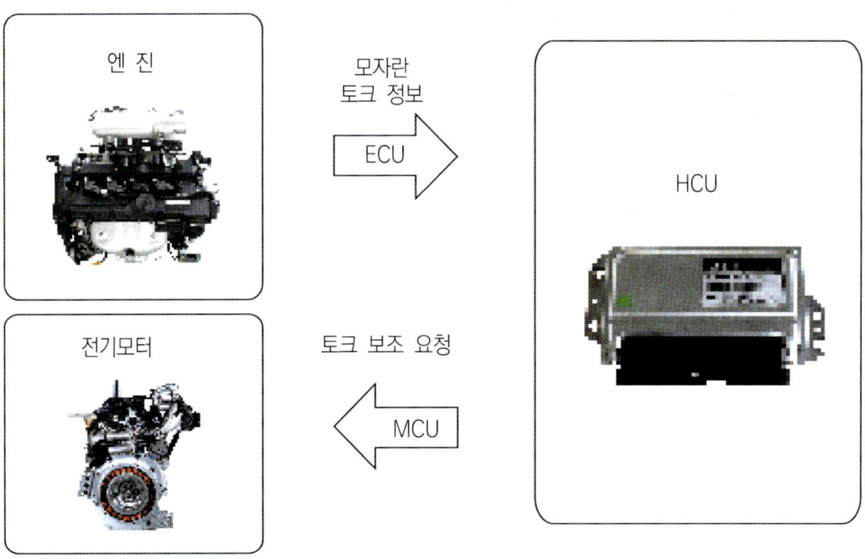

그림 108 **모터 보조작동**

⑤ 부압보조

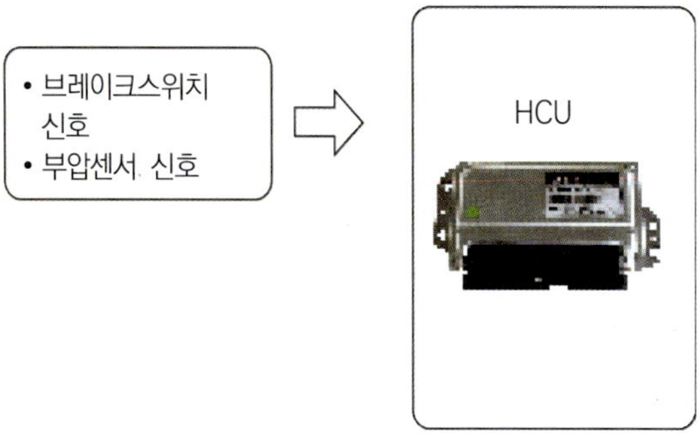

그림 109 **부압보조**

부압보조는 HCU에서 브레이크스위치 신호와 부압센서 신호를 받아서 부압의 상태를 판단하고 정보를 분석한 뒤 MCU로 모자란 부압을 회복시킬 만큼 모터를 구동하라고 명령을 내리는 것을 말하며 엔진과 브레이크 쪽의 부압이 낮으면 일단 모터를 구동하기 전 에어컨이 작동을 하고 있다면 HCU는 ECU로 에어컨작동을 금지하는 명령을 내리고 ETC모터를 구동해서 흡입공기를 막는데 이렇게 해도 브레이크 부스터 압력이 저하되면 모터의 보조를 통해 브레이크 부압을 생성한다.

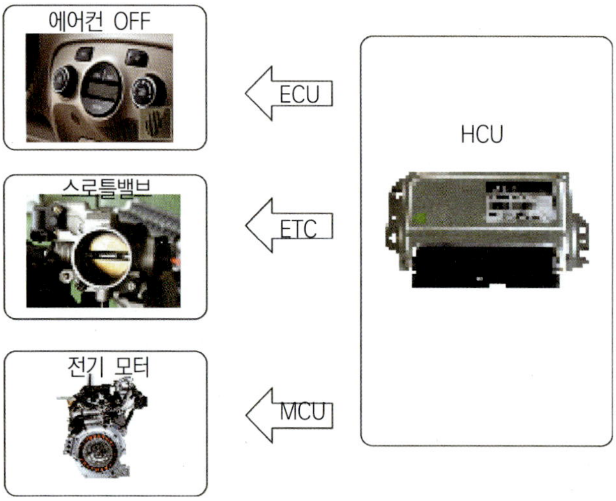

그림 110 **부압보조 작동**

⑥ 하이브리드 모터 회생제동

하이브리드 모터 발전을 통해 전기 에너지를 저장하는 하이브리드 모터 회생제동 모드는 ABS의 차속 값에 대한 정보와 브레이크스위치를 통한 차량의 브레이크 작동유무, BMS에서의 배터리 충전량에 대한 정보를 HCU로 보내게 된다. 이러한 정보를 받은 HCU가 데이터를 분석하고 MCU로 모터 구동명령을 내려서 주행속도 감속시 모터를 발전시켜 고전압 배터리에 전기를 충전하는 것을 모터 회생제동이라고 한다.

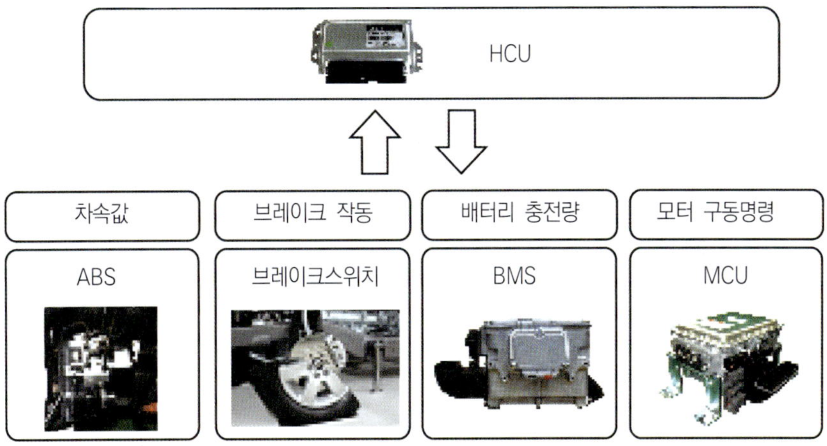

그림 111 **하이브리드 모터 회생제동**

⑦ CVT변속 제어

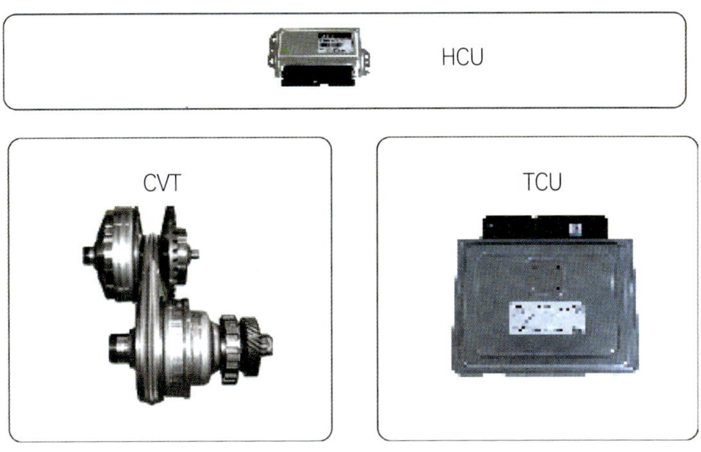

그림 112 **CVT 변속제어**

하이브리드 자동차에 사용되는 CVT는 일반 오토 변속기와는 달리 무단변속 장치를 채용하고 있는 변속기인데, 제어를 위한 정보는 차속 값, 엔진 ECU에서의 가속페달 값, TCU의 유온, 변속비 등의 정보를 HCU와 서로 주고받아 주행 상태에 따른 최적 변속비를 제어할 수 있게 한다.

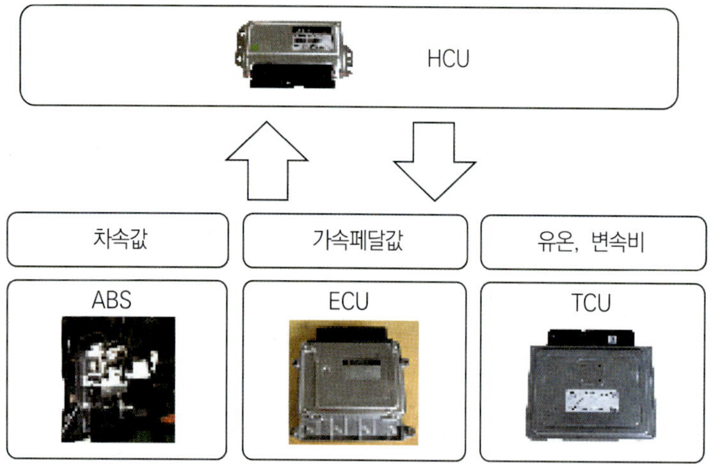

그림 113 **CVT변속제어 작동**

⑧ 엔진 연료제어

HCU는 하이브리드 자동차의 엔진 연료제어를 한다. 그 중 가솔린엔진의 시동, 주행 또는 감속시의 연료 분사량을 조절한다. 이는 보통 가솔린엔진에서는 ECU에서 이 모든 일을 하지만 하이브리드 자동차는 가솔린엔진의 상태를 체크 해가며 모터가 작동을 해야 하기 때문에 HCU에서도 ECU와 같이 엔진을 제어할 필요가 있다.

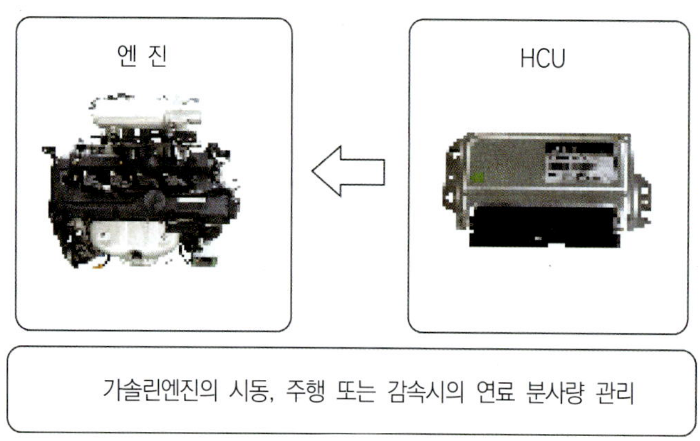

그림 114 **엔진 연료제어**

⑨ 배터리 관리

하이브리드 자동차의 HCU는 SOC(배터리 충전상태) 리셋발생시 자체 보정 값을 산출해서 HCU가 정상적으로 제어할 수 있도록 요청을 한다. SOC의 충전도가 기준치 이하로 떨어지거나 과충전 상태가 되는 등에 이유로 모터나 배터리 등에 손상이 갈수도 있다고 판단하면 HCU는 이에 대한 적절한 조치를 취하게 되는데 SOC 즉, 전지의 충전상태에 따라 각각 조치하는 방법이 다르다. 그중 과충전, 과방전, 과전압을 사전에 방지해서 배터리를 보호하는 등의 일은 HCU가 배터리를 보호하는 대표적인 일이라 할 수 있다.

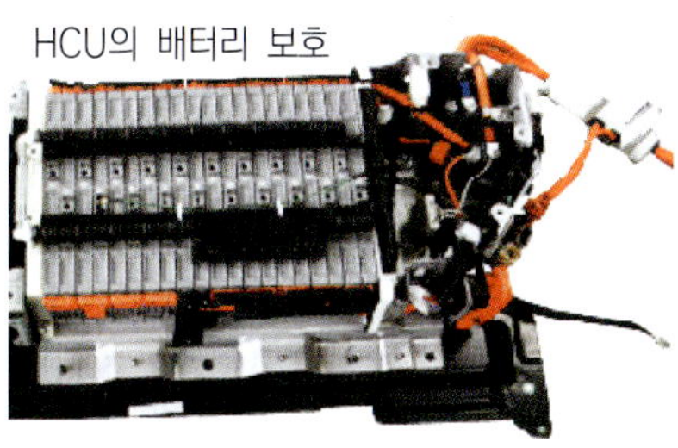

그림 115 **배터리 관리**

배터리는 BMS가 관리도 하지만 배터리의 상태에 따라 엔진이나 모터를 어떻게 적절히 구동시키는지에 대한 밸런스 조절은 HCU가 한다.

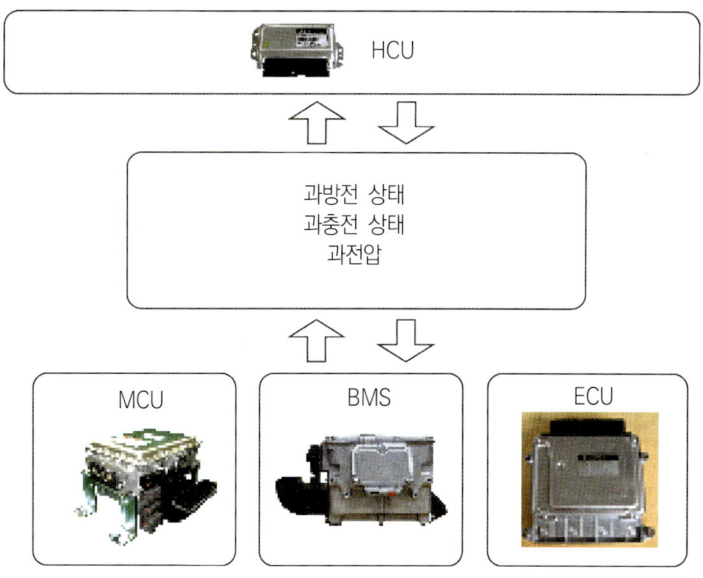

그림 116 **HCU의 배터리 관리**

배터리의 SOC 충전량이 90% 이상으로 과충전이 예상되는 경우 HCU는 토크에 제한을 두는 등의 조치를 취하고 반대로 SOC의 충전량이 10% 이하로 과방전이 예상되면 HCU는 MCU에게 아이들 스탑을 금지해서 배터리를 보호하게 된다.

하지만 HCU의 제어로도 어떻게 할 수 없는 경우가 있는데 그건 바로 하이브리드 자동차를 장기방치 할 경우이다.

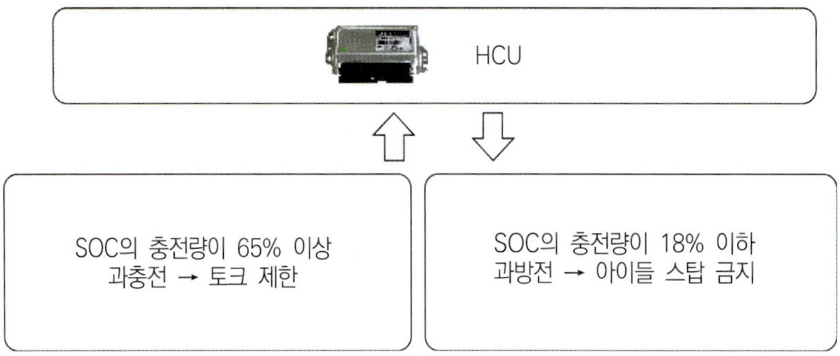

그림 117 **HCU의 배터리 충전상태 관리**

㉮ 전기 동력차단 : 고전압 배터리 전기 에너지 입·출력이 금지
㉯ 고전압 배터리 SOC(배터리 충전상태)가 30% 이하일 경우 : 2개월 이상 차량 장기 방치 시 고전압 배터리의 재사용이 불가
㉰ SOC(배터리 충전상태)가 60% 이상일 경우 : 6개월 이상 장기 방치 시 고전압 배터리의 재사용이 불가

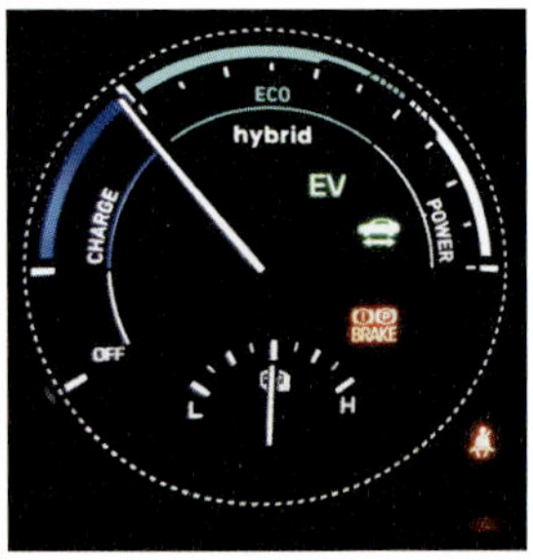

그림 118 **배터리 충전상태 표시**

7) 주행모드별 HCU의 작동

주행모드별 작동은 그림에서 보듯이 하이브리드 자동차의 주행은 시동, 출발, 가속, 정속, 감속, 정지 이렇게 6가지로 나눌 수 있다.

그림 119 **주행모드별 HCU의 작동**

① 시동모드

HCU는 일단 가솔린엔진과 하이브리드 모터의 이상 유무를 확인한 다음 아무 이상이 없다고 판단되면 하이브리드 모터를 이용해서 시동을 건다. 하지만 하이브리드 모터의 이상이 감지되면 일반 가솔린자동차와 같이 엔진의 시동 모터를 이용해서 시동을 걸게 한다.

하이브리드자동차의 시동 ≠ 엔진의 시동

그림 120 **시동모드**

참고로 하이브리드 자동차에서는 시동이 엔진 가동을 의미하지는 않는다. 시동을 걸어도 HCU는 주행 전까지 아이들 상태로 있도록 명령을 내리기 때문에 일반 가솔린자동차와는 시동의 의미가 조금 다르다고 할 수 있다.

하이브리드 자동차의 종류에 따라서도 시동방식이 달라지는데 직렬방식과 병렬방식의 하드방식은 하이브리드 모터만을 사용해서 시동을 걸고 병렬방식의 소프트방식은 하이브리드 모터가 시동모터 역할을 해서 엔진을 작동시키게 된다.

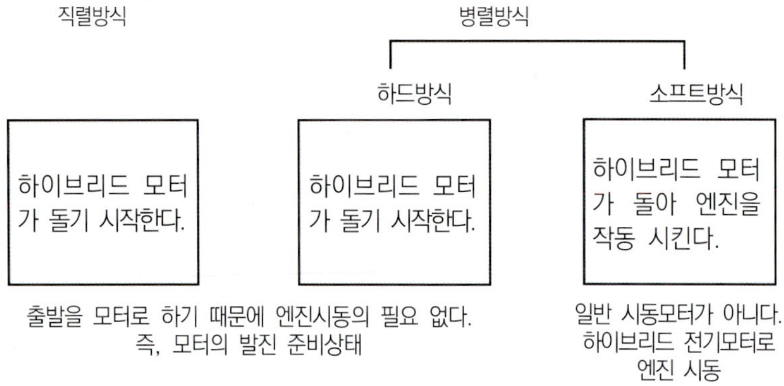

② 출발모드

액셀러레이터를 밟으면 자동차가 앞으로 나아가게 되는 출발 또한 하이브리드 자동차의 방식에 따라 HCU에서 모터와 엔진을 제어하는 방식이 다르다. 하이브리드 자동차의 HCU는 직렬방식과 하드방식의 경우 모터로만 출발하도록 제어를 하고 병렬방식 중 소프트방식은 엔진동력과 모터동력을 동시에 이용해서 출발을 하도록 제어 한다.

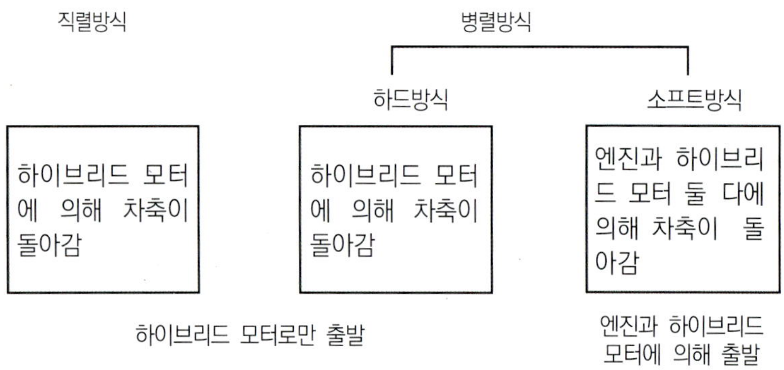

③ 가속모드

가속모드는 주행모드 중 힘이 가장 많이 들어가는 모드이다. 따라서 HCU는 MCU, ECU와 서로의 상태에 대한 정보를 가장 많이 주고받으며 제어를 하게 되는데 직렬방식은 계속 모터만 작동을 시키고 병렬방식의 하드방식과 소프트방식은 엔진과 모터를 모두 구동해서 가속을 하도록 HCU의 제어를 받게 된다.

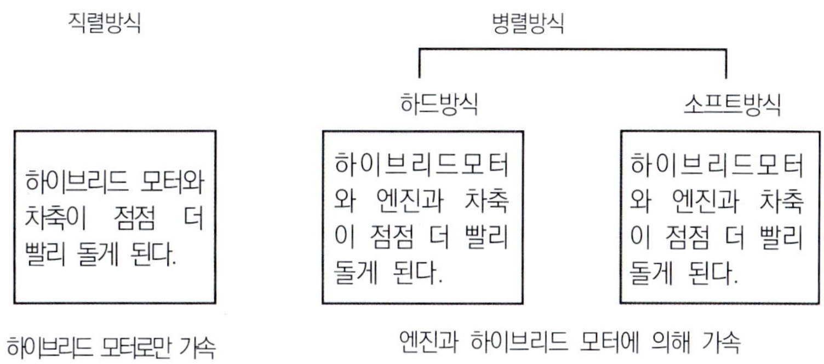

④ 정속모드

자동차가 속도를 올리며 주행을 하다 원하는 정도의 속도가 되면 일정한 속도의 정속으로 주행을 하게 되며 이때도 역시 하이브리드 전기자동차의 방식에 따라 직렬방식은 모터로만 정속주행을 하고 병렬방식의 하드방식과 소프트방식은 엔진동력으로만 주행을 실시하도록 HCU가 엔진과 모터를 컨트롤 한다.

참고로 직렬방식의 하이브리드 전기자동차는 배터리를 충전할 때 말고는 엔진을 시동하지 않는다.

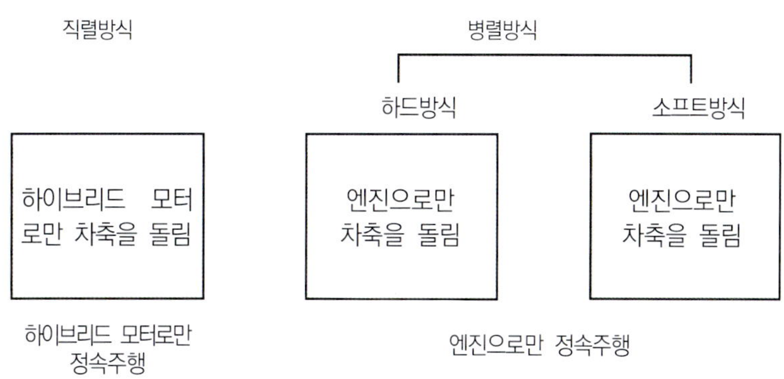

⑤ 감속모드

감속모드는 하이브리드 전기자동차의 가장 효율적인 모드로서 감속 시에는 차를 움직이는데 구동력이 쓰이지 않고 오히려 바퀴의 회전에 제동을 걸어야 한다. 때문에 바퀴에서 발생되는 회전 동력을 전기 에너지로 전환하여 배터리로 충전을 하게 되다.

HCU는 감속시 가솔린엔진에는 연료를 중단하고 바퀴에서 발생되는 회전 동력을 전기 에너지로 전환하도록 ECU와 MCU, BMS에게 명령을 내린다. 배터리로 충전을 실시하는 모드로서 이때 발생하는 에너지를 회생에너지라고 하며 직렬방식과 병렬방식 모두 바퀴에서 전달되는 회전에너지를 모터가 발전기로 전환하여 전기에너지를 고전압 배터리로 충전을 한다.

직렬방식

엔진은 멈추고 모터가 반대로 돌면서 차축으로부터 전력이 모터를 통해 배터리로 전해짐

병렬방식

하드방식

엔진은 멈추고 모터가 반대로 돌면서 차축으로부터 전력이 모터를 통해 배터리로 전해짐

소프트방식

엔진은 멈추고 모터가 반대로 돌면서 차축으로부터 전력이 모터를 통해 배터리로 전해짐

바퀴에서 전달되는 회전 에너지를 모터가 발전기 역할을 하여 전기에너지 생성
전기에너지를 고전압 배터리로 충전

⑥ 정지모드

하이브리드 전기자동차에서 정지모드는 일반 자동차와는 달리 감속상태에서 이미 엔진이 모두 꺼진 상태이므로 아이들모드 없이 곧바로 정지된다. 가솔린자동차로 말하자면 엔진이 전부다 꺼진 상태로 보면 된다.

직렬방식

엔진은 이미 정지되어 있고 모터가 돌다가 멈춘다.

병렬방식

하드방식

엔진은 이미 정지되어 있고 모터가 돌다가 멈춘다.

소프트방식

엔진은 이미 정지되어 있고 모터가 돌다가 멈춘다.

아이들 모드 없이 엔진 정지 상태

4 하이브리드 전기자동차의 엔진

(1) 하이브리드 전기자동차 엔진의 특징

하이브리드(hybrid) 전기자동차는 내연기관의 장점과 전동기의 장점을 조합한 시스템으로 두 가지 상이한 동력원을 사용하는 시스템이 결합된 것이다. 따라서 하이브리드 자동차는 두 가지 이상의 동력원을 탑재하고 그 하나 또는 두 동력원 시스템을 작동시켜 동력을 발생하는 시스템이다. 동력원으로는 내연 기관과 전기 전동기이며 대부분의 경우는 엔진과 전동기(발전기)의 조합이다.

하이브리드 자동차의 엔진 부분은 일반 가솔린자동차와는 조금 차이가 있다. 하이브리드 자동차의 특성상 일반 가솔린자동차에 비해 사이즈 즉, 배기량이 적은 엔진을 사용한다. 하이브리드 자동차 엔진의 주요 특징을 내연기관 자동차와 비교하여 보면 다음과 같다.

① 하이브리드시스템은 공회전할 때 자동적으로 정지하므로 공회전시의 손실 동력을 경감시킬 수 있어 에너지 손실을 감소시킬 수 있다.

② 자동차가 감속 또는 제동할 때 버려지는 동력 에너지를 회수하여 시동전동기 또는 전동기의 동력으로 사용하기 때문에 에너지를 회수 및 재활용할 수 있다.

③ 가속시의 전동기의 동력으로 엔진의 동력을 보조할 수 있으므로 전동기에 의한 동력의 보조가 가능하다.

④ 내연기관의 엔진 효율이 낮은 영역에서는 전동기를 사용하고, 전동기의 효율이 낮은 영역에서는 내연기관의 엔진을 사용하여 자동차의 효율을 최대화할 수 있다.

하이브리드 자동차 엔진은 특히 연비를 증대시키는 동시에 배출가스 저감을 위해 많은 신기술을 엔진 본체에 적용되어 있으며 대표적인 신기술 내용을 보면 압축행정 시 흡기밸브의 닫힘 시기를 지연하여 펌핑 손실을 최소화하고 연소 시 발생하는 에너지는 최대로 활용하는 앳킨슨 사이클(atkinson cycle)을 적용한 엔진을 사용하기도 하며 또 엔진의 연소에 효과를 극대화하기 위해 가변흡기 제어장치 적용하였고 엔진의 연소상태를 향상시켜 배출가스 저감과 엔진 연비 향상시킨 전자 EGR밸브를 적용했으며 람다 센서는 광역산소 센서를 적용하였다.

또, 운전자의 의도에 따라서 엔진에 유입하는 공기량을 제어하도록 하는 전자제어식 스로틀 컨트롤밸브인 ETC(electronic throttle control valve)를 적용하였다.

그리고 하이브리드 자동차가 가솔린자동차와 다른 점은 가솔린자동차와 같이 시동모터로만 시동을 거는 것이 아니라 고장이 없을 경우 하이브리드 모터로 시동을 한다. 이는 시동모터보다 하이브리드 모터가 출력이 높으므로 시동성이 더욱 좋아지기 때문이다.

일반 가솔린 차량들이 기름을 가장 많이 소모하는 경우 중에 하나가 바로 시동을 걸 때인데 시동모터보다 출력이 높은 하이브리드 모터를 이용해서 시동을 걸면 시동성이나 연비 또 배기가스문제를 동시에 해결할 수 있다.

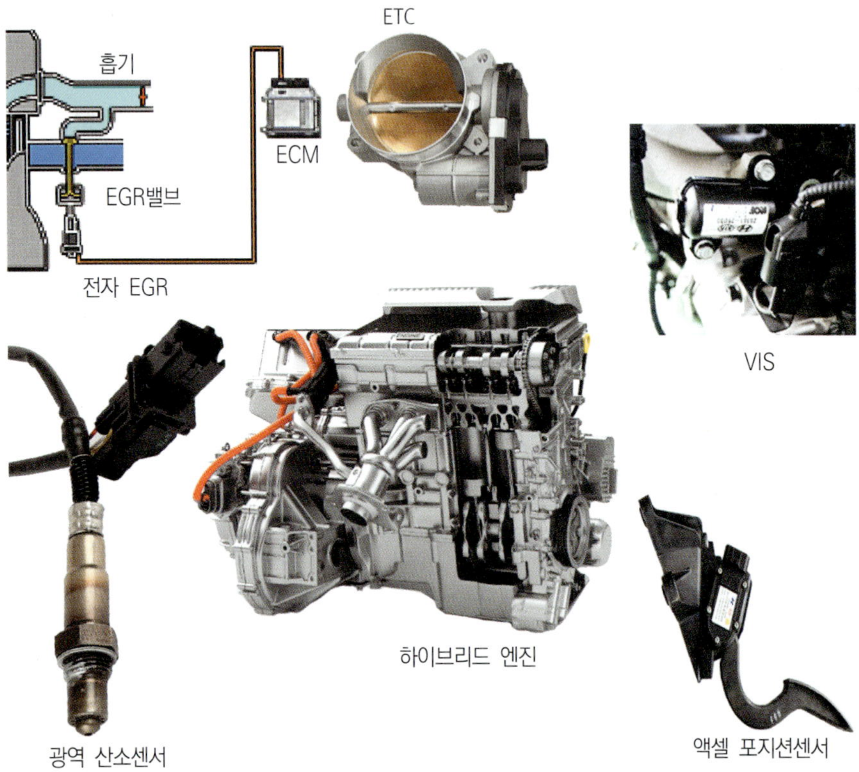

그림 121 **하이브리드 엔진의 특성**

(2) 하이브리드시스템의 하이브리드 전기자동차 엔진

가솔린엔진 자동차의 내연엔진은 전통적인 오토 사이클을 사용하고 있다. 그러나 하이브리드 자동차에 탑재된 엔진의 특징은 앳킨슨 사이클과 밀러 사이클을 적절하게 혼용 및 변형하여 사용하였다. 일반적으로 오토 사이클 엔진의 4행정(흡입-압축-팽창(폭발)-배기) 순서로 작동을 하게 된다.

1) 앳킨슨 사이클(Atkinson Cycle)

오토 사이클과 앳킨슨 사이클의 다른 점은 팽창비와 압축비에 있다. 일반적인 오토 사이클 가솔린엔진은 흡기과정에서 피스톤의 모든 행정 길이를 흡기에 소비한다. 즉, (행정 길이의) 팽창비와 압축비는 같다. 그러나 앳킨슨 사이클은 다르다. 1887년 제임스 앳킨슨은 흡입과정의 행정 길이를 줄이고(연료흡입량과 압축비는 감소) 폭발과정에서는 행정 길이를 늘려(팽창비는 증가) 피스톤이 더 일을 하도록 하는 방법을 고안했다. 이 방법은 흡입과 배기할 때 발생하는 손실(펌핑로스)을 줄여 높은 효율을 가져올 수 있었다.

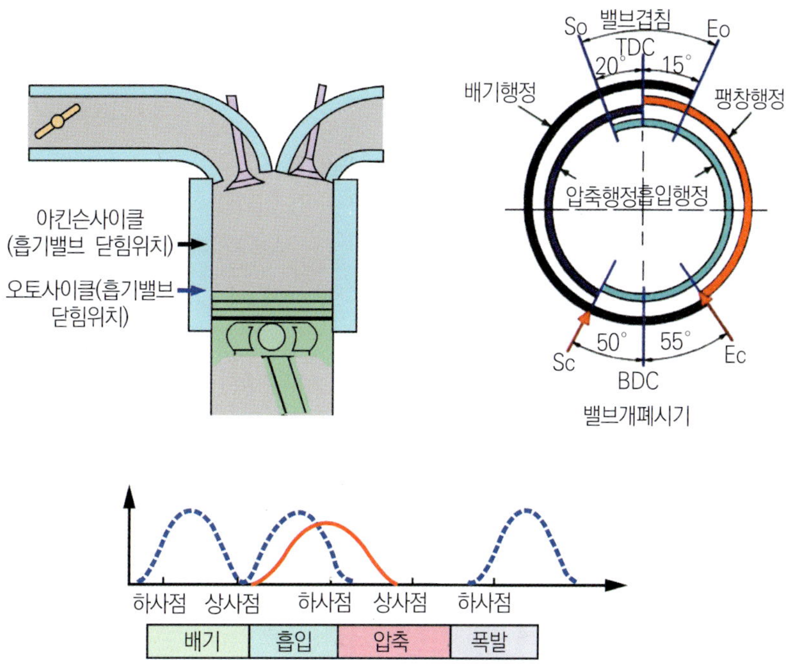

그림 122 앳킨슨 사이클

혼다에서는 복링크식 고 팽창비 엔진 Exlink라고 부르고 있지만 컨로드는 토리고날 링크를 통해 크랭크샤프트와 연결되고 스윙 로드는 엔센트릭 샤프트에 연결되어 동력을 전달하는 복잡한 구조로 3점 링크로 구동되며, 오토 사이클은 4행정(1사이클) 시 크랭크축이 두 번 회전하지만, 앳킨슨 사이클은 한 번 회전할 때 1사이클이 이루어진다. 피스톤이 한 번 올라갈 때(흡입)는 조금 올라가고, 피스톤이 다시 올라갈 때(폭발)는 더 많이 올라가게 하는 링크로 구성되어 있다. 그러나 높은 효율에도 불구하고 연결 구조가 복잡하고 고회전이 힘들다는 단점으로 자동차 엔진으로 쓰이지 않게 되었다.

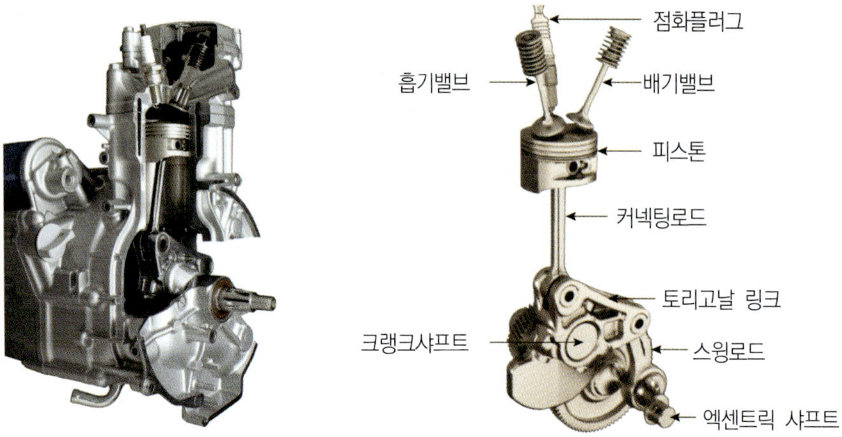

그림 123 **Exlink 엔진**

2) 밀러 사이클(Miller Cycle)

밀러 사이클은 앳킨슨 사이클을 응용한 사이클이다. 복잡한 링크 구조를 '가변 밸브타이밍' 기술로 대체할 수 있게 되었다.

그림 124 **마쯔다의 1.3리터 밀러 사이클 엔진**

구조는 오토 사이클과 같으나, 밀러 사이클은 압축행정에서도 흡기밸브를 열어 놓아 닫힘 시간을 지연시키면서 실린더 안으로 들어갔던 일정량의 혼합기는 다시 흡기밸브로 되밀려 돌아가기 때문에 연료가 절약된다. 그리고 폭발 시에는 피스톤이 행정 끝까지 닫혀 있다가 늦게 열리게 하여 피스톤이 더 많은 일을 하도록 하는 앳킨슨 사이클과 같은 효과를 가져올 수 있게 되었다. 또한 압축비가 클 경우 노킹(knocking)이 발생하는데, 밀러 사이클에서는 흡기과정 일정량의 혼합기가 되돌아가므로 노킹이 발생하지 않는다. 즉, 오토 사이클보다 압축비를 크게 설정할 수 있다.

밀러 사이클의 단점은 피스톤을 끝까지 밀어 내리므로 1사이클 이후 토크는 동일 배기량의 가솔린엔진 대비 떨어지며, 저속 구간에서는 RPM의 가용범위가 좁아져 밀러 사이클은 1990년 초중반에 고안됐음에도 저속 구간(실용 구간)에서 미미한 연료절약 효과와 출력이 약해 소비자들에게 외면을 받았다. 가변밸브 타이밍 기술과 최적의 회전수를 사용할 수 있도록 CVT 변속기, 저속 구간에서는 전기모터를 가용하여 단점들을 보완하게 되면서 밀러 사이클은 현재도 직분사, 슈퍼차저, 변속기, 모터 등의 개발로 진화하여 응답성은 아직 조금 부족하지만 가속력 면에서는 탁월한 효과를 보인다.

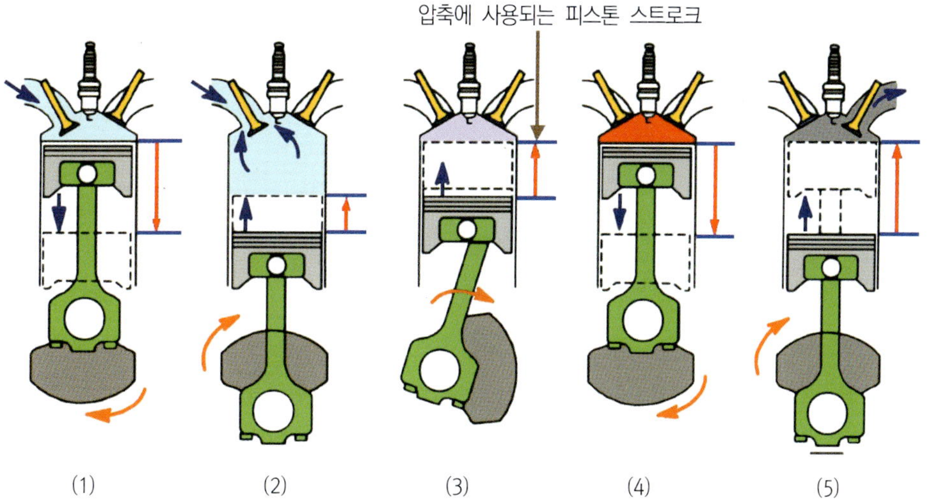

그림 125 **밀러 사이클 엔진 작동도**

밀러 사이클 엔진의 압축비(팽창비)를 크게 설정하는 방법의 이론은 위의 그림처럼 흡기밸브를 열어 피스톤이 하강하고 하사점에 도착 후 피스톤이 반전 상승하여 흡기를 흡기 포트로 밀어서 되돌린 후 2번 그림처럼 흡기밸브는 여전히 열려 있다. 3번의 그림처럼 압축행정에서 어느 정도 피스톤이 올라온 후 흡기밸브를 닫기 시작한다.

3) 가변 흡기제어장치(VIS)

가변 흡기제어장치(VIS : variable intake system)의 구성은 매니폴드 스로틀밸브에 의해 작동되는데 밸브를 열고 닫기 위한 DC모터와 모터에 달린 개폐기 위치 검출을 위한 모터 위치 센서로 구성되어 있으며 흡기 매니폴드 2개의 포트 중 한쪽의 포트에 밸브를 장착하여 저속에서 밸브를 닫아 연소실에서의 강력한 스월을 발생하도록 하는 장치이다.

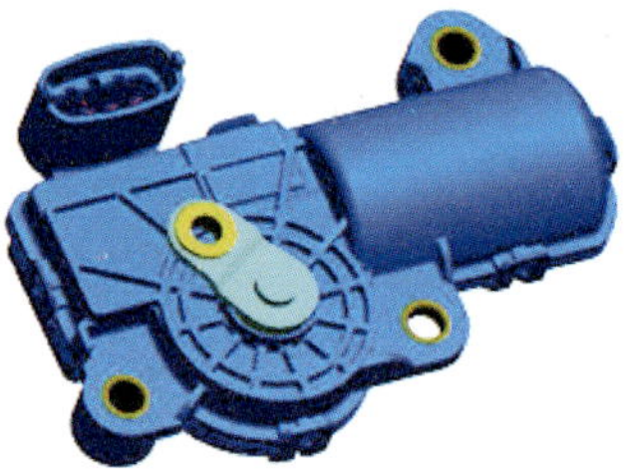

그림 126 가변 흡기제어장치 모터

가변 흡기제어장치는 엔진의 연소 상태를 극대화하기 위해 실린더로 흡입되는 두 곳의 흡기 매니폴드 포트 중 한쪽 포트에 밸브를 장착하여 필요에 따라 밸브를 작동시켜 한쪽 포트를 막아 흡입되는 공기의 흐름을 바꿀 수 있도록 하였다. 이는 저속에서 밸브를 닫아 연소실에서 강력한 스월을 발생하도록 흡기가 연소실로 들어갈 때 실린더 축을 중심으로 회전하면서 들어가 공기와 연료의 원활한 혼합과 연소속도를 빠르게 하여 실린더 안쪽의 산소와 연료가 잘 섞여서 효율적으로 연소가 되도록 한다.

가변흡기 제어장치의 작동은 아이들 상태 또는 3000rpm 이하의 영역에서 작동을 한다. 즉 연소실의 공기가 희박해서 실린더 안에 연료와 공기가 잘 혼합이 되지 않게 되고 연소가 불안해지면 작동하여 연소가 안정적으로 될 수 있도록 하고 반대로 3000rpm 이상일 때나 공기의 유속이 빨라지는 상황이 되면 VIS는 작동을 안 하고 밸브를 모두 개방하게 된다.

(a) VIS밸브 열림　　(b) VIS밸브 닫힘

그림 127 **VIS의 작동**

4) 전자 EGR밸브

전자 EGR밸브는 배출가스 저감과 엔진 연비 향상을 위해 적용한 장치이다. ERG(exhaust gas recirculation)밸브는 배기가스 중 질소산화물을 줄이기 위해 연소실에서 연소된 배기가스를 그대로 내보내지 않고 연소실로 다시 돌려보내는 밸브를 말한다. 실린더 안에서 연료가 연소하는 과정에서 질소와 산소가 고온에서 만나면 질소산화물이 발생되는데 이를 막을 수 있는 방법 중에 하나는 엔진내부의 온도가 너무 높이 올라가지 않게 해서 질소산화물이 만들어 지는 양을 줄이는 것이다.

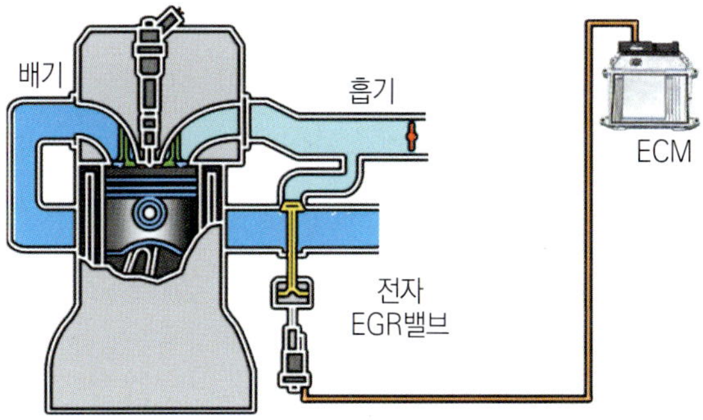

그림 128 **전자 EGR밸브**

이렇게 온도가 올라가는 것을 막기 위해 EGR밸브를 통해 다시 연소실로 들어가는 배기가스를 EGR가스라고 하는데 이 가스는 산소가 없는 가스로 연소가 활발하게 이루어 지지 않기 때문에 연소실 온도가 내려가게 된다.

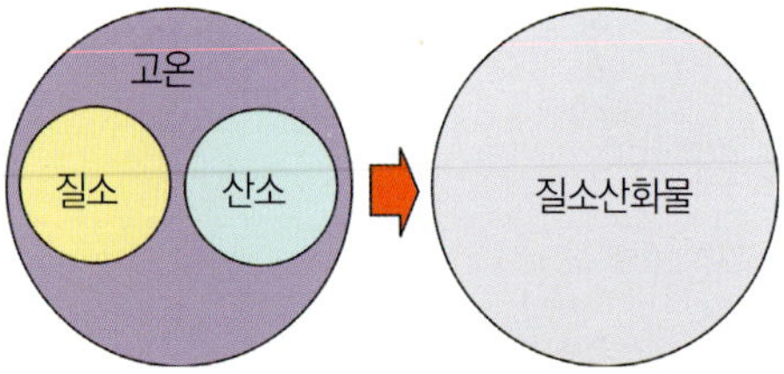

그림 129 **질소산화물의 형성**

하지만 이러한 EGR가스를 항상 공급하게 되면 엔진의 출력이 많이 떨어지게 되므로 주로 엔진에 힘이 별로 필요 없는 아이들 상태일 때 EGR밸브가 작동을 하지만 계속 연소실에 산소를 없애는 가스가 들어가면 엔진은 계속 출력이 떨어지고 ECU에서는 떨어지는 출력을 올리기 위해 스로틀밸브를 개방하고 더욱 연료를 많이 소모하게 되므로 그렇게 되면 엔진이 계속 뜨거워져서 EGR밸브는 있으나 마나고 연료는 연료대로 많이 소모하겠는데 이러한 악순환을 바로 잡아 보완 해주는 역할을 바로 가변흡기제어장치가 해준다.

즉, 연소실 안에서 스월을 형성시켜 보다 안정적인 연소를 유도해서 EGR이 작동을 해도 엔진에 무리가 가지 않게 해준다. 또 EGR밸브는 피스톤이 위 아래로 움직일 때 여러 가지 저항이 생기는데 이러한 저항을 총체적으로 펌핑손실이라고 한다. EGR밸브가 이러한 펌핑손실 중 일부를 보완해주는 역할로 아이들 상태에서 연비에 도움을 주게 된다.

실린더 안에 피스톤은 엔진을 정지시키지 않기 위해서 일정속도로 움직여야 하는데 여러 가지 저항으로 기름이나 흡입 산소가 모자란 아이들 상태에서는 피스톤이 움직이는 게 힘이 들게 되는데 이때 EGR밸브를 열게 되면 EGR밸브로 통하는 흡기 매니폴드의 압력은 상승하게 되고 이로 인한 피스톤이 흡입되는 과정에서 발생하는 펌핑손실을 줄일 수 있게 된다. 하지만 EGR가스는 앞서 말했듯이 산소를 포함하고 있지 않은 가스이기 때문에 너무 많이 공급하면 연소불량으로 엔진가동에 문제가 생길 수도 있다 그래서 ECU는 센서에서 연소실에 흡입되는 공기량을 측정해서 EGR시스템을 제어하게 되어 연소실 안에서 EGR가스가 엔진의 성능을 떨어뜨리지 않을 정도로만 밸브를 열도록 명령을 내리게 된다.

참고 펌핑손실(Pumping Loss)

펌핑손실이란 말 그대로 엔진이 대기중의 공기를 실린더 내부로 흡입(Pumping)하는데 소모되는 에너지이다. 배기가스를 밀어내는데 소모되는 일도 펌핑손실에 포함되지만, 펌핑손실의 대부분은 흡기 과정에서 발생한다.

스로틀(Throttle)이 완전히 열려 있다면(WOT : Wide Open Throttle ⇒ Maximum Power Driving) 엔진이 외부의 공기를 펌핑하는데 별다른 힘이 들지 않다. 하지만 이같이 최대출력으로 차량이 운전되는 경우는 사실상 거의 없으며, 일반 주행시에 Throttle은 보통 0~25% 가량 열려있다. 이같이 버려지는 에너지는 연료로 공급된 전체 에너지의 약 5% 내외이다. 4가솔린엔진은 터보라 할지라도 Throttling 으로 인하여 연소실 내 압력은 여전히 대기압 보다 낮으며 따라서 펌핑손실은 다소 줄일 수는 있으나 여전히 존재한다.

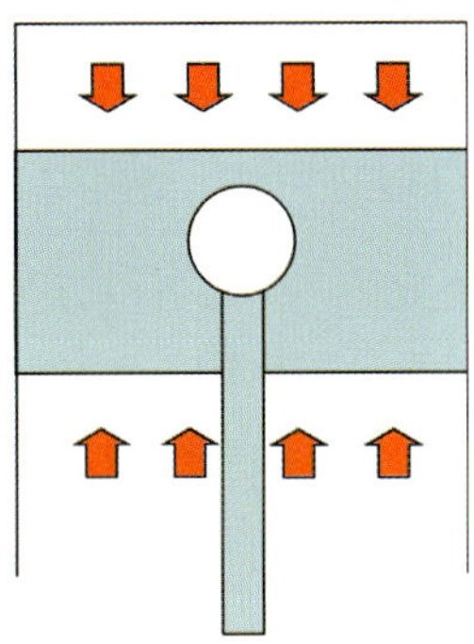

그림 130 펌핑손실

5) 광역 산소센서

광역 산소센서는 이론 공연비보다 넓은 범위의 공기연료비를 정량적으로 정확하게 알아낼 수 있는 산소센서로 자동차용으로는 희박연소 엔진용(가솔린 린번 엔진이나 GDI 엔진)으로 사용되며 전영역 산소센서라고 부르기도 한다.

그림 131 **전영역 산소센서**

한쪽 백금전극에 직류전압을 공급하면 산소를 펌핑 하는 작용을 하기도 한다. 너무 희박한 상태나 너무 농후한 상태에서는 반응 폭이 작아 혼합비를 정확하게 나타낼 수 없는 단점이 있다.

희박과 농후의 기준은 기준실 백금단자(+)에 이론공연비(14.7 : 1, 람다1)에 준하는 기준전압(약 450㎷)을 공급하고 확산 실에 들어온 배기가스 중 산소농도와 기준실의 산소농도에 따른 전압이 기준전압과 차이가 없을 때를 람다 1이라 정하고 기준전압보다 낮다면 펌프셀 백금전극(+)에 전기(전류)를 공급하여 산소를 펌핑하고 기준전압보다 높다면 일산화탄소를 환원하여 확산실로 펌핑 되면서 전기(전류)가 발생되어 펌프셀 백금전극에서 컨트롤 회로 쪽으로 흐르게 된다. 따라서 컨트롤 회로와 펌핑셀 사이의 전류 흐름 방향과 크기에 따라 희박과 농후가 결정되는데 펌핑셀에서 컨트롤 회로로 전류가 흐르면 희박상태를 나타내고 컨트롤 회로에서 펌핑셀 쪽으로 전류가 흐르면 농후상태를 나타내며 전류의 크기에 따라 공기연료비를 확인하는데 이때의 전류는 ±3㎃ 정도이다.

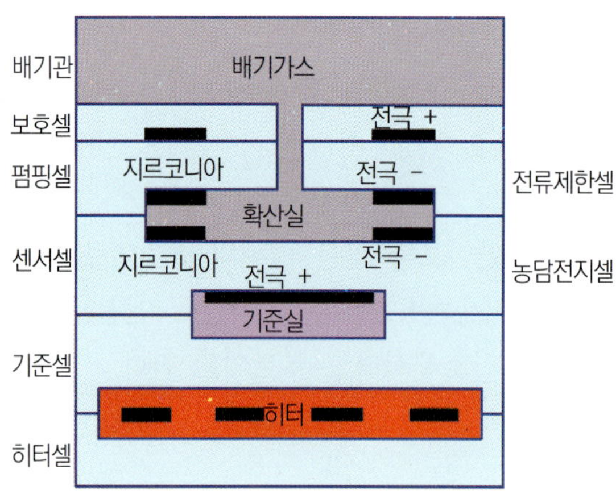

그림 132 **광역산소 센서 내부구조**

6) 전자제어식 스로틀 컨트롤 밸브(ETC, electronic throttle control)

기존의 가속 페달과 스로틀밸브를 케이블에 의해 기계적으로 연결한 것과는 달리 스로틀밸브를 모터에 의해 제어하는 시스템이다. 액셀러레이터 센서의 신호를 2계통으로 ECU에 송부하고 전자제어 스로틀 역시 스로틀밸브를 구동하는 스로틀 모터, 기어기구 및 스로틀 개도를 검출하는 2계통의 스로틀센서로 구성되어 있다.

흡입공기량을 정밀하게 제어할 수 있고, 유해배출 가스의 배출을 줄일 수 있으며, 보조 공기량은 모두 전자제어 스로틀로 실시해 아이들 회전수를 제어하기 때문에 아이들 회전수 제어시스템이 필요 없다.

엔진공회전 속도제어, ABS(TCS) 제어, 정속주행 등의 여러 가지 기능을 하나의 모터로 제어하기 때문에 각종 액추에이터 및 배선, 연결 커넥터 등을 삭제시켜 시스템 간소화로 인한 고장을 저감 및 신뢰성을 확보하였다.

그림 133 전자제어 스로틀밸브

① 스로틀 모터(throttle motor)

엔진 ECU로부터 작동전류를 공급받아서 스로틀밸브 열림과 닫힘을 구동하는 모터이다. 내부구조는 델타결선으로 이루어진 코일과 코일의 자력에 의해 작동하는 로터와 스로틀밸브를 구동하기 위한 구동기어로 이루어져 있다. 또한 내부에는 TPS(throttle position sensor) 1·2가 내장되어 있다.

제어 항목	기존 제어방식	하이브리드 엔진의 제어방식
스로틀밸브 제어	기계적 연결구조(액셀 케이블)	ETC에 의한 통합제어
공회전 속도제어	ISCA에 의한 제어 공회전속도 제어	

ECU는 스로틀 모터의 초기위치 학습값(연산데이터)과 TPS값의 전압 변화치를 참고해서 현상태의 스로틀 모터의 위치를 검출하고 전류를 모터에 공급하는데 듀티 제어(PWM)로 미세하게 제어한다. 스로틀 모터는 밸브가 전폐에서 완전히 열리는 전개까지 로터가 70~80도 회전하며 1패턴당 로터가 30도 회전하게 되어 총 26패턴으로 제어한다. 스로틀 모터 고장시 림프 홈 기능으로 스로틀밸브를 5도로 고정하여 시동 꺼짐을 방지하고 주행을 가능하게 하였다.

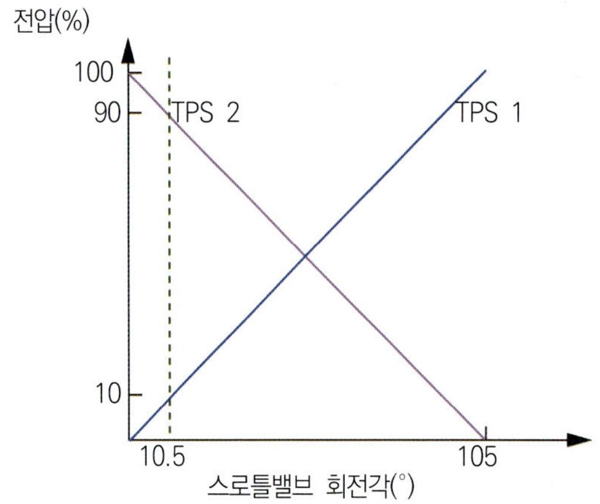

그림 134 **TPS값**

② 스로틀 포지션 센서(throttle position sensor)

스로틀밸브의 움직이는 량을 감지하여 ECU에 신호를 보내는 주는 역할을 한다. 엔진 ECU는 TPS신호를 받아 목표 스로틀밸브 개도 피드백 제어하는데 중요한 기능을 하며 스로틀 모터 내부에 장착되어 있다.

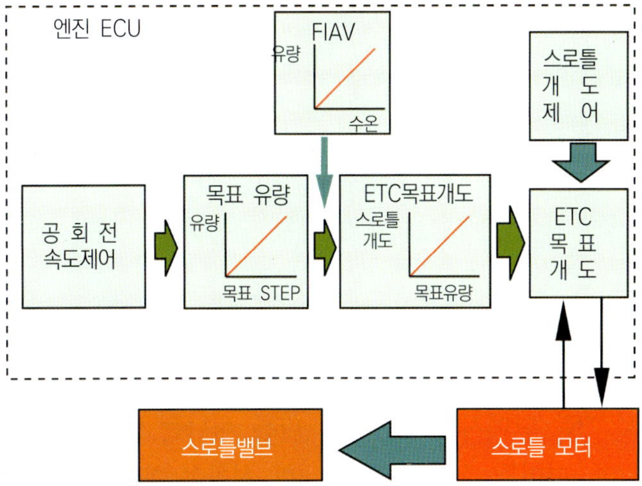

그림 135 **스로틀밸브 개도 제어도**

③ 액셀러레이터 포지션 센서(accelerator position sensor)

운전자의 가속의지 판단하기 위해 액셀러레이터 페달의 밟은 량을 검출하는 센서로서 APS 1 · 2 센서가 액셀러레이터 페달 상단에 장착되어 있다.

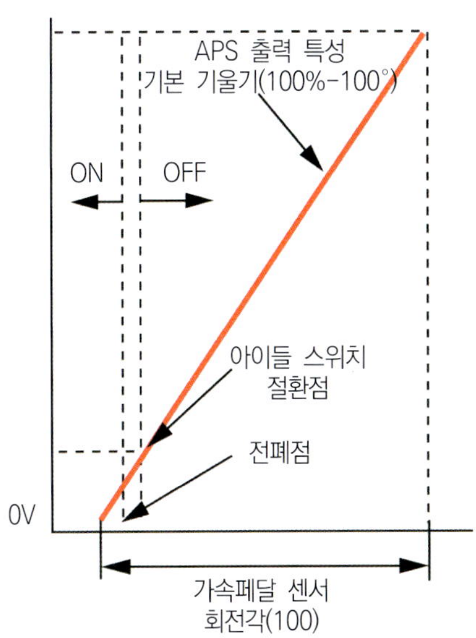

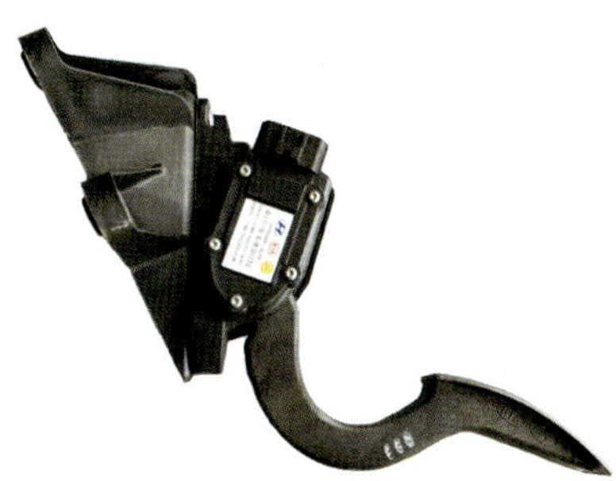

그림 136 **액셀러레이터 포지션센서**

7) 하이브리드 전기자동차 가솔린엔진 시동

하이브리드 자동차의 엔진 시동방법은 2가지가 있다. 일반 자동차와 같이 시동모터를 이용하는 것과 하이브리드 모터를 이용해서 시동을 거는 방법인데 평상시에는 기본적으로는 하이브리드 모터를 사용해서 시동을 걸지만 하이브리드 모터 시동 금지조건에 들어가면 가솔린엔진과 같이 시동 모터로 모터를 구동하여 시동을 건다.

① 하이브리드 모터를 이용한 시동

하이브리드 모터를 이용한 시동은 상황에 따라 또 2가지로 나뉘는데 하나는 변속레버의 위치가 "P" 나 "N" 단에서의 시동이고 다른 하나는 아이들 스탑 해제에 따른 하이브리드 시동이 있다. 아이들 스탑 해제를 위한 시동은 운전자가 액셀러레이터를 밟으면 모터가 다시 켜지는 것을 말하는 것으로 운전자 입장에서는 꺼진다기보다 다시 시동이 걸린다고 보면 될 것이다.

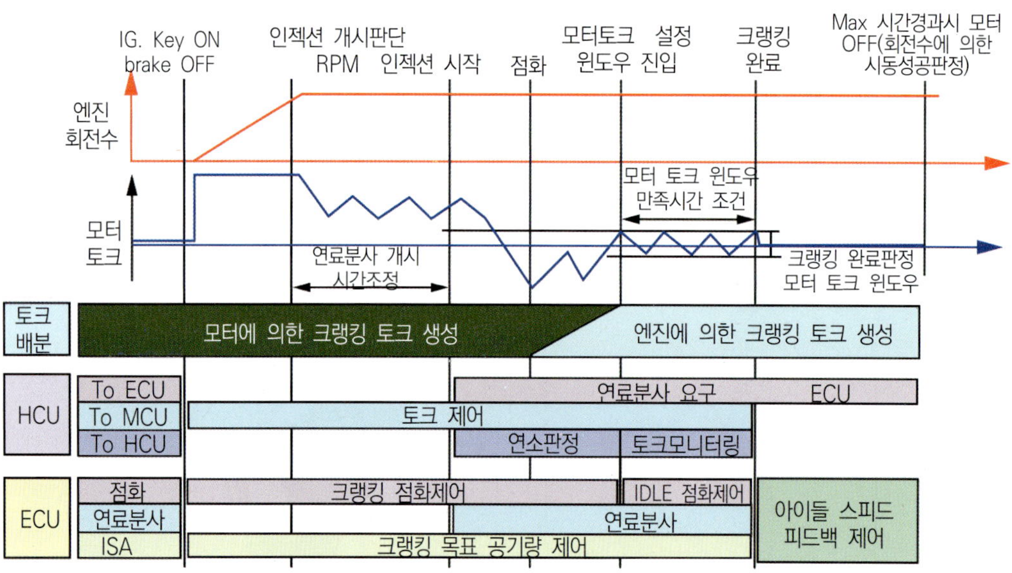

그림 137 하이브리드 모터를 이용한 시동

하이브리드 자동차의 가솔린엔진의 시동이 어떻게 걸리는지 위 그래프와 같다. 일단 Key On을 하면 하이브리드자동차의 시동모터가 동작하면서 모터의 토크가 올라간다. 엔진의 크랭크가 움직이면서 토크를 얻게 되고 이렇게 힘을 얻은 엔진이 시동이 걸릴 수 있는 RPM까지 올라가면 모터는 토크를 낮추며 멈추기 시작하고 HCU는 ECU에게 엔진에 연료를 분사하라는 명령을 내리게 되는데 이때 엔진의 연소실에 점화를 시작해서 엔진은 시동이 걸리는 것이다.

참고로 말하자면 가솔린엔진은 50rpm 정도에서 연료를 분사하지만 하이브리드 자동차는 800rpm 정도에서 가솔린엔진에서 연료를 분사한다. 때문에 50rpm에서 800rpm 사이에는 연료분사가 되지 않아서 어느 정도의 연료절감 효과도 있다.

② 하이브리드 모터 시동 금지조건

하이브리드 모터 시동 금지조건에 들어가면 가솔린엔진과 같이 시동 모터로 모터를 구동하여 시동을 걸게 되는데 하이브리드 모터 시동 금지 조건들은 직간접적으로 일단 하이브리드시스템에 이상이 생겼다고 볼 수 있다.

㉮ 고전압 배터리 온도의 온도가 약 -10℃ 이하인 경우

㉯ 고전압 배터리 온도 약 45℃ 이상의 경우

㉰ MCU 인버터(inverter) 온도가 94℃ 이상인 경우

㉱ 고전압 배터리 충전 량이 18% 이하인 경우

㉲ 엔진 냉각 수온이 -10℃ 이하인 경우

㉳ ECU, MCU, BMS, HCU 고장 감지된 경우

이러한 경우에는 시동모터에 의한 시동을 하게 된다. 이런 경우는 엔진이나, 모터가 작동을 하지 못하는 상황 또는 전자계통에 이상이 생겼을 경우라고 보면 된다.

8) 자동 정지와 자동 시동

① 자동 정지

브레이크를 밟아 자동차가 완전히 정지하면 자동적으로 기관을 정지시켜 불필요한 에너지 손실을 방지한다. 그러나 이때 다음과 같은 정지조건을 만족해야만 운전이 정지된다.

㉮ 기어 레버가 주행 위치에 있을 때

㉯ 기관, 변속기 또는 하이브리드 축전지가 워밍업 되었을 때

㉰ 외기온도가 기준 온도(약 -15℃)보다 높을 때

㉱ 에어컨시스템이 A/C 컴프레서 작동을 요구하지 않을 때

㉮ 하이브리드 축전지의 충전상태가 양호할 때
㉯ 12V 축전지의 충전상태가 양호하고 부하가 작을 때
㉰ 후드가 완전히 닫혀 있을 때

② 자동 시동

브레이크에서 발을 떼거나 가속 페달을 밟으면 자동적으로 기관의 시동이 걸린다. 이때 시동이 걸리는 운전조건은 다음과 같다.

㉮ 기어 레버가 주행 위치에서 다른 기어로 기어 레버를 이동하는 경우
㉯ 에어컨 시스템이 OFF상태에서 정상 에어컨 상태로 작동할 경우
㉰ 히터 혹은 냉방 성능을 위해 기관을 작동시켜야 하는 경우
㉱ 후드가 열리는 경우
㉲ 하이브리드 축전지의 충전상태가 낮아 재충전이 필요한 경우
㉳ 자동 정지 시간이 기준 시간을 초과하는 경우

참고 **계기판에 "12V 배터리 방전 경고! 시동을 거십시오" 경고등이 들어왔을 경우**

엔진에 시동이 걸리지 않은 상태에서 시동 버튼을 장시간 "ACC" 나 "ON" 위치에 두면 배터리가 방전된다. 시동을 걸어 12V 배터리의 방전을 방지해야 한다.

그림 138 계기판 '12V 배터리 방전 경고! 시동을 거십시오' 경고등

참고 **12V 배터리 방전시 시동 거는 방법**

하이브리드 자동차에만 있는 기능과 버튼이 있는데 바로 "12V 배터리 리셋" 버튼이다. 보통 대시보드 좌측 하단에서 찾아볼 수 있고, 이 버튼은 차가 방전됐을 때 사용하는 기능이다.

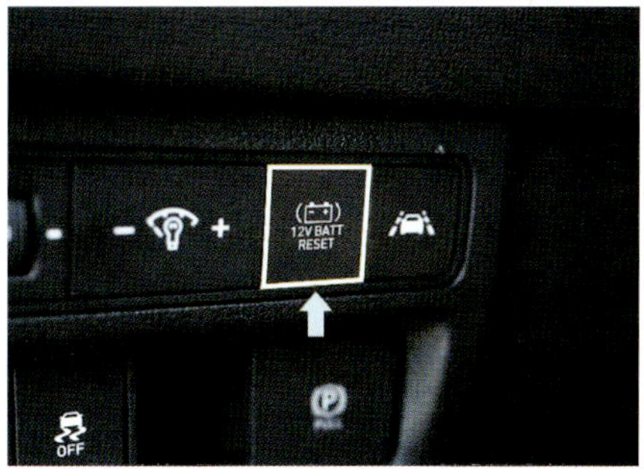

그림 139 **12V 배터리 리셋 버튼**

하이브리드 자동차는 일반 내연기관 자동차처럼 "점프"가 필요 없다. 전기 모터를 굴리는 데 필요한 고전압 배터리가 별도로 탑재되어 있기 때문에 일종의 자체 점프가 가능하다고 보면 된다. 이걸 가능케 해주는 버튼이다. 방전이 되어 시동이 걸리지 않으면 리셋 버튼을 누르고 15초 내 풋 브레이크를 밟은 상태에서 시동 버튼을 눌러 시동을 걸면 시동이 걸린다. 15초 내 시동을 걸지 않으면 다시 배터리 보호 시스템이 작동해서 전원이 차단되고, 이 과정이 반복되면 정말로 배터리가 완전 방전될 수 있으니 주의해야한다. 시동을 건 후, 12V 배터리를 완전히 충전하기 위해 차량을 외부에서 (주행 가능) 표시등이 켜진 상태로 약 30분 동안 정차 또는 주행해야 한다.

5 HEV 냉각시스템

(1) HEV 냉각시스템 개요

하이브리드 차량을 제어하는 핵심부품인 HPCU(Hybrid Power Control Unit, 하이브리드 통합 제어기)는 모터 구동을 위한 인버터(전력변환장치), LDC(저전압 직류변환장치)를 포함한 하이브리드에 적용되는 통합 제어기로 내부에는 다량의 반도체 소자가 적용되어 있으며, 작동 시 열 발생을 피할 수 없다. 특히 고전압에 직접 연계되어 열 발생량이 기존 내연기관 차량의 전장부품 보다 더 높은 편이며 과열은 각 제어기의 효율을 떨어뜨리고 적절한 동작제어를 제한한다. 또한 반도체의 특성상 일정 온도 이상의 고온에서는 도체가 되어버릴 수 있어(전기적으로 항상 ON) 정상적인 작동이 불가능할 수 있다.

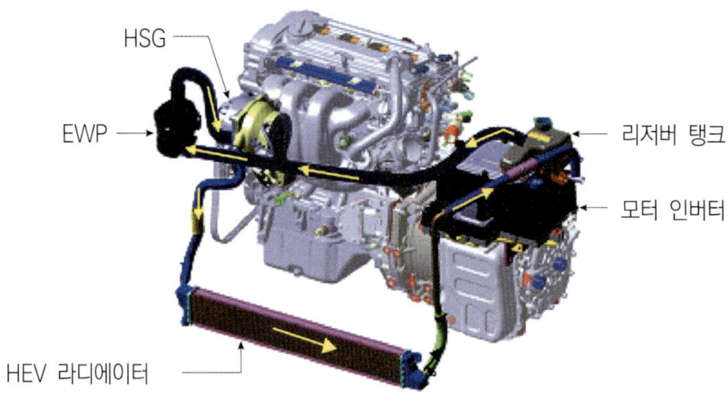

그림 140 **HEV 냉각시스템의 구조**

따라서 HPCU 관련 부품을 적절히 냉각시켜 주는 것이 매우 중요하며 이를 위해 기존 엔진 냉각라인과는 별도로 EWP(electronic water pump) 즉, 전기식 워터펌프를 이용하는 수냉식 냉각라인이 설치되어 있다. 엔진 냉각라인과 공용으로 사용하지 않는 이유는 기계적인 내연기관의 냉각온도 구간과 고 전력 반도체 부품의 냉각온도 구간이 서로 다르기 때문에 공용으로 활용할 수 없다. 엔진 냉각수는 100℃를 오버히트(overheat)로 간주하지만, HPCU는 75℃ 이상을 HPCU의 정상작동을 제한하는 온도로 간주한다.

인버터가 받는 온도의 영향을 구체적으로 살펴보면, 93℃에서 정격출력의 약 80%를 출력하는데 95℃부터 큰 폭으로 출력이 제한되기 시작하여 97℃가 되면 인버터의 출력이 정지된다.

LDC의 경우에는 온도에 더욱 민감하여 65℃까지는 정격출력의 100%를 출력하지만 75℃에서 약 60%, 80℃에서 약 25%로 출력이 제한되며 85℃에 도달하면 LDC의 출력이 정지된다.

HPCU의 냉각을 위해 전동식 워터펌프가 신규로 적용되어 MCU에 의해 직접 구동된다. 그림에서 보는 바와 같이 별도의 냉각라인에는 HSG와 OPU(Oil Pump Control Unit) 냉각도 포함된다. 엔진 냉각라인과 분리되어 있으므로 별도의 냉각수 탱크가 HPCU 근처에 설치되어 있다.

참고 OPU(Oil Pump Control Unit)

차량의 주행 전 자동변속기에 필요한 유압을 미리 공급하는 기능을 가진 3상 BLDC모터를 구동하는 제어기

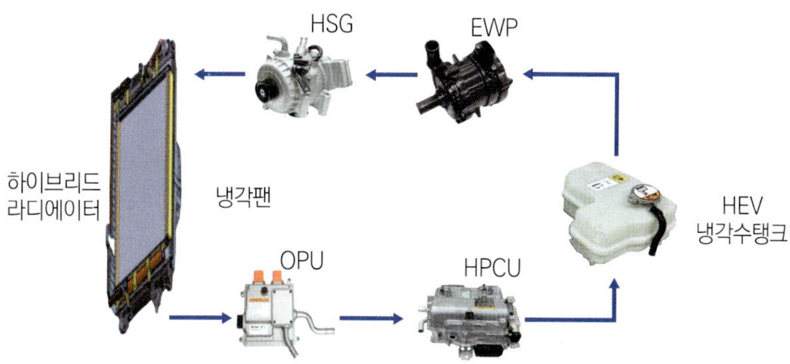

그림 141 HEV 냉각시스템의 흐름도

(2) 전동식 워터펌프(EWP : Electronic Water Pump)

① 기능 : 하이브리드 시스템(HPCU, HSG)에서 냉각 회로의 냉각수를 순환시킨다.

② 작동원리 : 하이브리드 시스템의 냉각수 온도가 한계점(MCU에 설정된) 이상으로 오르면, MCU는 EWP를 작동하기 위해 CAN 통신을 통해 EWP로 명령 신호를 보낸다. EWP는 작동 유무를 CAN 통신을 통해 MCU로 보낸다.

그림 142 전동식 워터펌프

참고 계기판에 "인버터 냉각수를 보충하십시오" 경고등이 들어왔을 경우

하이브리드 시스템 관련 하드웨어를 보호하는 냉각수가 부족할 경우 표시된다. 경고문이 표시되면 주행을 중지하고 냉각수량을 확인해야 한다. 장시간 냉각수가 부족한 상태에서 주행하면 하이브리드 시스템에 심각한 영향을 줄 수 있으며, 주행이 불가한 상태가 될 수 있다.

그림 143 계기판에 '인버터 냉각수를 보충하십시오' 경고등

CHAPTER

03

배터리 전기자동차 (BEV : Battery Electric Vehicle)

01 전기자동차 특징

1 개요

전기자동차(EV : Electric Vehicle, BEV : Battery Electric Vehicle)는 친환경적이고 경제적이며, 안전 및 편리하다. 주행 시 화석연료를 사용하지 않아 이산화탄소(CO_2)나 질소산화물(NOx)을 배출하지 않고, 엔진 소음이 적어 진동 또한 적다. 전기모터로만 구동할 때는 운행비용이 가장 저렴하며, 심야 전기를 이용할 때에는 비용을 더욱 낮출 수가 있다.

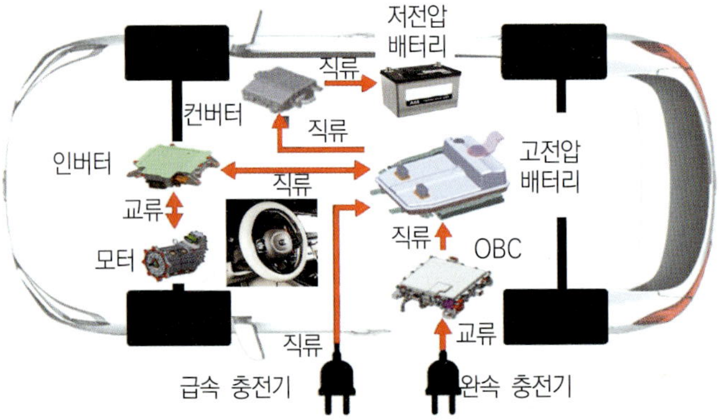

그림 1 전기자동차의 전기 에너지 흐름

전기자동차는 고전압 배터리에서 전기에너지를 전기모터로 공급하여 구동력을 발생시키는 차량으로, 화석연료를 전혀 사용하지 않는 무공해 차량이다. 내연기관자동차와 달리 엔진이 없이 배터리와 모터만으로 차량이 구동되고, 배터리 용량에 따라 주행가능 거리에 차이가 있다.

전기자동차의 장점은 모터의 특성에 기인한다. 엔진은 구동력 변화를 위해 변속기를 이용하지만 이는 큰 동력 손실로 이어진다. 하지만 모터는 모터드라이버를 통하여 PWM

제어를 통해 동력의 손실을 최소화하여 전달이 가능하다. 이 때문에 전기자동차의 경우 내연기관의 차량에 비해 큰 기동토크를 가지고 있으며, 정지 시엔 전력소모 없이 정지가 가능하다.

전기자동차는 외부 전력 공급을 통한 충전이 필요하면, 급속충전기는 50~100㎾급으로 완전 방전상태에서 80%충전까지 15~30분이 소요되며, 주로 고속도로 휴게소와 공공기관 등 외부장소에 설치되어 있다. 완속 충전기는 약 6~7㎾급으로 완전 방전에서 완전충전까지 4~5시간이 소요되며, 주로 주택이나 아파트에 설치된다. 또한, 내연기관의 엔진 없이 충전된 배터리에서 공급되는 전기에너지만을 동력원으로 전기모터를 구동하며, 회생 제동 기능을 이용한 운행 중 배터리 충전으로 제동 횟수가 많은 도심에서 에너지 효율성을 극대화한다. 여기서 회생 제동은 브레이크 제동 시 모터가 발전기로 전환되어 역으로 배터리를 충전하는 것이다.

2 전기자동차의 장 · 단점

(1) 장점

① 주행시 CO_2를 배출하지 않는다. 소형 전기자동차가 충전 전기 제조시 주행 1㎞당 40g(소형 가솔린차의 경우는 170g)의 CO_2를 발생한다.

② 부품수가 하이브리드 전기자동차는 물론, 내연기관차보다 적어(엔진, 트랜스미션 등이 불필요) 시스템이 단순화가 가능하므로 고장 리스크 범위도 줄일 수 있고 고장이 적은 편이다.

③ 값싼 심야전기를 이용할 경우 비용을 더 낮출 수 있고 자택에서 충전이 가능하다.

④ 주행 중 화석연료를 전혀 사용하지 않아 친환경적이다.

⑤ 차량 소음이 적고, 진동이 적고, 차량 수명이 상대적으로 길다.

⑥ 사고 시 폭발의 위험성이 적다.

⑦ 다양한 에너지원을 이용할 수 있고, 에너지 효율이 높다.

⑧ 차량디자인 및 부품배치 자유도가 크다.

⑨ 운전 중에 기어를 바꿔줄 필요가 없어 운전조작이 간편하다.

⑩ 에너지당 중량이 석유 계 연료에 비해서 매우 크다.

(2) 단점

① 겨울철에 주행거리의 편차가 심하고, 사고 시 수리비가 많이 나온다.
② 고가의 배터리가 필요하기 때문에 차량 가격이 비싸다.
③ 자동차 수명보다 전지 수명이 짧다.
④ 장거리 주행을 위해서는 여러번 충전해야한다.
⑤ 일반 가솔린 자동차에 비해 1회 충전으로 주행할 수 있는 거리(항속거리)가 짧다.
⑥ 충전시간이 오래 걸리고, 별도의 충전 시설을 위한 인프라 구축도 선행되어야 한다.

3 전기자동차의 종류 및 특징

구분	하이브리드 (HEV)	플러그인하이브리드 (PHEV)	전기자동차 (EV)	연료전지자동차 (FCEV)
동력계구조	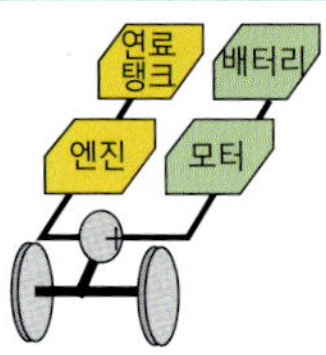	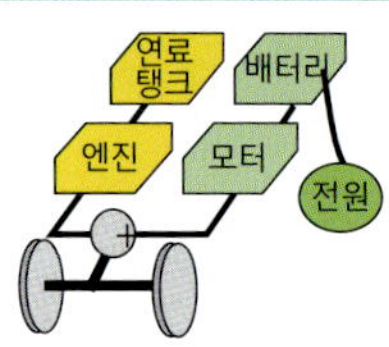	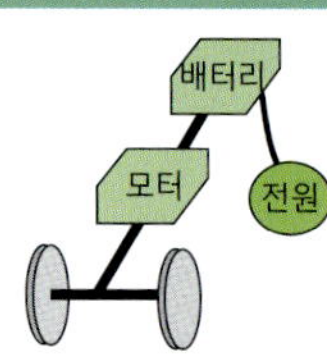	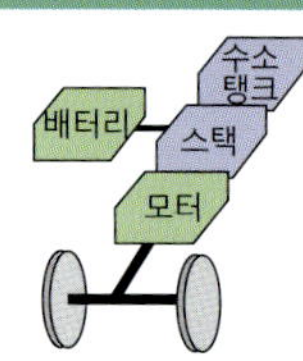
구동원	엔진 + 모터	모터, 엔진(방전시)	모터	모터
에너지원	화학연료, 전기	전기, 화학연료(방전시)	전기	수소
특징	• 구동시 내연기관/모터 적절히 • 별도 인플라 필요없음 • 축전지전용(주행 5km 내외)	• 단거리 전기로만 주행 • 장거리구동시 엔진 직구동 • HEV대비축전지 용량 증대(주행거리 60km 내외)	• Zero-emission • 현재 근거리 주행만 가능(100km 내외)	• 수소-산소반응으로 전기생산하여 모터 구동 • Zero-emission • 수소탱크, 스택장착 • 시스템 고가
구매비용	다소 고가	다소 고가	고가	초고가
운영비용	다소 저비용	다소 저비용	저비용	고비용
운전편의	내연기관 대비 동일	내연기관 대비 거의동일	내연기관 대비 불편(충전필요)	내연기관 대비 불편(수소충전필요)
적용	프리우스(도요다) 시빅(혼다) 아반테LPI(현대)	Hymotion(도요다) Sprinter Van(벤츠) 시보레 '볼트(Volt)	미쓰비시 I-Miev 닛산 LEAF 현대 아이오닉	투싼, 넥쏘

4 전기자동차 종류별 주요 구성부품

모든 부품들은 하이브리드차, 수소연료전지차 등 타 그린카에도 공통적으로 사용되나, 전기자동차의 경우 고성능 축전지 및 고속충전 기술이 추가적으로 필요하다.

전기자동차의 모터는 전기에너지를 기계에너지로 변환하여 드라이브 라인에 동력을 공급한다. 모터는 구동전원의 형태에 따라 직류모터와 교류모터로 구분할 수 있는데, 교류모터는 직류모터에 비해 구조가 비교적 간단하여 모터의 크기를 소형화, 경량화 할 수 있어 현재 전기자동차에는 주로 교류모터가 사용되고 있다. 전기자동차로 평지를 달리며 속도를 높이려면 전압을 올리면 되고 고갯길에서 같은 속도로 달리고 싶으면 전압을 올리고 회전수를 유지한 채 전류를 증가시키면 된다.

전기자동차의 축전지는 핵심기술로서 기존의 납축전지에서 니켈-수소전지, 리튬이온전지, 리튬이온폴리머전지 등 성능 및 안전성 등에서 개발과 발전을 거듭해오고 있다. 그러나 전기자동차의 활성화를 위해서는 더욱 에너지밀도를 높이고 공급가격을 낮출 수 있는 기술개발이 필요하다.

부품명	하이브리드전기자동차	전기자동차(EV)	수소연료전기자동차
전기모터	●	●	●
배터리	●	●	●
BMS	●	●	●
인버터/컨버터	●	●	●
차량제어기	●	●	●
엔진	●	-	-
변속기	●	-	-
수소저장탱크	-	-	●
연료전지	-	-	●

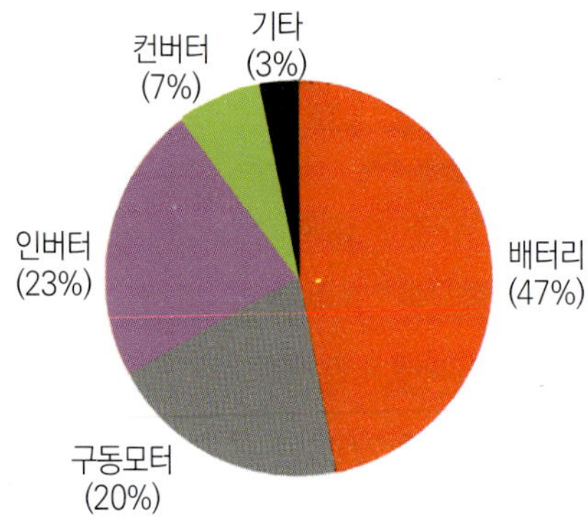

그림 2 **전기자동차의 중요 부품 비중**

5 전기자동차 주행 모드별 작동원리

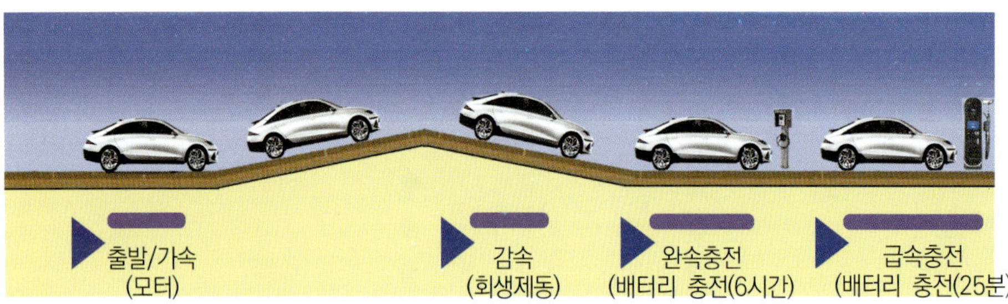

그림 3 **전기자동차 주행모드별 작동원리**

(1) 전기차 고유의 발진 가속

전기모터 특유의 우수한 초기 발진 토크로 혼잡한 도심에서 가속력을 높여주는 기능으로 운전자가 시동키를 ON 후 가속 페달을 밟으면 전기자동차는 고전압 배터리 팩 어셈블리에 저장된 전기 에너지를 이용하여 구동 모터가 구동력을 발생함으로써 전기 에너지를 운동에너지로 바꾼 후 바퀴에 동력을 전달한다.

가속을 위해 가속 페달을 더 밟으면 모터는 더 빠르게 회전하여 차속이 높아진다. 큰 구동력을 요구하는 출발과 언덕길 주행 시는 모터의 회전속도는 낮아지고 구동 토크를 높여 언덕길을 주행할 때에도 변속기 없이 순수 모터의 회전력을 조절하여 주행한다.

작동 경로는 고전압 배터리 → PRA(Power Relay Assembly) → 고전압 정션 박스 → EPCU(Electric Power Control Unit) → 모터(스테이터 코일)이다.

(2) 회생 제동(감속)

브레이크를 밟으면 모터의 구동력은 필요하지 않으므로, 모터가 발전기로 전환되어 반대로 배터리가 충전이 되는 기능으로 모터는 감속 시 발생하는 운동 에너지를 이용하여 발생된 전류를 고전압 배터리팩 어셈블리에 충전하는 것을 회생 제동이라고 한다. 이 기능은 브레이크 제동 횟수가 많은 도심에서 주행 효율성을 높여준다고 한다. 10㎞/h 이상일 경우 작동을 하고, 미작동은 3㎞/h 이하일 경우에는 미작동을 한다. 작동 경로는 모터(스테이터 코일) → EPCU → 고전압 정션 박스 → PRA → 고전압 배터리이다.

(3) 급속 충전

주행중 배터리 잔량이 부족하게 되면 공공 충전소를 통해서 15~30분 내외 짧은 시간에 급속충전이 가능하다.

(4) 완속 충전 상태에서 예냉 및 예열

충전기 플러그인 상태에서 공조장치를 미리 작동을 시키면 쾌적한 상태로 드라이빙이 가능한데 출발할 때 에너지의 소비를 줄여서 주행거리를 더 연장하는데 큰 도움이 된다.

6 전기자동차(EV : Electric Car) 주요 구성품

전기자동차의 주요부품은 축전지, 모터, 인버터/컨버터, 회생제동장치, 축전지시스템(BMS) 등이다. 축전지는 재충전이 가능한 2차전지가 이용되며 전기자동차 품질에 가장 큰 영향을 미치며, 모터는 축전지를 통해 구동력을 발생시키며 인버터/컨버터는 직류와 교류를 변환시키는 역할을 한다. 축전지시스템은 축전지의 충전, 방전을 조절하고 보호하는 역할을 하여 축전지의 품질을 향상 시킨다.

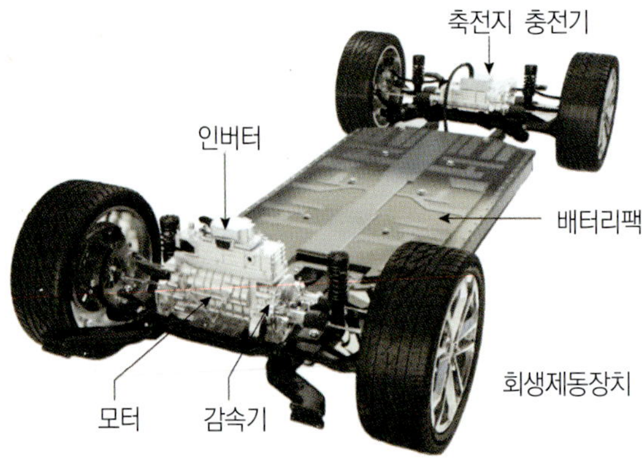

그림 4 전기자동차 구성

또한 구동모터에서는 수백볼트의 고전압을 필요로 하지만 보조기기에서는 12V의 저전압이 사용되기 때문에 DC/DC 컨버터(Converter)는 필수적이다. 도요타에서는 인버터와 컨버터 등을 묶어서 하나의 모듈로 만들어 PCU(Power Control Unit)라고 부르고 있는데 이것이 최근에는 그냥 통용되고 있는 추세이다.

현재의 자동차에서도 전장부품을 제어하기 위해 ECU(Electronic Control Unit)가 사용되고 있지만 전기자동차에서는 각 부문에서 추가로 ECU가 필요하게 된다. 가장 대표적인 것이 에어컨 시스템인데 내연기관자동차에서는 엔진에 연결된 벨트로 에어컨을 가동하지만 전기자동차는 정지한 상태에서 아무런 동력이 작동하지 않기 때문에 에어컨을 작동하기 위한 모터가 따로 필요하다(하이브리드자동차의 경우에도 정지 시에는 엔진이 정지하므로 마찬가지다). 따라서 이를 제어하기 위한 ECU도 새롭게 필요하게 되며 이때 모터의 과열을 방지하기 위해 기존의 냉매보다 우수한 냉매의 개발도 이루어져야 한다. 히터의 경우도 마찬가지이다. 냉각수가 데워지는 것을 이용한 기존 방식에서 고전압을 이용한 전기가열식의 PTC 히터와 이를 제어하는 시스템의 개발이 필수적이다.

그리고 기어변속을 제어하거나 각종 부위의 온도를 감지하여 제어하기 위한 ECU도 필요하게 될 것이며 지금도 계속 발전 중인 Steer by wire, Brake by wire 등의 각종 X by Wire(현재의 벨트식 구동을 모터로 대체하여 제어하는 전선으로 연결되는 각종 시스템을 일컬음)도 그 중요도가 점차 높아질 것이다.

전력을 공급하게 될 2차 전지는 보호회로를 통해 배터리관리시스템(BMS : Battery Management System)으로 제어하게 되며 전지의 안전을 위해서는 BMS의 경쟁력을 키우는 것도 중요하며 아직 전지에 비해 밀도가 낮아서 전력원으로 사용하기는 힘들지만 저장장치로서의 Super Capacitor도 개발속도에 따라 그 중요도가 높아 질 가능성이 높다.

그리고 각 바퀴마다 모터를 장착하는 인휠(In wheel) 방식의 경우는 위의 구성과는 약간 달라질 수 있다.

표 1 **전기자동차의 주요부품**

구분	비고
축전지	· 리튬 이온 전지, 리튬 폴리머 전지, 공기 아연 전지
모터	· 구동바퀴 모터-효율이 높음
인버터(Inverter)	· 전지의 직류를 교류로 변환
IGBT모듈(KEC)	· 대전력이 소요되기 때문에 대전력 스위칭 및 제어용 파워모듈 /IGBT(Insulated Gate Bipolar Transistor)
DC/DC 컨버터(Converter)	· 구동모터에서는 수백볼트의 고전압을 필요로 하지만 보조기기에서는 12V의 저전압이 사용
PCU (Power Control Unit)	· 인버터와 컨버터 등을 묶어서 하나의 모듈로 만들어 사용
ECU (Electronic Control Unit)	· 각 부문에서 추가로 ECU가 필요
각종 X by Wire	· Steer by wire, Brake by wire 등의 각종 X by Wire(현재의 벨트식 구동을 모터로 대체하여 제어하는 전선으로 연결되는 각종 시스템을 일컬음)도 그 중요도가 점차 높아질 것이다.
BLDC모터	· 각종 소형 일반모터로 사용 · 예전에는 직류모터 사용했으나 최근에는 교류모터나 브러시리스 모터 등을 사용하는 경향이 두드러짐 · 전기자동차 한 대에 대략 1,000개 이상의 모터가 탑재
감속기	· 인휠 방식일 경우에는 필요 없음

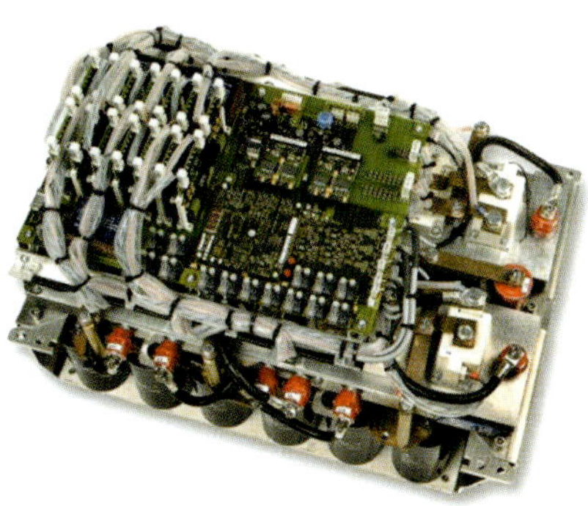

그림 5 **IGBT**

02 전기자동차 모터

전기자동차에서 모터는 구동용 모터 혹은 회생용 모터의 용도로 사용된다. 모터는 종래의 자동차 엔진 혹은 트랜스미션에 상당하며, 인버터에 의한 모터 회전수 제어로 주행속도를 제어한다.

전기자동차용으로 사용되는 모터의 종류는 직류 브러시 모터를 많이 사용하였으나, 최근에는 교류모터나 브러시리스 모터 등을 사용하는 경향이 두드러진다.

1 전기자동차용 모터의 요구 조건

① 전원은 축전지의 직류전원이다.
② 시동시의 토크가 커야 한다.
③ 구조가 간단하고 기계적인 내구성이 커야 한다.
④ 속도제어가 용이해야 한다.
⑤ 취급 및 보수가 간편하고 위험성이 없어야 한다.
⑥ 소형이고 가벼워야 한다.

그림 6 AC모터 구조

2 모터 개발현황

전기자동차에 사용되는 모터/제어기술도 점점 발달하여 고출력, 소형이면서 효율이 높은 시스템이 개발되고 있다. 모터/제어계통의 주요 과제로서 최근 개발상황은 다음과 같다.

① 고출력화 : DC모터를 AC모터로 변환함에 따라 출력과 EV의 동력성능(가속성능, 최고속도)이 크게 향상되어 가솔린 자동차에 비하여 손색없는 수준에 도달하였다.

② 경량·소형화 : 고출력화를 추진하면서 고속회전(10,000rpm 이상)함에 따라 모터가 경량·소형화되어 탑재중량이나 용적도 크게 감소하였다. 최근에는 1㎾/㎏의 출력 밀도를 초과하는 모터도 개발되고 있고, 모터와 동시에 감속기나 차동장치도 소형화되고 있다.

모터는 EV 구동력을 실현하는 중요한 부품이다. 승용차의 주행용으로 사용되는 모터의 경우, 출력은 10~60㎾ 정도가 일반적이다. 시판 차량을 개조한 EV나 소형 EV에서는 DC 모터가 사용되지만, 주류는 AC 모터이다.

3 모터 종류별 구조

모터는 전기를 에너지원으로 활용하여 작동하는 부품으로 일반적으로 배터리를 통해 전기를 공급받는다. 여기서 모터의 종류는 공급받는 전기가 흐르는 방식에 따라 구분이 가능한데 모터에 직류(DC)로 전달되어 작동하게 되면 “DC 모터”, 교류로 변환 후 전달되어 작동하게 되면 “AC 모터”가 된다. 기본적으로 고정자와 회전자와의 반응을 통해 회전하는 원리는 동일하지만 모터별로 고정자와 회전자가 서로 어떻게 반응할지에 따라 구조에 차이가 있다.

(1) DC(직류) 모터

먼저 직류 전원을 공급받아 구동 에너지로 변환하는 DC 직류 모터이다. 직류 모터의 경우 고정자에 영구적으로 자성을 띄고 있는 영구자석이 위치하고, 회전자에는 전류가 흐르는 코일로 이루어져 있어 흘려주는 전류에 따라 고정자의 자석에 반응하는 형식으로 회전한다. 일반 상식으로 전기를 전달한다고 하면 전선을 통해 전달하는 것이 기본인데 빠르게 회전하는 회전자에는 어떻게 전달할까? 회전자가 코일로 이루어진 DC 직류 모터의 경우 코일에 전류를 전달하는 정류자와 브러시 부품이 들어가는데 회전 시 두 부품 간의 접촉을 통해 전기가 전달된다.

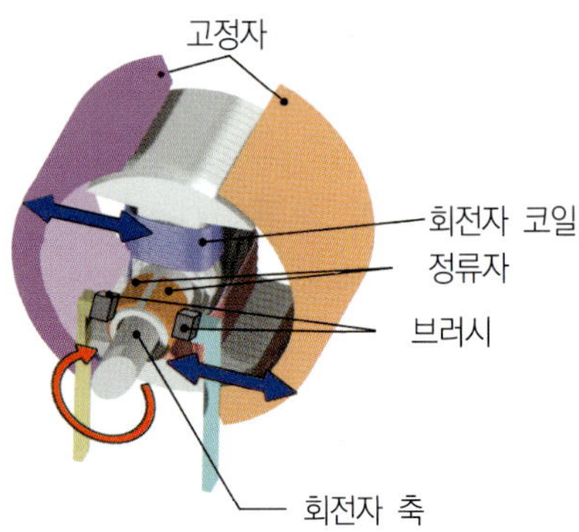

그림 7 DC(직류) 모터

빠른 속도로 회전하는 회전자에 지속적으로 접촉이 되는 브러시의 마모와 분진으로 DC 직류 모터는 내구성이 다소 떨어진다는 단점이 있다. 그러나 이를 극복하기 위해 브러시리스 모터라고 하여 이 브러시가 없는 모터를 개발하기는 하였으나 전기차에는 효율이 떨어져 초기 BMW i3 모델을 시작이자 마지막으로 직류 모터는 전기차에 사용되고 있지 않다.

(2) AC(교류) 모터

교류 전원을 공급받아 구동 에너지로 변환하는 AC 교류 모터의 경우 반대로 고정자에 코일로 이루어져 있고, 회전자에 자성체(영구자석, 도체, 코일 등)가 구성된다.

그림 8 **교류 모터**

고정자에 감긴 코일에 전류가 흐르게 되면 회전 자기장이 발생하게 되고, 회전자는 자성체를 띄고 있기 때문에 이 회전 자기장에 반응하여 회전하는 방식으로 교류 모터는 구동한다.

교류모터는 같은 출력을 내는 직류모터에 비하여 가격이 3배 이상 싸며, 크기에 비하여 모터의 내구성이 우수하고 효율이 크며, 토크가 비교적 크다. 또한 유지보수 비용이 상대적으로 저렴하고, 수명이 더 길기 때문에 현재 전기차 시장에서 교류 모터가 주를 이루고 있고 앞으로도 큰 이변이 없는 한 교류 모터 중심으로 전기차 또는 전기 에너지를 사용하는 모빌리티의 경우 교류 모터를 사용할 것으로 예상된다.

표 2 **직류/교류모터 장단점 구분**

구분	장점	단점
직류	· 작은 부피 · 빠른 속도 · 크기에 비해 큰 힘	· 부하에 따라 속도변화가 심하다. · 속도가변이 힘들다. · 수명이 짧다(브러시). · 소음이 심하다.
교류	· 높은 효율 · 큰 힘 · 용이한 속도가변(주파수변화) · 수명이 길다.(보수유지비용 저렴) · 저렴한 가격	· 회전속도가 상대적으로 저속이다.

4 전기자동차가 가솔린 자동차에 비해서 세 가지 우위성

전기자동차는 가솔린 자동차에 비해서 세 가지 우위성을 가지고 있다.

① 바퀴를 제어하는 모터의 토크 응답, 즉 차에 '힘을 내라'고 명령하면 그에 따라 힘을 내는 시간이 1000분의 1초로 가솔린 엔진의 10분의 1초에 비해 두 자리 숫자나 빠르다.
② 바퀴 하나하나에 모터를 장착하기 쉽기 때문에 타이어 각각을 독립적이며, 정확히 고속으로 제어할 수 있다.
③ 세 번째는 모터의 전류 변화로부터 달리고 있는 노면의 상태를 파악할 수 있다.

우선 모터의 토크 응답이 빠르면 그만큼 바퀴를 보다 고속으로 보다 정교하게 제어할 수 있다. 정말 타이어의 미세한 미끄러짐도 순간적으로 감지하여 즉시 타이어의 미끄러짐을 멈출 수 있다. 이에 따라 눈길에서도 보다 안정적으로 주행할 수 있다.

타이어의 제어 성능을 더욱 높이려면, 바퀴 하나마다 모터를 붙여서 독립적으로 제어하면 좋다. 가솔린 자동차의 바퀴 하나하나마다 엔진을 붙이는 것은 코스트 면에서 현실적이지 않지만, 모터라면 그다지 큰 부담이 되지 않는다. 그것에 의해 자동차의 자세 안정성이 좋아지고, 승차감도, 안전성도 좋아진다.

그림 9 인휠 모터

인휠 모터는 모터가 바퀴의 안쪽에 있어서 자력으로 바퀴를 직접 회전시킨다. 알기 쉽게 이야기하면 전기 모터의 회전자 자체가 바퀴가 되는 셈이다. 전기자동차 등에서 구동력을 발생시키는 전기모터가 타이어 휠 허브 내에 장착되는 경우이다.

기존 자동차는 엔진의 동력을 차축이나 기어 박스를 통해 타이어에 전달하고 있다. 그러므로 중간에서 에너지 손실이 발생한다. 그러나 인휠 모터는 모터가 바퀴를 직접 구동하기 때문에 에너지 손실이 적다. 또한 차축이나 기어 박스 등이 없기 때문에 무게가 가볍고, 공간이 늘어난다.

인휠 모터는 전기자동차에 사용되지만, 모든 전기자동차가 인휠 모터를 탑재하는 것은 아니다.

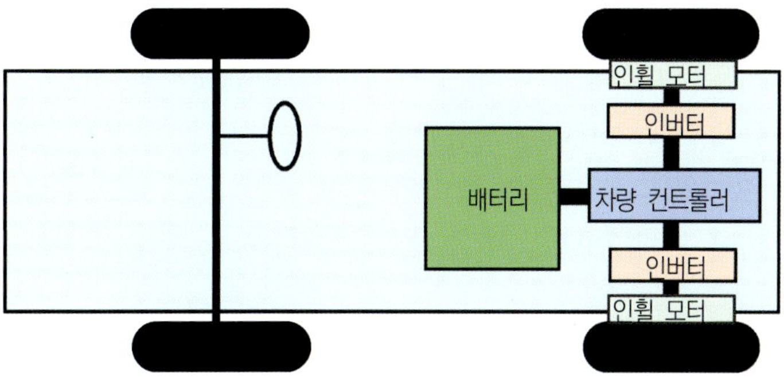

그림 10 **인휠 드라이브의 원리**

하나의 엔진이 네 바퀴를 굴려야 한다는 틀에 박힌 발상을 뒤엎고 각각의 바퀴 안에 모터를 사용해 따로따로 돌리는 MIEV 컨셉트카는 자동차 역사에서 혁신에 가깝다. 현재 전기자동차 양산의 걸림돌이 되는 축전지 문제점이 해결된다면 인휠 모터 전기자동차는 새로운 자동차의 패러다임으로 각광받게 될 것이다.

5 구동모터의 타입별 기능별 분류

전기기기는 분류하는 방법에 따라 여러 가지로 나눌 수 있지만 가장 일반적인 방법은 정지기기, 회전기기로 분류하는 방법이다. 회전기기는 전원의 종류에 따라 유니버셜 DC 모터와 영구자석(PM)형 DC 모터인 직류기와 콘덴서 유도형/셰이딩코일형인 단상 유도기, 농형/권선형인 3상 유도기, 브러쉬리스/스위치드릴럭턴스/SynRM 모터인 동기기를 포함한 교류기로 분류할 수 있다.

영구자석형 동기모터(PMSM)는 영구자석을 회전자에 어떻게 결합하는가에 따라서 표면자석형 동기기(Surface Permanent Magnet Synchronous Motor)와 매입자석형 동기기(Interior Permanent Magnet Synchronous Motor)로 분류할 수 있으며 역기전력파형과 입력 전류의 형상에 따라 크게 BLAC PM 모터와 BLDC PM 모터로 구분한다. 전기차에서 대부분 PMSM을 사용한다.

BLDC PM 모터의 경우 전류의 방향이 변할 때마다 큰 토크 리플이 발생하여 제어적으로 문제가 되어 친환경차용 구동모터로는 적합하지 않아 BLAC PM 모터들이 주로 적용되고 있다.

SPMSM은 영구자석에 의한 토크성분이 대부분인 순수한 PM 모터이고, SynRM은 영구 자석을 포함하지 않고 릴럭턴스 성분만을 사용하는 순수한 릴럭턴스 모터이다. 친환경차용 구동모터로는 토크밀도가 높고 릴럭턴스 토크도 적절하게 활용할 수 있는 매입자석형 영구자석 모터를 주로 사용하고 있다.

6 구동모터의 타입별 특징

친환경차에 적용될 수 있는 구동모터로는 직류모터, 유도모터, 영구자석형 모터, 스위치드릴럭턴스 모터 정도가 대표적이다.

직류 모터는 속도가 전압에 비례하기 때문에 속도를 증가시키기 위해서는 전압을 제어해야 하며, 기계적인 스위칭 방식의 구조인 브러시와 정류자의 구조로 인해 수명에 제한이 있고 마찰이 심하며 통전시 스파크(Spark)가 발생하는 문제가 있다. 최대 회전수는 4,000~6,000rpm이며 최대효율은 88~91% 정도이다. 유도기는 전압/주파수 제어를 통해 가·변속이 용이하며 회전수는 9,000~15,000rpm이다. 최대 효율은 94~95% 수준이며, 토크밀도도 낮아 사이즈 면에서 불리하다.

영구자석형 모터는 고효율(최대 95~97%)이면서 저속에서 고 토크를 낼 수 있어 저속 특성이 우수하나 제어를 위한 드라이브 가격이 비싸고 영구자석의 가격이 비싸다는 단점이 있다. 회전수는 4,000~15,000rpm 정도이고 견고하며 유지보수 측면에서 탁월하다.

스위치드 릴럭턴스 모터는 최대 효율은 90% 이상으로 낮은 편이나 고정자/회전자 구조가 간단하고 온도 특성도 우수하며 영구자석형 모터에 비해 가격도 저렴하지만 구동 드라이브 가격이 비싸고 소음/진동이 나쁘다는 단점이 있다.

7 전기자동차 모터 구조

배터리로부터 전기 에너지를 공급받아 회전 자기장을 발생시키는 고정자(Stator), 고정자에서 발생된 회전 자기장에 반응하여 회전하는 회전자(Rotor), 그리고 마지막으로 이 두 가지 부품을 보호하고 고정하는 역할을 하는 하우징(Housing)으로 구분이 가능하다.

그림 11 전기자동차 모터 구성

(1) 고정자(Stator)

고정자는 이름 그대로 움직이지 않고 고정되어 있는 부품으로 회전자가 회전할 수 있도록 회전 자기장을 발생시키는 역할을 한다. 구성을 살펴보자면 고정자의 중심을 잡는 코어와 코어 사이를 채우고 있는 코일과 절연지로 구성이 되어있다.

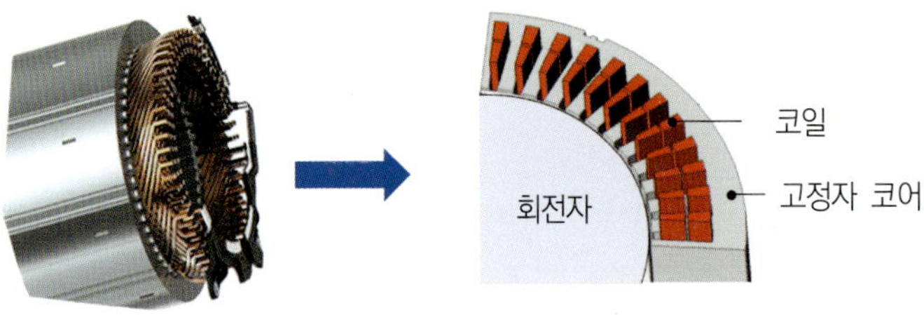

그림 12 **스테이터**

고정자의 코어는 여러 장의 얇은 전기강판을 겹겹이 쌓은 형태로 제작이 되며 코일이 들어갈 수 있는 슬롯으로 이루어져 있다. 이 슬롯에 들어가게 될 구리로 만들어진 코일은 환선과 각선(헤어핀)으로 종류가 구분이 되는데 헤어핀 권선은 둥근 전선이 아닌 사각으로 되어 있기 때문에 슬롯에 넣게 되면 빈 공간이 많이 줄어든다.

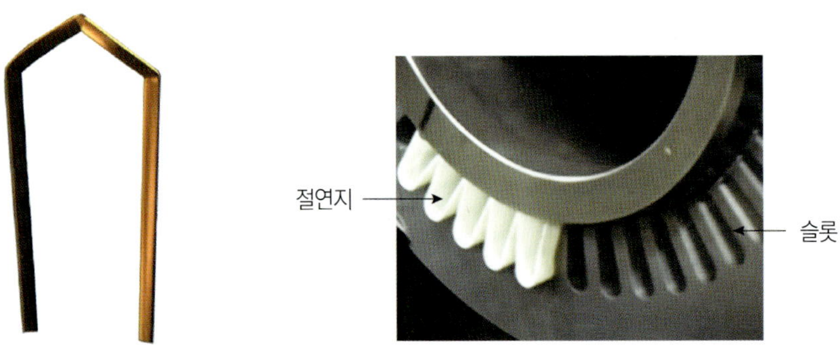

(a) 헤어핀 권선　　(b) 슬롯 및 절연지

그림 13 **헤어핀 권선 및 슬롯 및 절연지**

이 코일을 통해 배터리로부터 공급되는 전류가 흐르게 되고 이를 통해 회전 자기장이 발생되기 때문에 이 코일과 코어를 분리하기 위해 각각에 슬롯에는 절연지가 함께 들어가게 된다.

(2) 회전자(Rotor)

고정자로부터 발생되는 회전 자기장에 반응하여 실제 구동(회전) 에너지로 변환하는 역할을 하는 것이 회전자이다. 회전자의 기본적인 구성은 회전 자기장에 반응하는 회전자 코어, 자성체(영구자석, 도체, 코일)와 회전 중심축을 이뤄 차량의 바퀴에 구동력을 전달할 수 있는 기어가 있는 샤프트로 구성되어 있다. 이외 코어를 고정시켜주는 엔드링, 회전자의 위치를 알려주는 회전자 센서 등 세부 부품이 있다.

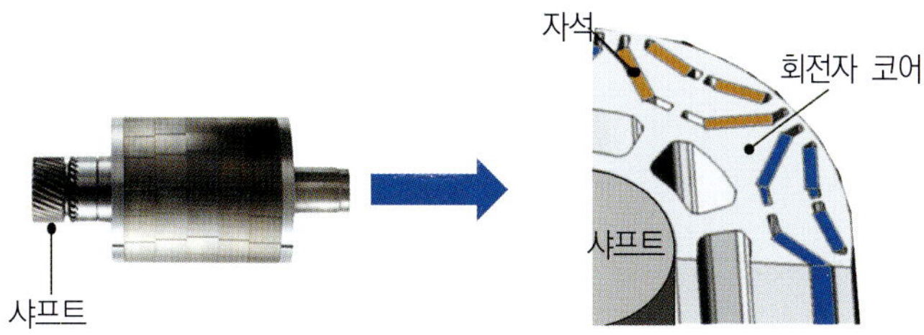

그림 14 로터

회전자 코어는 앞서 설명한 고정자 코어와 동일하게 여러 장의 얇은 전기강판을 겹겹이 쌓은 형태로 제작이 된다. 고정자 코어와 같이 모터의 종류에 따라 다르지만 고정자와 반응할 수 있는 자성체가 들어가는 슬롯이 구성되고 이 슬롯에 들어가는 자성체로는 희토류로 만든 부품인 영구자석, 도체, 그리고 코일에 있으며 샤프트는 코어의 중심축에 위치하여 코어가 회전하게 되면 그 회전력을 감속기, 또는 차량 구동축에 전달하는 역할을 한다. 샤프트에 끝은 기어 형상으로 감속기의 기어와 맞물릴 수 있도록 되어있다.

(3) 하우징(Housing)

하우징은 모터의 주요 부품을 보호하고 고정시키는 케이스이다. 내부 부품들을 고정하기 위해 베어링 같은 부품도 포함되어 있으며 고정자와 회전자에서 발생하는 열을 냉각시키기 위한 냉각수로도 구성되어 있어 업계에서는 모터 부품 중 passive part라고도 표현한다.

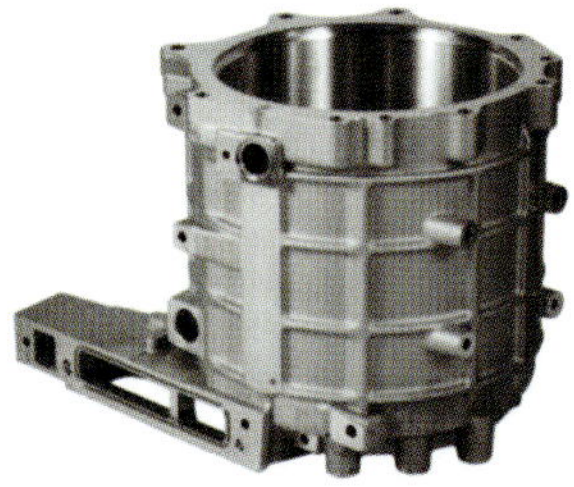

그림 15 하우징

(4) 모터 레졸버 센서(Motor Resolver Sensor)

레졸버는 모터 회전자의 위치를 측정하기 위한 센서이다. 레졸버는 엔코더에 비해 기계적 강도가 높고 내구성이 우수하여 전기자동차와 같이 고정밀 구동이 필요한 분야에서 구동 모터의 위치 센서로 쓰이고 있다. 특히, 영구자석 전동기 (PMSM : Permanent Magnet Synchronous Motor)의 경우 절대 위치 검출을 통해 모터를 구동시켜야 하기 때문에 레졸버 사용이 필수적이다.

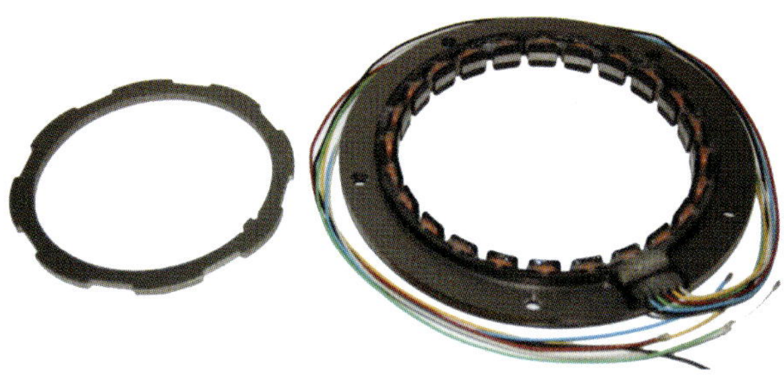

그림 16 리졸버

레졸버의 구조는 모터와 유사하며 크게 고정자와 회전자로 구분할 수 있다. 고정자는 1상의 여자권선과 2상의 검출권선이 감겨있으며, 회전자는 회전각에 따라 철심 형상이 변화하여 쇄교자속이 변동하게 된다.

레졸버는 고정자 여자 권선에 고주파 reference 신호를 인가한다. 이를 여자신호라고 하고, 그리고 통상 수㎑~수십㎑의 사인파를 인가한다. 회전자가 회전하면서 역기전력에 의해 1차와 2차측 쇄교자속이 주기적으로 변화하면서 사인파와 코사인파의 신호가 출력된다. 여기서 출력 신호는 쇄교자속에 의한 신호와 여자신호가 곱해져서 함께 출력된다.

참고 **쇄교(鎖交) 자속**

코일에 흐르는 전류에 의해서 생긴 자속(자기력선)이 코일이 형성하는 단면적을 통과하는 것 즉, 코일과 교차(서로 엇갈리거나 마주치는) 하는 것을 말한다. 쇄교는 전기장과 자기장이 마치 쇠사슬의 고리가 연결된 모양처럼 서로 90도로 교차하면서 전파되는 모양을 표현한 용어이다.

(5) 모터 온도 센서(Motor temperature sensor)

모터의 성능에 큰 영향을 주는 요소는 온도이며, 전기자동차용 최신 전기 모터에는 높은 토크, 긴 수명, 낮은 발열과 같은 높은 요구 사항을 만족해야 한다. 모터 동작 중에 권선 온도를 관찰하는 것은 매우 유용한 정보이다.

모터가 과열되면 영구자석 및 스테이터 코일 등의 변형 및 성능의 저하가 일어난다. 이를 방지하기 위하여 모터 내부에 온도 센서를 설치하고 모터의 온도에 따른 제어를 한다. 주로 NTC(Negative Temperature Coefficient Thermistor) 온도 센서를 사용하며, 망간(Mn), 니켈(Ni), 코발트(Co), 철(Fe), 동(Cu)등의 금속 산화물을 연소해서 결정체로 만든 반도체이다.

그림 17 **모터 온도 센서**

03 전기자동차 전지

1 전지 개요

미래의 전기자동차 전지는 그 가격을 낮추고 에너지 축전용량 및 사용 가능기간을 연장시키는 것이 필요하다. 기존의 내연기관에서 화석연료를 대체하는 근원적인 에너지원인 전기를 저장하는 장치이기 때문이다. 그러므로 전지 기술이야말로 성능 좋은 전기자동차를 만드는데 가장 핵심적인 사항이기도 하다.

축전용량의 경우 리튬이온 전지, 리튬 폴리머 전지, 공기 아연 전지 등을 통해 증가된 용량을 확보할 수 있다.

그림 18 Li-ion Battery(LIB)

그림 19 Ni-MH Battery

일반적으로 축전지 셀을 모듈화하여 여러 개를 합치고, 축전지 제어 컨트롤러 등을 조합한 유닛을 HEV, PHEV, EV에 탑재시키고 있다.

전기자동차가 실용화되기 위한 전제로는 축전지 가격이 저렴하여야 하므로 우선 주재료인 전극 재료가 자원적으로 풍부해야 하고, 폐전지로부터 금속의 회전 및 리사이클이 용이해야 하며, 가능한 한 경제성이 좋아야 한다.

하이브리드 자동차는 기존의 Ni-MH(니켈수소/니켈메탈하이드라이드)전지에서 리튬이온 전지를 제품에 채용하는 추세이다. 리튬이온 전지와 비교할 때 Ni-MH의 전력 수준이 낮고 자가방전율이 높다. 보관 수명이 3년에 불과한 Ni-MH는 EV에 적합하지 않다.

HEV용 전지에는 대전류의 방전이나 높은 회생 충전이 요구되기 때문에 고출력 설계형태가 필요하며, EV용 전지에는 주행거리를 확보하기 위해서 대용량이며 경량 소형화 설계(고에너지밀도)형태가 요구된다. 한편, PHEV용 전지에는 HEV와 EV의 양쪽 특성을 갖춘 설계형태로 리튬이온 전지(LIB)가 개발되어 탑재되어 있다.

Ni-MH 전지와 리튬이온(LIB)의 전극반응은, 형식적으로 양음극간을 왕래하는 이온종(수소이온 : H+과 리튬이온 : Li+)만이 다르게 보이지만, 수용액계통과 비수용액 계통(유기 전해액)이라고 하는 큰 차이가 있다.

기존 리튬이온 전지는 특정한 높은 에너지를 제공하고 무게가 가볍다. 그러나 높은 가격, 극한 온도의 불용, 안전(리튬이온 전지의 가장 큰 장애 요인임) 때문에 이 전지는 적합하지 않다. 기존 리튬이온 전지는 수명이 3~5년이고 충전 주기는 1,000사이클이다. 다른 문제는 적절한 전지 수명 범위를 보장할 수 있는 리튬이온 전지의 크기이다.

리튬금속 전지는 리튬금속을 음극으로 사용하는 것으로 사이클 수명 및 안전성이 낮아 상용화에 어려움을 겪고 있으며, 이를 극복하기 위해 리튬금속 대신 카본을 음극으로 사용하는 리튬이온 전지가 개발되어 1991년 일본 소니 에너지테크(Sony Energytec)에서 처음으로 상용화하였다. 현재는 일본의 여러 전지회사에서 양산을 하고 있으며 국내에서도 몇몇 기업에서 리튬이온 전지에 대한 개발 연구를 마치고 양산을 하고 있다.

리튬폴리머 전지인 경우는 음극으로 리튬금속을 사용하는 경우와 카본을 사용하는 경우가 있어 카본음극을 사용하는 경우는 구별하여 리튬이온폴리머 전지로 표기하는 경우가 있으나, 대부분의 경우 편의상 리튬폴리머 전지로 통용하고 있다.

리튬금속을 음극으로 사용하는 전지의 경우는 충방전이 진행됨에 따라 리튬금속의 부피변화가 일어나고 리튬금속표면에서 국부적으로 침상리튬(덴드라이트)의 석출이 일어나며 이는 전지 단락의 원인이 된다. 그러나 카본을 음극으로 사용하는 전지에서는 충·방전시 리튬 이온의 이동만 생길 뿐 전극활물질은 원형을 유지함으로써 전지수명 및 안전성이 향상된다.

표 3 전지의 특징

종류	특징	사용 예
Ni-MH 전지 (니켈메탈하이드라이드)	· 전력 수준이 낮다 · 자가 방전율이 높다. · 보관 수명이 3년에 불과하다 · 메모리 효과 갖음	· 도요타 프리우스, 캠리, 하이랜더
리튬이온 전지	· 특정한 높은 에너지를 제공 · 무게가 가볍다. · 높은 가격 · 극한 온도의 불용 · 안전에 문제 있음(가장 큰 장애 요인)	· I-MIEV
리튬폴리머 전지	· 전압은 3.6V로 폭발 위험이 없다. · 전해질이 젤 타입이기 때문에 전지 모양을 다양하게 만들 수 있는 것이 장점이다. · 일부 휴대폰에 사용되고 있으며 리튬이온 전지를 이을 차세대 전지이다. · 고분자 겔 형태의 전해질을 사용함으로써 과충전과 과방전으로 인한 화학적 반응에 강하게 만들 수 있어 리튬이온전지에 필수적인 보호회로가 불필요하다.	· i-10전기자동차

2 셀, 모듈, 팩

(a) 셀(Cell) (b) 모듈(Module) (c) 팩(Pack)

그림 20 전기차용 배터리 셀, 모듈, 팩

전기차 배터리팩의 핵심인 배터리 모듈은 배터리의 최소 단위인 셀들을 효율적, 그리고 안전하게 관리하고자 일정한 갯수의 셀들을 모아 모듈화 시킨 것이다. 국산 전기차를 예로 들면 현대 아이오닉5와 기아 EV6(77.4㎾h 기준)의 경우 384개의 배터리 셀이 32개 모듈로 연결되어 있으며 8개의 서브 배터리 팩으로 구성되어있다.

이를 바탕으로 배터리의 용량을 구해보면 C40 리차지의 경우 3.68V, 66Ah의 배터리 셀 12개로 구성된 배터리 모델 하나당 14.7V의 전압과 196.2Ah의 전력을 갖춰 총 27개의 모듈을 더하면 약 77.8㎾h의 배터리용량을 갖추게 된다.(배터리 셀과 모듈은 직렬과 병렬연결이 혼합되어 연결되어 있고 연결방법이 모델별로 다르므로 배터리 단위 셀의 용량이 아닌 모듈의 전력량으로 계산하는 것이 일반적이다.)

한편 배터리 셀을 한꺼번에 연결하지 않고 배터리 모듈과 팩으로 그룹화해 연결하는 이유는 배터리 셀에 기체 또는 이물질이 유입되는 것을 방지하고 냉각효율을 높이기 위함이다. 또한 배터리 셀에 문제가 생겼을 경우 일일이 해당 셀을 찾아야하는 하는 번거로움을 해결할 수 있는 등 배터리 관리에 도움이 되기 때문입니다.

이러한 배터리 팩의 전압은 400V에 이르고 용량은 48.6㎾h부터 많게는 99.8㎾h에 이른다.

(1) 셀(Cell)

주로 파우치형, 원통형, 각형 배터리셀을 이용하는데 전기에너지를 충전, 방전해 사용할 수 있는 리튬이온 배터리의 기본단위로 양극, 분리막, 전해액을 케이스에 넣고 만든다.

1) 파우치 형

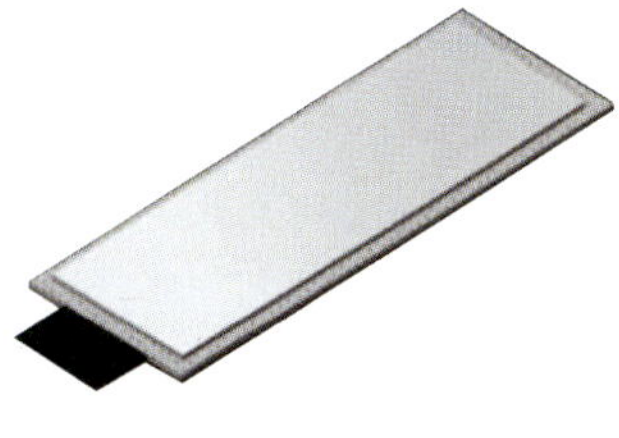

그림 21 **파우치 형**

파우치 형은 배터리 소재를 필름으로 패키징한 형태이다. 다른 형태보다 에너지 밀도가 높고, 전기차 업체가 요구하는 다양한 모양으로 제작할 수 있다는 장점이 있다. 현대기아차, GM, 포드, 르노, 볼보, 폭스바겐 등이 본 셀을 탑재하고 있다.

2) 원통형

그림 22 원통 형

파우치 형이나 각 형보다 원가 부담이 낮다는 장점이 있다. 그러나 원통 형태의 한계로 인해 공간 활용성이 떨어지고 수명이 짧은 편인데, 대표적으로 테슬라 자사 전기차, 리비안 등에 원통형 셀을 탑재하고 있다.

3) 각형

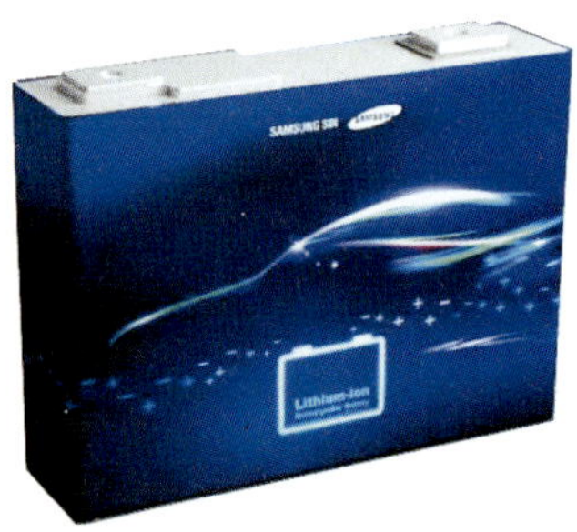

그림 23 각형

각형 셀은 사각형이라는 모양적 특성으로 소재를 적층해 활용하기 때문에 상대적으로 버리는 공간이 적고, 케이스가 알루미늄으로 되어 있어 내구성이 강하다. 단, 상대적으로 무게가 많이 나가고 열 방출이 어려운 단점이 있다. 주로 BMW나 아우디, 폭스바겐 같은 독일 브랜드에서 각 형 배터리를 전기차에 탑재하고 있다.

(2) 모듈(Module)

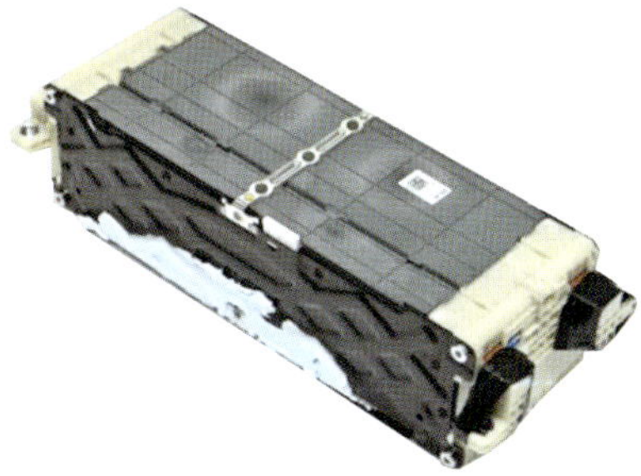

그림 24 모듈

배터리 셀을 외부 충격과 열, 진동 등으로부터 보호하기 위해 직렬 및 혹은 병렬로 다수의 셀을 일정한 개수로 묶어 프레임에 넣은 배터리 조립체(Assembly)이다. 이러한 배터리 셀의 모듈화는 안전성과 관리의 효율성이 장점인데 단점이 있다면 모듈의 패키지화로 공간을 많이 차지하게 된다. 그리하여 최근에는 셀을 모듈화하지 않고 바로 팩으로 만드는 CTP(Cell to pack)와 CTC(Cell to chassis)기술이 도입되고 있다.

CTP와 CTC는 중국의 배터리 제조회사인 CATL사에서 개발한 기술로 현재 CTP의 경우, 테슬라 중국 공장에서 생산되는 모델3와 폭스바겐 id3 등의 모델에 적용되고 있는데 현재와 같이 모듈을 적용해 팩을 만들 경우 공간의 50%정도만 셀을 넣을 수 있는 반면 셀을 그대로 팩으로 만드는 CTP방식으로 배터리팩을 제작할 경우 70%까지 공간 활용도를 높일 수 있어 같은 사이즈의 배터리팩이라도 주행거리를 비약적으로 늘릴 수 있게 된다.

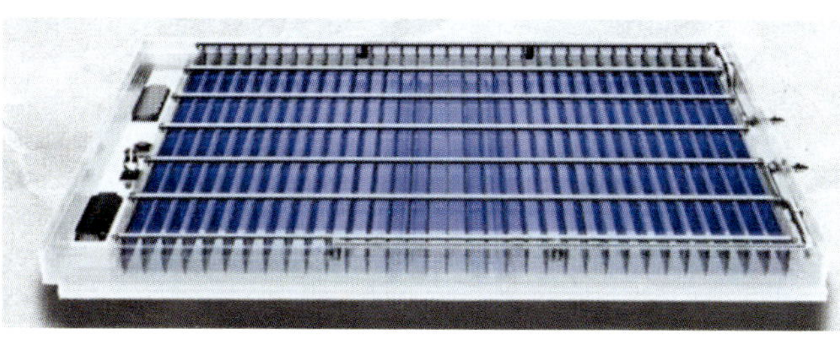

그림 25 CTP 방식

CTC도 이러한 배터리팩 혁신 연구의 결과물로 배터리 셀을 아예 섀시에 통하하는 기술이다. 차량의 무게를 줄이고 공간 효율성을 높여 한번 충전으로 최소 800㎞는 달릴 수 있게 된다고 한다. 많은 전기차 제조사들이 앞 다투어 배터리셀 모듈화를 배제하고 셀을 그대로 배터리팩화 하고자 기술을 개발 중이라 하니 앞으로 출시될 전기차의 주행거리는 더욱 증가할 것으로 예상된다.

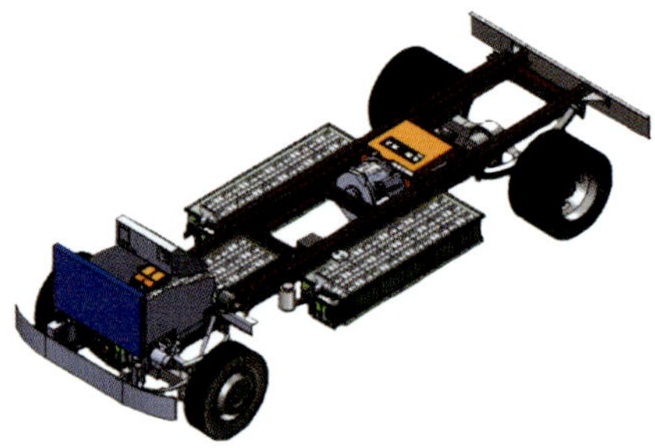

그림 26 **CTC 방식**

(3) 팩(Pack)

전기차에 장착되는 배터리 시스템의 최종형태로 배터리 모듈에 BMS(Battery Management System), 냉각시스템 등 각종 제어 및 보호 시스템을 장착하여 완성된다.

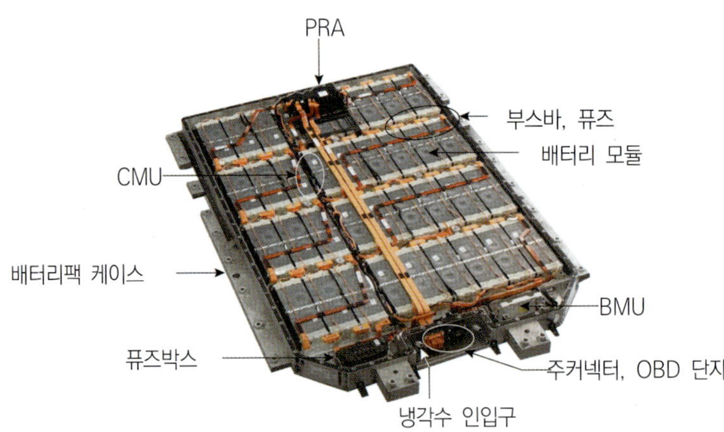

그림 27 **배터리 팩 구성**

1) 배터리팩 케이스(Battery Pack Case)

① 전기자동차의 에너지공급원인 배터리 Carrier 모듈을 수납

② 상부 케이스는 기본적으로 배터리팩의 위쪽을 보호

③ 배터리팩은 외부 환경과 격리가 이루어져야 한다. 그래서 상판 덮개와 하우징 사이에 고무 개스킷이 적용되어 있다. 차종에 따라서는 내열실리콘(내열 범위 -50~300℃의 특수 실리콘)이나 접착제를 이용하는 경우도 있다.

④ 일반적으로 전기차 배터리팩 케이스는 알루미늄과 철을 이용해 만들었지만 가격이 비싸다는 단점이 있다. 2016년 한화첨단소재는 시트 몰딩 컴파운드(SMC) 소재를 활용한 전기차 배터리 케이스 개발에 성공하고, 삼성SDI와 LG화학 등에 납품을 시작했다.

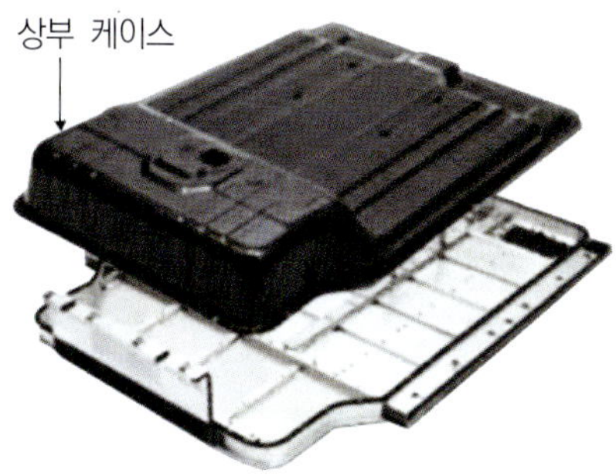

그림 28 상부 케이스

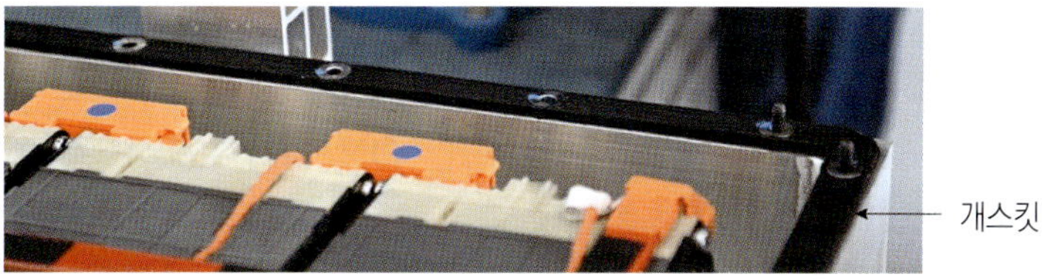

그림 29 개스킷

⑤ 대부분의 제조사들이 하우징 외곽에 냉각을 위한 공기 통로(또는 냉각수 통로)와 충격 발생시 내부 배터리 보호를 위한 충격 흡수를 겸하게끔 공간을 두고 있다.

⑥ 하우징 소재로 주로 견고함과 가벼운 알루미늄을 사용하고 있다.

그림 30 하우징

⑦ 아래 케이스는 차량의 바닥면에 설치되어 노면의 이물질, 우천시 침수, 외력에 의한 배터리 손상을 방지하여 화재, 폭발로부터 운전자를 보호하는 역할을 한다.

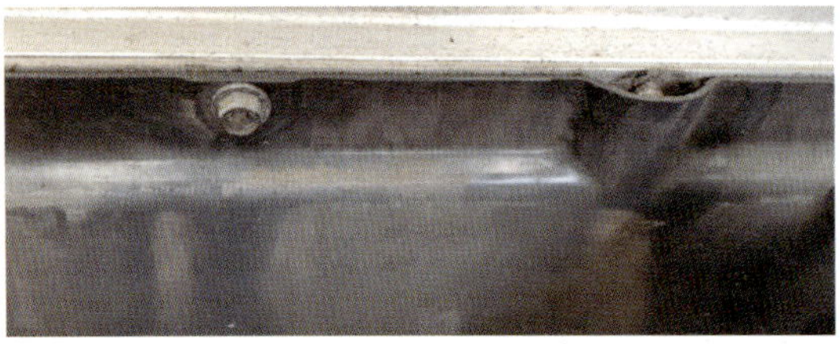

그림 31 아래 케이스

2) PRA(Power Relay Assembly)

(+)고전압 제어 메인 릴레이, (-)고전압 제어 메인 릴레이, 프리 차지 릴레이, 프리 차지 레지스터, 배터리 전류 센서로 구성되어 있다. 그리고 BMS ECU 제어 신호에 의해 배터리의 고전압 직류 전류는 모두 PRA를 거쳐 인버터, 모터 등의 고전압 부품으로 송전되는데 만약 기준보다 높은 전류가 흐르거나, 특정 부품에서 과도한 전류를 소모하면 전류를 차단해 안전사고를 막는 역할을 한다. IG ON시에는 프리 차지 릴레이 ON → 메인 릴레이(-) ON → 커패시터 충전 → 메인 릴레이(+) ON → 프리 차지 릴레이 OFF하고, IG OFF시에는 메인 릴레이(+)(-) OFF시킨다.

그림 32 PRA

① 메인 릴레이 : BMS ECU 제어신호에 의해 고전압 조인트 박스와 고전압 배터리팩 간의 고전압 전원, 고전압 접지 라인을 연결한다. 또한, 과충전 시에는 메인 릴레이 프리차지 릴레이 작동을 금지시킨다.

② 배터리 전류 센서 : PRA 내부에 장착, 고전압 배터리의 충, 방전시 전류를 측정한다.

③ 급속충전 릴레이 : BMS의 제어신호에 의해 고전압 배터리 팩과 고압 조인트 박스 사이에서 DC 360V 고전압을 ON, OFF하며, 급속충전 시 공급되는 고전압을 배터리팩에 공급해주는 스위치 역할과 과충전이 되지 않도록 과충전 방지 역할을 한다.

④ 프리 차지 릴레이(Pre-charge relay) : 배터리의 본격적인 전압보다 낮은 전압을 전기차 초기 시동 시 400V 가량의 높은 전류가 순간적으로 흐르며 고가의 부품에 손상을 입히는 것을 막고자 고전압 부품에 공급한 뒤 단계적으로 전압을 끌어올려 부품에 전달되는 전압 충격을 최소화 한다.

⑤ 급속충전 어셈블리(QRA : Quack Charging Relay Assembly) : PRA 내부에 장착되어 있으며, 고속충전을 감지하면 릴레이를 열어 배터리에 고전압 전류를 인가하는 스위치 역할과 과충전이 되지 않도록 방지해 주는 역할을 한다. 급속 충전 릴레이 어셈블리(QRA) 작동 시에는 파워 릴레이 어셈블리(PRA)도 작동한다. 급속 충전 실시에는 메인 릴레이(-) ON → 메인 릴레이(+) ON → 배터리 팩으로 고전압 충전 → 충전 완료 → 메인 릴레이(+), (-) OFF시킨다.

3) CMU(Cell Monitoring Unit)

전기차 고전압 배터리 모듈 내에 셀들에 대한 전압, 온도, 전류를 모니터링하고 배터리팩 제어시스템(BMS : Battery Management Unit)에 전달한다. 셀간 전압차 발생시 BMS에 정보를 보내 밸런스를 맞춰준다. 완속 충전과는 달리 높은 전압이 흘러들어가는 고속 충전을 반복할 경우 셀간 밸런스가 틀어질 수 있기 때문에 안전을 위해 CMU와 같은 장치가 필요하다.

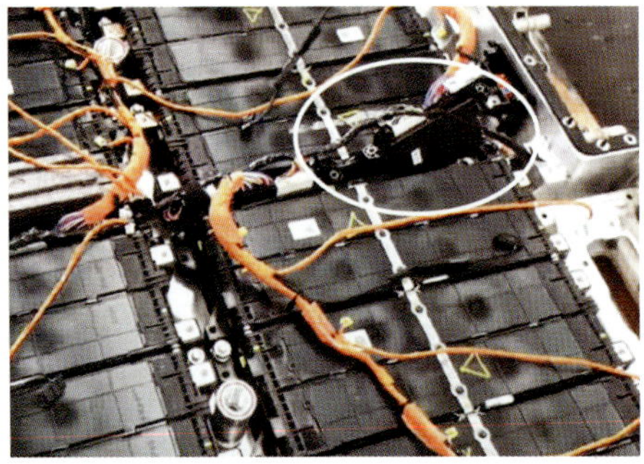

그림 33 CMU

4) 배터리 팩 냉각

모듈에 장착된 온도센서를 이용해 배터리 온도를 측정, 마찬가지로 BMS로 정보를 전송해 적정 타이밍에 배터리가 냉각될 수 있도록 한다. 배터리를 비롯한 여러 장치들이 작동하며 열을 내기 때문에 냉각수가 배터리의 온도를 조절하는 방법에는 여러 가지가 있다.

① 냉각 방식 종류

㉮ 공기 냉각 시스템

시스템 구조의 단순성, 적은 비용, 정비의 용이성, 경량 시스템, 에너지 소모 저감 등의 장점으로 실제 상용화된 전기자동차에 널리 적용되고 있다. 자연 대류 및 강제 대류를 적용한 시스템이 각기 적용되고 있는데 강제 대류 시스템이 배터리 열을 방출하는 데 있어 더 효율적인 방안이 된다. 이와 같은 장점에도 불구하고 공기 냉각 방식은 공기의 작은 열용량 및 공기와 배터리간 작은 열전달 계수로 배터리 팩에 대한 충분한 냉각에는 한계가 있으며 낮은 대기 온도에서는 배터리를 효과적으로 예열시키지 못하는 단점이 있다. 구성 부품은 쿨링 팬, 쿨링 덕트, 인렛 온도 센서가 있으며 온도 센서 신호를 바탕으로 BMS ECU에 의해 계산되며, 고전압 배터리 시스템이 항상 정상 작동 온도를 유지할 수 있도록 제어된다. 냉각 공기 흐름은, 쿨링 팬 작동 → 차량 실내 공기가 쿨링 덕트(인렛)로 유입 → 냉각 순환 경로를 통해서 고전압 배터리를 냉각 → 쿨링 덕트(아웃렛)를 통해서 차량 외부로 공기를 배출한다.

㉠ 쿨링 팬 : 고전압 배터리의 냉각 상태와 소음 및 진동의 상태에 따라 BMS ECU의 PWM 신호에 의해 BLDC 모터를 제어한다.

㉡ 쿨링 덕트 : 쿨링 팬 작동 시 공기 흐름 통로의 역할을 한다.

㉢ 인렛 온도 센서 : 고전압 배터리 1번 모듈 상단에 장착되어 있으며, 배터리 시스템 어셈블리 내부의 공기 온도를 감지하는 역할을 한다. 인렛 온도 센서 값에 따라 쿨링 팬의 작동 유무가 결정된다.

㉯ 액체 냉각 시스템

근본적으로 액체는 공기와 비교할 때 높은 열전도율, 큰 열용량을 가지므로 배터리 팩 온도 분포 개선에 더 효과적이다. 따라서 현재까지 가장 많이 적용되고 있는 배터리 열 관리 시스템으로 전기자동차에도 상용화 적용되고 있다.

하지만 배터리 열 관리 시스템을 구성하기 위해서는 액체가 순환될 수 있는 루프가 구성되어야 하는데 이를 위해서는 보조 장치들(열교환기, 펌프, 팬 등)이 포함된 복잡한 구조를 가지게 되어 누출의 가능성이 존재하며 관련 루프에서 액체를 순환시키기 위한 동력이 추가로 요구된다. 일반적으로 액체 순환 냉각을 적용하는 경우 배터리 팩 내 온도 제어나 온도 균일도 개선에는 효과적이어서 전기자동차의 주행거리를 증가시키는 데 도움이 된다.

㉰ 상변화 냉각 시스템

이는 상변화 물질을 적용하는 것으로 상변화 물질이 상이 변화하면서 열을 흡수하거나 방출하는 성질을 활용한 냉각 시스템이다. 상변화 물질은 에너지를 저장하거나 시스템을 열적으로 보호하는 용도로 많은 산업 분야에 활발히 적용되고 있다. 상변화 물질을 적용한 배터리 열 관리 시스템에서 가장 중요한 기술적인 사항은 적절한 상변화 물질의 선택인데, 높은 열전도율, 높은 잠열, 높은 비열, 화학적 안정성, 합리적인 가격 등이 주요 인자가 된다. 최근 들어서는 전기자동차 충·방전 과정 중 리튬-이온 배터리 팩을 보호하고 열적으로 안정시키기 위해 적용이 증가하는 추세이다.

② 냉각수를 이용한 냉각방법

냉각수가 배터리의 온도를 조절하는 방법에는 여러 가지가 있는데 최근에는 인입구를 통해 들어간 냉각수가 하우징 아래를 순환하면서 열전도를 활용해 배터리를 식혀주는 방식이 많이 쓰이고 일부 차종에서는 모듈마다 냉각수가 흐를 수 있도록 하여 직접 냉각 방식을 취하는 경우도 있다.

그림 34 **냉각수 인입구**

반대로 배터리는 너무 차가워져도 제 기능을 못하기에 주변 온도가 낮아지는 겨울에는 배터리 온도를 올려주게 되는데, 이 역시 냉각수를 이용한다. 일반적으로 시즈히터(Sheath Heater)를 이용해 냉각수 온도를 올린 다음 배터리팩으로 순환시키는 방식을 많이 사용한다. 과거에는 이러한 전기차 냉각수로 내연기관에서 사용하는 부동액을 그대로 사용했지만 배터리팩 쪽으로 부동액 유출시 합선으로 인한 화재 발생 등의 문제로 최근에 출시되는 전기차에는 배터리팩 쪽을 따로 냉각해주는 저전도 냉각수를 도입해 안전성을 높이고 있다.

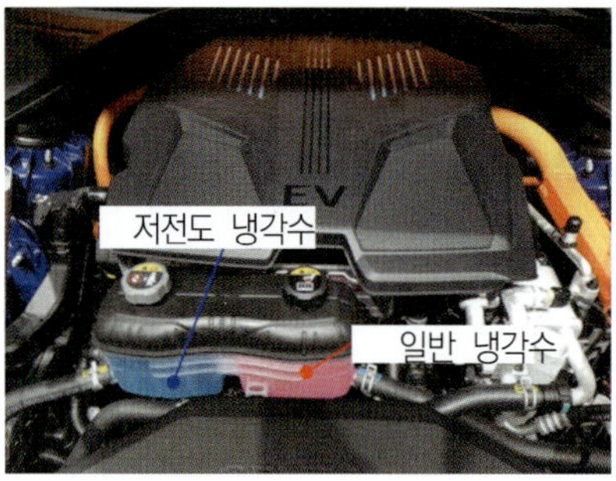

그림 35 **전기차 냉각수**

> 참고 **시즈히터(Sheath Heater)**
>
> 금속 보호관에 전열선을 코일 모양으로 내장한 관 형태의 히터

③ 전동식 워터펌프(EWP : Electric Water Pump)

제품의 온도를 유지하려면 필요할 땐 부품을 냉각하고, 승온 시킬 방법이 필요하다. 이 온도의 상승 및 하강의 역할을 냉각수순환을 통해 구현한다. 워터펌프의 역할은 모터 시스템 전력 제어 장치(EPCU), 모터, 완속 충전기(OBC)에서 냉각 회로에 냉각수를 순환시키는 역할을 한다. 따라서 보통은 PE부품 냉각용 1개, 배터리 냉각용 1개 혹은 2개를 사용한다.

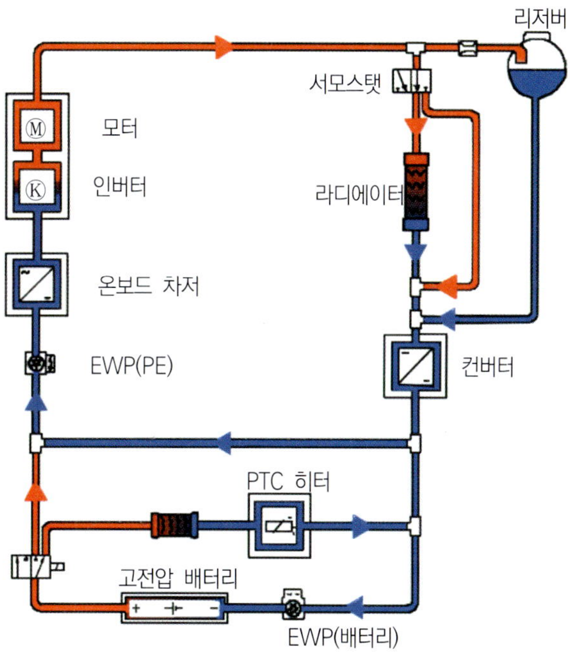

그림 36 냉각수 흐름도

작동은 모터 시스템의 냉각수 온도가 전력 제어 장치(EPCU)에 설정된 한계점 이상으로 오르면 전력 제어 장치(EPCU)는 전자식 워터 펌프(EWP)를 작동하기 위해 CAN 통신을 통해 전자식 워터 펌프(EWP)로 명령을 보낸다. 전자식 워터 펌프(EWP)는 작동 유무를 CAN 통신을 통해 전력 제어 장치(EPCU)로 보낸다. 작동 전압은 13.5~14.5V, 냉각수 온도를 75℃ 이하로 한다. BLDC Motor와 이를 구동하는 Driver로 구성되어 있으며, 각 부분은 다음과 같은 기능을 한다.

㉮ 펌프 : 임펠러, 볼류트(유로) 를 활용한 고압 유체 토출

㉯ 모터 : 제어기의 U, V, W 3상 전원인가로 인한 회전력 발생

㉰ 제어기 : 차량 제어기 지령을 받고 모터에 3상 전원 인가 및 단품 데이터 모니터링을 통한 고장진단

그림 37 전동식 워터펌프

5) 퓨즈박스

PRA가 배터리에서 외부 부품으로 가는 전류를 컨트롤 한다면 퓨즈박스는 배터리팩 내에서 발생하는 여러 가지 전류문제에 대응한다. 메인 퓨즈(250A 퓨즈)는 안전 플러그 내에 장착되어 있다.

그림 38 퓨즈박스

퓨즈의 역할을 크게 3가지로 정의하면 다음과 같다.

① 과전류 보호 : 배터리 시스템 내에서 갑작스럽게 과도한 전류가 흐를 경우, 셀의 손상이나 화재의 위험이 발생할 수 있어 이를 감지해 전류를 차단한다.

② 단락 보호 : 배터리팩 내의 개별 배터리 셀이나 모듈 간에 단락이 발생할 경우에도 퓨즈박스는 이러한 단락을 감지하고 이를 차단하여 배터리팩의 화재나 폭발 등의 위험을 줄인다.

③ 열 관리 : 배터리팩 내부에서 발생하는 열 문제는 배터리의 성능과 안전에 영향을 미치기에 퓨즈박스는 배터리팩의 온도를 모니터링하고, 냉각수에 의한 온도 조절에 실패할 경우 배터리 시스템을 차단하여 과열을 방지한다.

이와 같은 보호 작용을 통해 수명을 연장하고 안전을 유지하는 역할을 하고 있으며, 그 외에도 비상 상황 대응 및 시스템 안전성 강화, 배터리팩 내 전기 시스템을 보호하는 역할을 한다.

6) 부스바(Busbar)와 퓨즈

부스바는 배터리 모듈 사이에 연결되어 전류를 전달하는 역할을 한다. 일반적인 배터리팩에는 주로 전선 케이블로 이루어지는데 전기차 배터리팩에 부스바를 이용하는 이유는 우선, 구리 또는 알루미늄으로 만들어진 단단한 금속 막대이기 때문에 내구성이 뛰어나며, 일반 케이블보다 넓은 면적을 가지고 있으면서 두께는 최대 70% 낮음으로 배터리팩의 좁은 공간 안에 간섭 없이 배치되기 좋은 사이즈를 가지고 있다.

그림 39 **부스바 연결 상태**

또한, 부스바는 동일한 단면적의 케이블 보다 15% 더 많은 전력을 전달할 수 있어 보다 효율적이며 일반 케이블이 가진 유연성은 생산 로봇이 배선 하네스를 차량 내에 배치하는 것을 매우 어렵게 만들지만, 부스바의 경우 금속으로 만들어져 단단함으로 로봇이 부스바를 제자리에 배치하는 것은 간단한 일이다. 이러한 자동화된 공정을 통해 만들어지는 차량은 원가를 낮추고, 품질을 높이는데 도움을 준다.

그림 40 **부스바**

또한 G80e 배터리팩을 비롯한 현대기아 전기차의 배터리팩을 보면 모듈과 모듈 사이에 부스바 뿐만 아니라 퓨즈 역할을 하는 부스바도 적용되어 있다. 모듈과 모듈 사이 전류가 이동하면서 혹시 발생할지 모를 과전류에 대한 예방책이다.

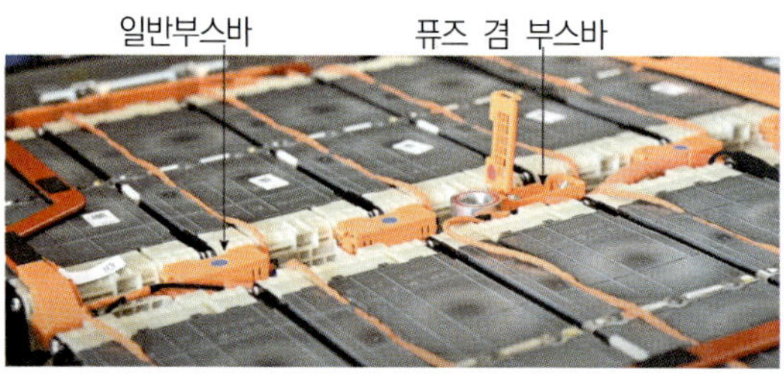

그림 41 **퓨즈 겸 부스바**

7) 프리차지 레지스터(Pre-Charge Resistor)

프리차지 레지스터는 파워 릴레이 어셈블리에 장착되어 있으며, 인버터의 커패시터를 초기 충전할 때 충전 전류를 제한하여 고전압 회로를 보호하는 기능을 한다.

8) BMU(Battery Management Unit)

그림 42 BMU

BMS(Battery management system)와 같은 역할을 한다. BMU의 가장 큰 기능은 배터리 내부의 모든 리튬이온셀이 반드시 전압, 전류, 온도로 정의된 안전한 작동 영역(SOA : Safe Operating Area) 내에서 작동하도록 하는 것이다.

그림 43 BMU SOA

CMU와 같은 측정 기기들과 함께 배터리팩의 안전 작동 여부를 지속적으로 모니터링하는 데 구체적으로 보면, CMU에서 충전이나 방전 중 배터리 셀들 사이에 셀 밸런스가 틀어져 조정이 필요하다는 모니터링 결과를 전달하면 셀 밸런스 소자를 가동해 전압이 가장 높게 충전된 셀을 전압이 가장 낮은 셀 기준으로 방전함으로써 셀간 밸런스를 맞추게 된다. 또한 BMU에서는 배터리 건강상태(SoH : State of Health)와 충전상태(SoC : State of Charge)를 정확히 파악함으로써 운전자로 하여금 남은 주행거리를 명확히 알 수 있게끔 하는 등 배터리팩 관리의 중추 역할을 한다.

9) 메인커넥터와 OBD단자

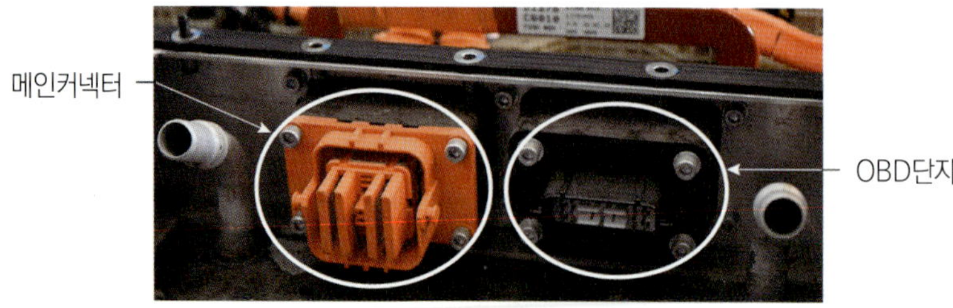

그림 44 메인커넥터와 OBD단자

메인커넥터를 통해 필요한 전력과 전기적 제어신호 등을 차량과 주고받는다. 고전압 전류가 흐름에 따라 전자파 차폐기능, 낮은 접촉저항과 고온, 고진동, 고전류의 대응을 통해 고 신뢰성의 접속 기술이 적용되어 있는 것이 특징이다. 이중 안전장치를 통해 정비 이외의 상황에선 절대 빠지지 않게 되어 있다.

진단 규격인 OBD(On-Board Diagnostics)커넥터는 보통, 정비사가 차량 정비 전 차량에 어떤 문제가 발생했는지 확인을 위해 이 단자를 이용하는데 내연기관 차량보다 전기차가 디지털 화된 부분이 더 많은 만큼 이러한 진단 단자의 중요성이 더욱 부각되고 있다.

10) 고전압 릴레이 차단장치(VPD : Voltage Protection Device)

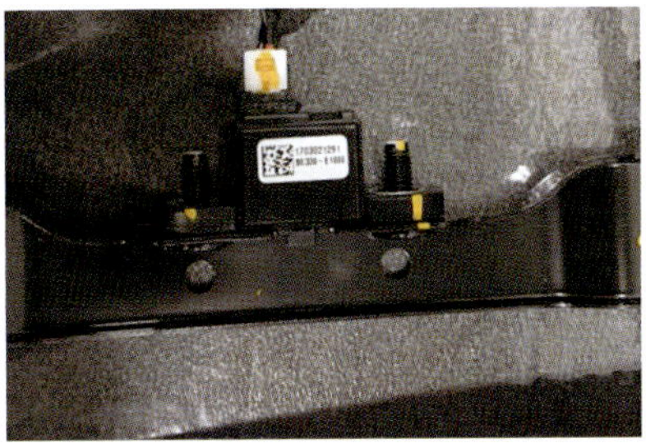

그림 45 고전압 릴레이 차단장치

정상배터리에서는 센서의 접점부와 배터리가 이격되어 있다가 배터리 셀이 과충전에 의해 부풀어 버리면 센서의 접점부와 접촉되어 메인 릴레이 (+) 및 (-), 프리차지 릴레이 코일 접지라인을 차단하여 릴레이의 작동을 금지하여 프리차징 실패에 의한 시동불가 및 경고등 점등을 한다.

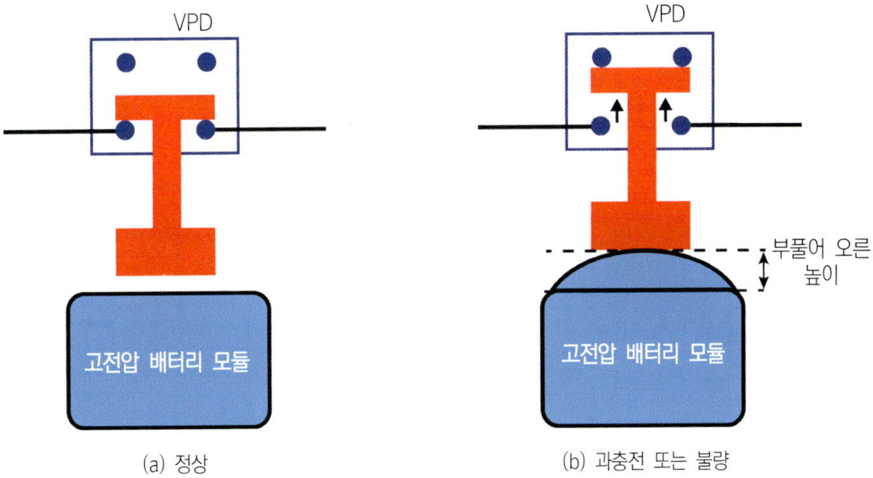

그림 46 VPD 작동 상태

04 인버터/컨버터 (Inverter/Converter)

인버터(Inverter)는 직류전력을 교류전력으로 변환하는 장치, 즉 역변환장치이다. 전지에서 얻은 직류전압을 조정하는 장치로 컨버터(converter/변환기)라고 부른다. 교류모터의 경우는 직류전압을 교류전압으로 바꿔주며 전압을 조절해야 하므로 인버터(inverter : 뒤바뀜)가 필요하다. 직류전압을 손쉽게 조절하는 방법은 저항을 만들어주는 것이나 에너지손실이 많아 보다 효율이 높은 반도체 소자가 개발되고 있다.

그림 47 **인버터**

인버터의 원리는 전력용 반도체(Diode, Thyristor, Transistor, IGBT, GTO 등)를 사용하여 상용 교류전원을 직류전원으로 변환시킨 후, 다시 임의의 주파수와 전압의 교류로 변환시켜 유도전동기의 회전속도를 제어하는 것이다. 유도전동기의 자속밀도를 일정하게 유지시켜 효율변화를 막기 위하여 주파수와 함께 전압도 동시 변화시켜야 한다.

1 인버터 정의

사전적 의미로는 DC전원을 AC전원으로 변환하는 전원변환장치를 일컫는 것이지만, 일반적으로는 AC전원의 전압 및 주파수를 제어하기 위한 전력변환장치를 통칭한다. 실제 구성은 상용 AC전원을 DC전원으로 변환하는 컨버터 부분과 DC전원을 전압 및 주파수가 변화된 AC전원으로 변환하는 인버터 부분으로 복잡하게 형성되어 있으나 간단히 인버터라 호칭하고 있다.

과거 공장에서 교류모터의 회전 속도는 기어박스에 의하여 조정되었다. 그러나 이 경우는 회전속도를 연속적으로 조정할 수 없기 때문에, 연속 조정이 필요한 경우는 회전 속도 조정이 용이한 직류모터를 사용하였다.

현재는 교류를 직류로 바꾼 후 다시 교류로 변환 시키는 조그만 전자장치인 인버터를 사용하여 연속 조정이 가능하다. 이것은 ㎐를 변환시켜 회전 운동의 속도를 변환 시키는 것이다. 즉 우리나라 공장에 공급되는 전기를 예를 들면, 60㎐ 교류를 직류로 변환하여 원하는 ㎐의 교류로 다이얼만 돌리면 손쉽게 조정된다.

그러므로 일반적인 경우는 인버터가 없을 경우의 수단이겠지만, 인버터가 있음으로써 축전지의 직류를 교류로 쉽게 바꾸어 줄 수 있으며, 교류발전기와 교류모터의 장점으로 인하여 자동차의 긴 수명, 저중량, 고효율, 공회전 시의 문제점 해결, 극한 환경에서의 성능 발휘, 변하는 회전 운동에도 일정한 운전 조건 확립 등이 가능하게 된 것이다.

차량용 인버터를 사용해야 하는 이유는 무엇인가? 발전기에서 생산되는 전기는 모두 교류 전기의 특성을 가지고 있다. 교류 전기는 주파수 특성이 있다.

한국의 경우 기본 전기가 220V 60㎐이다. 이는 전압은 220볼트이고 1초에 60번의 파형을 가진 주파수를 가진 전기라는 뜻이다.

하지만 교류 전기는 감전 위험이 많다. 그리고 늘 두 개의 선으로 공급해야 한다. 하지만 자동차 같은 경우에는 마이너스 선은 접지해 두고 +선만 가지고 운용을 한다. 그리고 승객의 감전 위험을 없앤 것이다.

자동차의 발전기에서 생산되는 전기도 물론 교류 전기이다. 이 교류 전기를 발전기 안에 있는 다이오드를 통해 직류로 바꿔 주는 것이다. 전압을 조절해 주는 레귤레이터와는 다르다. 직류 전기는 파형이 없어서 감전이 안 되는 것이다. 그 반대로 직류를 교류로 바꿔줘야 할 경우도 생긴다.

예를 들어 자동차 여행을 하면서 커피포트를 사용하고 싶은데 직류 전기에서는 작동을 하지 않기 때문에 집에서 사용하는 교류 전기로 바꿔야한다. 이럴 때 인버터를 사용하게 되는 것이다.

인버터는 직류에 없는 파형을 다시 만들어 주는 장치로 원래의 교류와 매우 흡사한 전기를 생산해 내는 것이다. 캠핑카를 이용한다든지 할 때, 가정용 가전제품의 일부를 사용할 수 있다. 이럴 때 직류인 자동차의 축전지 전원을 교류로 바꿔줘야 사용할 수 있다.

인버터를 사용할 때 한 가지 주의사항은 출력을 넘지 않게 사용해야 한다는 것이다. 예를 들어 인버터 출력이 220V 1,000W(대용량)라고 한다면 사용하고자 하는 전기 제품의 출력이 전기다리미 같이 1,000W 이상 될 수 있는 것을 사용하면 인버터가 바로 고장날 수 있기 때문이다.

예전 TV 외화에서 나오는 캠핑카를 누구나 한번쯤은 꿈 꾸워 보았을 것이다. 그 꿈을 실현시키는 것이 바로 차량 내에서 일반 가정에서 쓰는 가정용 220V전기제품을 사용할 수 있게 하는 기계장치이다.

인버터라는 것이 냉장고, 세탁기 등의 백색가전 제품에 모터의 회전속도를 최적의 상태로 자동조절해 주는 기술로 기존 MCU는 모터 회전의 가부만을 결정할 뿐이지만 DSP로 인버터 기능을 추가할 경우 소음, 전력 소모량을 획기적으로 줄일 수 있는 장점이 있다.

선진국이 환경보호를 위해 전자제품의 전력 소모량의 기준을 엄격히 적용하고 있으며, 가정용 전자제품은 물론 산업용 제품에까지 소음 규제 움직임으로 에어컨에 우선 적용되던 인버터 기능은 범용 가전제품에까지 도입되고 있는 추세다.

마이크로칩의 가전용 DSP 담당자는 인버터 기술을 채용하는 것만으로 AC모터를 사용한 기존 제품에 비해 소비 전력을 15~20% 가량 절감할 수 있으며 인버터 기능 구현을 위해선 MCU보다는 성능이 좋은 DSP를 탑재하는 쪽으로 움직이고 있다고 밝혔다. 인버터는 자동차 내 가전제품 등의 사용을 위한 필수 장치이다.

DC 12V를 AC 220V로 변환 시켜줄 수 있는 것은 스위칭 레귤레이터 회로, 증폭 회로 등이 있기 때문에 가능하다.

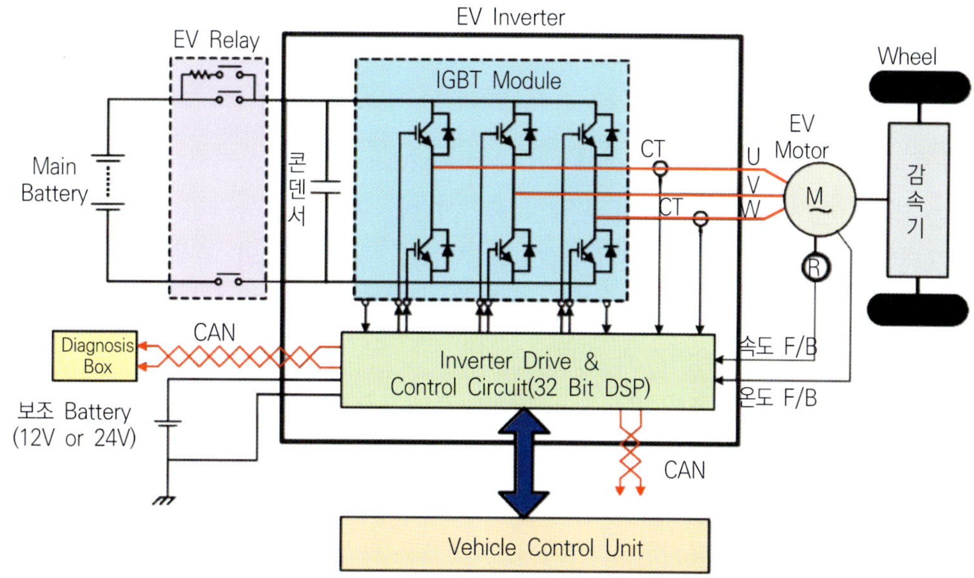

그림 48 **전기자동차용 인버터의 Power 회로**

DC 12V를 입력으로 받아서 캐패시터와 TR을 이용해서 12V의 전압을 대략 400V까지 증폭을 시킨다. 증폭시킨 400V의 전위를 스위칭 시켜서 AC 220V로 변환해서 출력으로 내보내는 것이 자동차 인버터의 원리이다.

그리고 120W, 3000W의 용량을 구현할 수 있는 것은 인버터의 용량도 중요하지만 우선적으로 차량용 축전지의 용량에 따라 결정된다. 최대 3000W까지 쓸 수 있는 축전지이라 하더라도 인버터의 용량을 120W를 사용한다면 120W용 인버터가 되는 것이다. 와트(W)는 전압과 전류의 곱이기 때문에 축전지가 견딜 수 있는 전류까지는 인버터를 만들 수가 있는 것이다. 용량이 크면 클수록 인버터에 들어있는 전자부품 소자들이 커질 수밖에 없기 때문에 크기가 커지는 것이다.

2 인버터의 동작원리 및 특성

PWM이란 펄스폭 변조(Pulse Width Modulation)의 약칭으로 평활 된 직류전압의 크기는 변화시키지 않고 펄스상의 전압의 출력시간을 변화시켜 등가인 전압을 변화시킨다.

모터에 흐르는 전류가 정현파에 가까워지도록 출력 펄스의 폭을 차례로 변환시키는 방식을 정현파 펄스폭 변조라 부르고, 저주파 영역의 모터 토크리플이 작으므로 최근에는 이 방식이 주류로 되어가고 있다.

PAM은 펄스높이 변조(Pulse Amplitude Modulation)의 약칭으로 교류를 직류로 변환할 때의 직류 크기를 변환시켜 출력한다. 그래서 펄스폭 변조에 비해 고조파 성분이 적고 모터의 운전 음이 작아지는 특징이 있다.

전압형 인버터는 상용전원을 컨버터로 직류로 변환한 후 콘덴서에서 평활된 전압을 인버터부에서 소정의 주파수의 교류출력으로 변환한다. 즉, 전압형 인버터는 전압의 주파수를 변환해서 모터의 회전수를 변환하는 방식이다.

전류형 인버터는 콘덴서 대신에 코일(리액터)이 있다. 컨버터에서 직류로 변환한 뒤 전류를 리액터로 평활해서 인버터에서 교류를 출력한다. 즉, 전류형 인버터는 전류의 주파수를 변환해서 모터의 회전수를 변환하는 방식이다. 범용 인버터는 전압형이 채용되어지고 있다.

표 4 **회로구성에 따른 Inverter 분류**

구 분		동작 특성	비 고
전류형 (Current Source)		· 정류부(Rectifier)에서 전류를 가변하여 평활용 Reactor로 일정 전류를 만들어 인버터로 주파수를 가변함.	· 대용량에 채용
전압형 (Voltage Source)	PAM	· 정류부(Rectifier)에서 DC전압을 가변하여 콘덴서로 평활전압을 만들어 인버터부로 주파수를 가변함.	· 초기에 사용된 기술로 현재는 단종 됨.
	PWM	· 정류부(Rectifier)에서 일정 DC전압을 만들고 인버터로 전압과 주파수를 동시에 가변함.	· 최근 대부분의 인버터에 채용

- PWM(Pulse Width Modulation) : 펄스 폭 변조,
- PAM(Pulse Amplitude Modulation) : 펄스진폭변조

정격이 60㎐인 표준모터를 60㎐이상에서 운전할 수 있을까? 그리고, 토크는 어떻게 되나? 정격이상의 주파수(50, 60㎐)로 운전할 때는 전압은 일정한 상태에서 주파수 제어가 되므로 출력일정(정출력)특성으로 된다. 그러나 토크는 거의 2승에 비례해 감소하게 된다. 고속으로 토크가 필요한 경우에는 모터와 인버터의 용량선정에 주의가 필요하다.

인버터가 전압과 주파수(V/F비)를 비례적으로 변환해서 출력하는 이유는 무엇인가? 모터는 철심에 코일을 감아 자속을 만들고 그 자속과 회전자에 흐르는 전류와의 전자력에 의해 회전한다. 정격 주파수 이하에서 전압이 일정한 채 주파수만을 낮추면 자속이 과대해 지고 자기 회로가 포화해서 모터를 손상시킨다. 이 때문에 주파수와 전압을 비례적으로 변환하는 것이다.(V/F일정 제어)

상용전원에서 전압이 내려가면 전류가 증가하지만 인버터의 경우 주파수를 내리면 전압도 내려가는데 왜 모터의 전류가 증가하지 않나? 주파수를 내려 모터의 속도를 낮추어도 같은 출력을 내면 전류는 증가하지만 토크 일정 조건하에서는 대부분 일정한 전류가 흐른다.

일반적으로 인버터로 모터를 운전할 때 3㎐ 이상에서 사용하는데 3㎐이하는 출력이 되지 않는 것인가? 최저 사용주파수와 기동주파수는 다르다. 최저 사용주파수는 모터의 온도 상승이나 기동 토크의 크기 등의 조건으로 3㎐전후로 한다만, 기동 주파수는 실제로 전압이 출력되는 지점으로 대략 0.2~5㎐ 정도가 된다.

3 LDC(Low Voltage DC-DC Converter)

LDC는 고전압 배터리에서 12V를 가지는 저전압 배터리로 변환시켜 주기 위한 컨버터 시스템이다. LDC는 12V 외에도 전기 버스에서 쓰는 24V, 48V 같은 전압의 배터리로 변환시켜 주는 시스템도 있다. 하지만 자동차의 경우, 대부분의 부품들은 12V의 전압으로 작동하기 때문에, 전기자동차에서는 주로 12V LDC를 쓰게 된다. 회로 역할의 구성은 2가지로 Full Bridge Converter와 Center-tap Rectifier가 존재한다.

반면 배터리보다 더 높은 전압으로 상승시켜 인버터에 공급하는 승압형 DC-DC컨버터가 있으며, 이를 HDC(High Voltage DC-DC Converter)라고 한다.

LDC는 고전압 전원체계와 저전압 전원체계가 서로 안정적으로 운용되고 안전성이 확보되도록 절연된 전기적 구조를 지니고 있어야 한다. HDC는 회생제동(Regenerative braking)이 적용된 차량 시스템에서 인버터를 통한 배터리로의 회생전력 공급이 가능하도록 양방향 전력흐름이 가능하여야 한다.

4 사이클로컨버터(cycloconverter)

어떤 주파수의 교류를 직류 회로로 변환하지 않고 그 주파수의 교류로 변환하는 직접 주파수 변환 장치이다. 사이리스터를 사용하는 것은 전력용 주파수 변환 장치로서가 아니라 교류 전동기의 속도 제어용이다. 전원 주파수와 출력 주파수 사이에 일정비의 관계를 가진 정비식 사이클로 컨버터와 출력 주파수를 연속적으로 바꿀 수 있는 연속식 사이클로 컨버터가 있다.

참고

① bridge converter : DC전압을 풀 브리지 회로를 통해 고주파의 AC로 변환한다. OBC와 마찬가지로 트랜스포머를 통해 저전압으로 변압하며, 고전압 배터리와 저전압 배터리를 절연시킬 수 있다.

② Rectifier : 교류를 정류시킨 뒤 LC회로를 통해 저전압 배터리에 충전된다.

05 모터제어기

엑셀 패달 조작량 및 속도를 검출해서 의도한 구동 토크 변화를 가져올 수 있도록 차속이나 부하 등의 조건에 따라 모터의 토크 및 회전속도를 제어한다. 이를 위한 시스템은 제어기라고 부른다.

운전자의 오른발의 움직임에 따라 모터의 토크와 회전속도를 제어한다. 여기서 전원은 전지이며, 일정전압의 직류전류를 얻을 수 있다. 직류모터라면 전류의 크기를 제어하기만 하면 되지만 교류모터일 경우에는 우선 교류로 변환하고, 다시 진폭이나 주파수/위상을 바꾸어서 자동차의 주행상황을 커버할 필요가 있다.

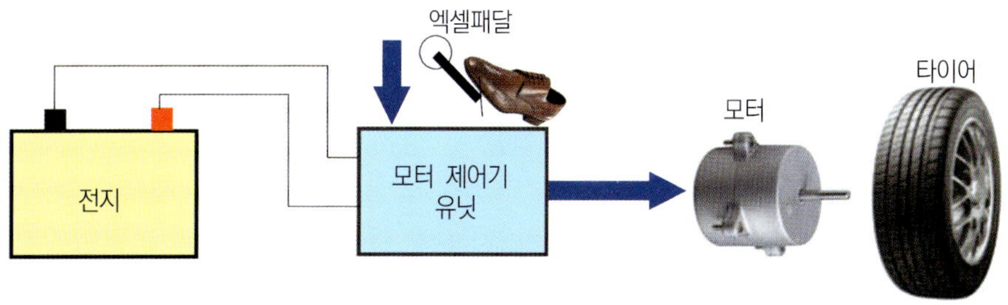

그림 49 **모터제어기의 동력전달 과정**

1 EV의 출력제어의 기본 개념

가장 기본적인 직류모터의 제어 방식은 회로 안에 넣는 저항의 크기 변화로 인하여 전류의 값을 변화한다. 여기서 저항의 값을 서로 다른 경로를 복수 준비하고, 순차 전환한다. 당연히 전류의 크기는 단계적으로 변화하고, 토크도 스텝형태로 변화하게 된다. 구형의 전차에서 발진시 등에서 이러한 상태를 경험할 수 있다.

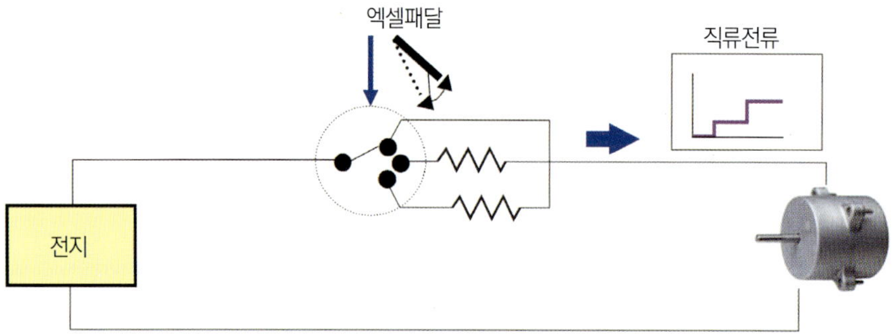

그림 50 DC모터 제어장치

전류의 ON-OFF스위치 기능을 가진 반도체(트랜지스터 또는 사이리스터)에서 작게 회로를 ON-OFF하고 고주파 펄스 상태의 전류를 만들어 낸다. 여기서 일정시간내의 통전시간=펄스수를 제어해서 전류의 크기가 결정된다. 이 통전 시간률을 듀티비라고 한다. 전류를 상세히 쪼개는 것인데 제어결과는 아날로그 양이 되고, 리니어한 변화를 얻을 수 있다. 최근에는 펄스폭을 제어하는 수법도 있다.

2 교류모터의 경우

엑셀・스트로크에 대해 교류전류의 진폭으로 자계강도=토크를 변화 시키고, 교류전류 주파수를 바꿔서 모터 회전 속도를 제어한다. 이를 위하여 스위칭 소자를 1상으로 2개씩 준비해서 전류를 펄스 상태로 하고 조밀방향을 변화시켜 교류를 만든다.

이것을 3조 사용하면 직류를 3상 교류로 전환, 진폭과 주파수를 제어할 수 있다. 이는 인버터의 기능이다. 모터의 모델을 바탕으로 컴퓨터가 세밀하게 제어하고 응답성을 향상시키는 기법을 '펙토르 제어'라고 한다.

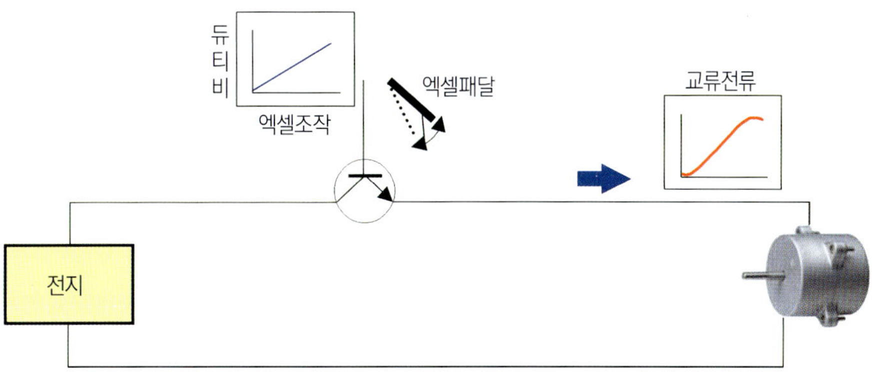

그림 51 차퍼 제어장치

06 회생제동 장치

1 정의

회생제동장치(Regenerative Braking System)는 브레이크를 밟을 때 모터가 발전기의 역할을 하게 된다는 개념이다. 모터에 공급하던 전류를 차단하면 도로를 달리던 자동차는 바퀴가 모터를 돌리는 꼴이 된다. 이때 자동차의 관성에 의해 돌아가는 모터에서는 전류가 발생한다. 전동기를 발전기로 만들어서 운동 에너지를 전기 에너지로 변환해서 전력을 회수해 제동력을 발휘하는 제동 방법이다.

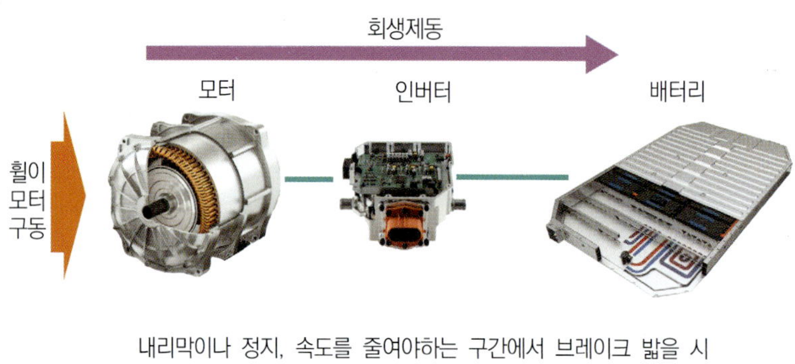

그림 52 회생제동

전기자동차의 에너지 소비를 줄여 주는 데 있어 매우 중요한 역할을 하는 것으로써 주행 중 브레이크를 밟았을 때 배터리를 충전해주는 기능으로써 하이브리드차 및 전기차에서 유용하다. 이 기능 구현에 중요한 역할을 하는 자동차 부품으로 "능동형 전자제어 브레이크(AHB : Active hydraulic booster)" 가 장착되고 있는데, 이 AHB는 회생제동 이외에도 다양한 기능을 가지고 있다.

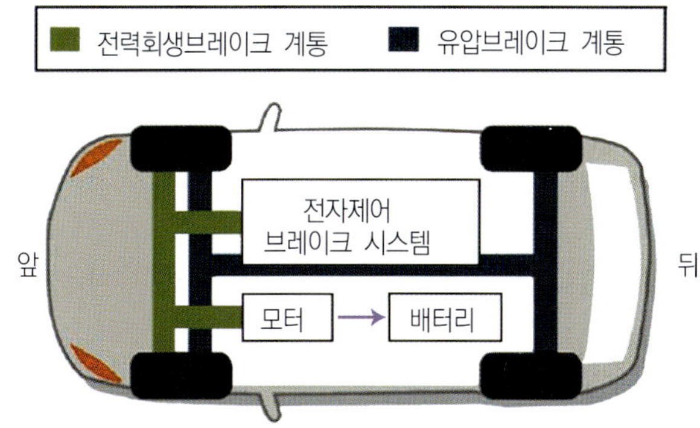

그림 53 도요다 프리우스 제동장치 개요

우선 AHB는 기존 차량에서 별도의 자세제어장치(ESC)로 구현하는 브레이크 잠김 방지장치(ABS)·구동력 제어시스템(TCS)·전자제어 주행안전장치(ESC)등의 기능을 탑재한 통합형 제동장치이다. AHB는 전기모터와 펌프를 이용하여 유압을 높이는(Boosting) 방식을 채택하고 있다.

그림 54 만도 3세대 AHB

2 장 · 단점

(1) 장점

① 연비개선 효과가 매우 크다.
② 세기를 자유롭게 제어 할 수 있다.
③ 마찰재의 부담이 줄어든다.
④ 일종의 엔진 브레이크 효과를 얻을 수 있다.

(2) 단점

① 회생제동이 시작되는 시점에서 갑작스런 제동력으로 인해 운전자가 진동을 느끼기 쉽다.
② 운전자가 밟는 발의 힘과 제동력사이에는 회생제동력의 크기만큼 이질감이 생겨 운전자에게 혼란을 초래하기 쉽다.

3 회생제동의 원리

자석의 N극이 코일에 가까워지면 코일 입장에서 N극 자속이 강하게 느껴진다. 자속을 방해하는 방향으로 유도 전류가 흘러야 하므로 코일 위쪽이 N극이 될 수 있게 유도 전류가 흐른다. 자석의 N극이 코일에 멀어지면 코일 입장에서 N극 자속이 약하게 느껴진다. 자속을 방해하는 방향으로 유도 전류가 흘러야 하므로 멀어지는 N극을 붙잡으려 하고, 코일 위쪽이 S극이 될 수 있게 유도 전류가 흐른다. 자석의 S극이 코일에 가까워지면 코일 입장에서 S극 자속이 강하게 느껴진다. 자속을 방해하는 방향으로 유도 전류가 흘러야 하므로 코일 위쪽이 S극이 될 수 있게 유도 전류가 흐른다. 자석의 S극이 코일에 멀어지면 코일 입장에서 S극 자속이 약하게 느껴진다. 자속을 방해하는 방향으로 유도 전류가 흘러야 하므로 멀어지는 S극을 붙잡으려 하고, 코일 위쪽이 N극이 될 수 있게 유도 전류가 흐른다.

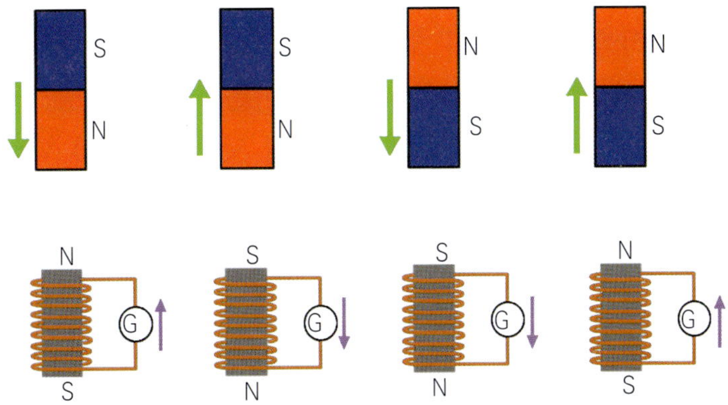

그림 55 전자기 유도현상

전기차의 모터는 회전자와 고정자로 구성되어 있으며, 회전자는 영구자석, 고정자는 코일로 되어 있다.

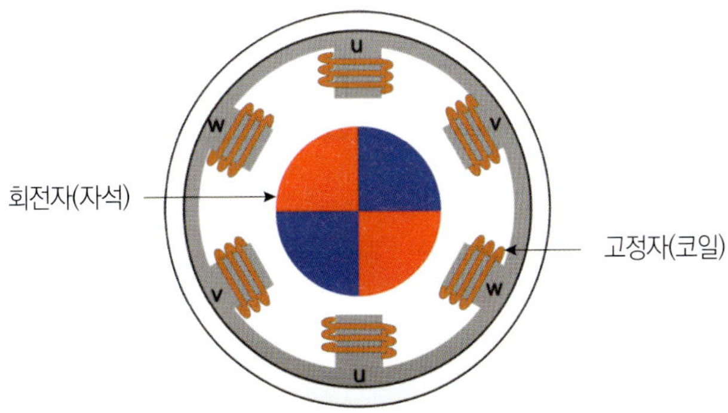

그림 56 영구자석형 동기 모터의 구조

휠이 차량 관성에 의해 회전을 하면, 모터의 영구자석이 회전을 하게 된다. 모터의 자석이 회전하면서 자석의 N극 S극이 코일과 멀어졌다 가까워지기를 반복하면 코일에서는 전류가 발생하게 되고 이를 충전하는 것이다. 이를 회생(Regenerative)이라고 한다.

제동의 원리는 다음과 같다. 위에서 예를 들었던 것처럼 자석이 회전하면서 자석의 S극이 코일에 가까워지면 코일의 왼쪽이 S극이 된다. 이때 자석의 S극과 코일의 S극이 만나 반발력이 발생하여 자석이 회전하다가 감속하게 된다. 이번에는 자석이 회전하면서 자석의 S극이 코일과 멀어지면 코일의 왼쪽이 N극이 된다. 자석의 S극과 코일의 N극이 이번에는 인력이 발생하여 자석이 회전하다가 감속하게 된다. 물론 관성에 의해 자석은 회전을 계속하지만, 이러한 일련의 과정이 반복되면서 회전자가 감속하면서 회전하는 것이다.

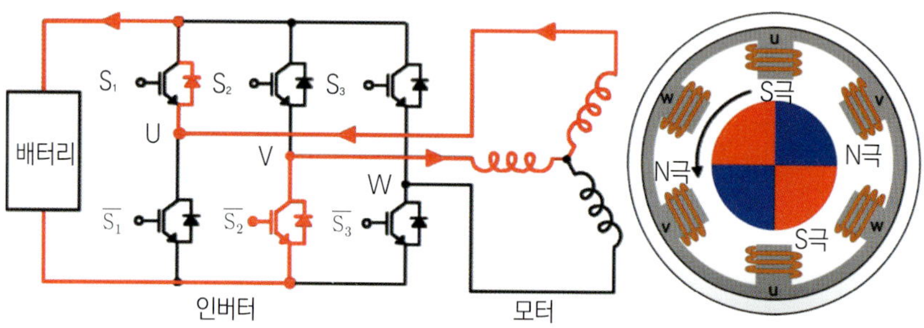

그림 57 회생제동시 인버터와 모터의 동작상태

전자기 유도 현상으로 발생한 전기를 배터리에 충전시키기 위해서는 인버터라는 전력 변환부품이 필요하다. 그리고 회생제동의 세기 역시 인버터를 통해 제어할 수 있다. 그림 57에서 회생제동 시 발생한 전류의 경로는 다음과 같다.

① 코일 → U에서 분기 → 스위칭 소자(top)의 다이오드 → 배터리

② 코일 → U에서 분기 → 스위칭 소자(bottom)

인버터는 3상으로 되어 있기 때문에, 각 상마다 PWM 스위칭을 통해 승압을 하여 배터리에 충전을 하는 원리로 볼 수 있다. 이 과정이 시퀀스에 따라 각 상마다 연속적으로 빠르게 일어나는 것이다.

4 패들 시프트

전기차는 다른 차량 대비 회생제동 발전량이 많고, 이를 잘 활용하면 주행가능 거리를 늘릴 수 있다. 전기차는 회생제동 사용 여부에 따라 전비 차이가 최대 40%까지 날 수 있다.

회생제동 기능은 매우 유용한 기능이지만, 내연기관에 익숙한 운전자들은 가속페달에서 발을 떼면 감속이 이뤄지는 회생제동 때문에 이질감과 멀미를 호소하는 경우가 있다. 이런 경우 상황에 맞춰 회생제동 강도를 조절하면 되는데 현대차 기준 회생제동은 0~3단계 까지 조절이 가능하며 스티어링 휠 뒤편의 패들 시프트를 이용해 조절할 수 있다. 패들 시프트 왼쪽을 당기면 회생제동 레벨이 증가하고, 오른쪽을 짧게 당기면 회생제동 레벨이 감소하는데 일반적으로 고속도로 주행 시 회생제동 레벨은 0~1단계, 도심 주행 시에는 2~3단계가 효율적이고 왼쪽 패들 시프트를 길게 당기면 회생제동량이 일시적으로 최대치로 증가해 완전 정차까지 가능하다.

회생제동은 항상 사용하는 것이 아니라 간혹 클러스터에 "회생제동이 제한됩니다" 라는 문구가 뜰 때가 있다. 이런 경우는 배터리가 100%충전되어 더 이상 충전이 필요가 없거나 고전압 배터리 온도가 너무 높거나 낮을 경우에도 배터리 보호를 위해 회생제동이 제한되는 경우가 있다.

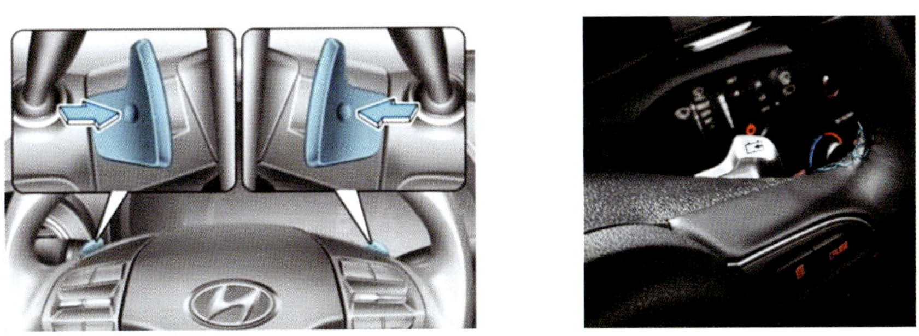

그림 58 패들 시프트

5 프리우스의 회생제동시스템

도요타는 최초의 하이브리드 자동차인 개발한 프리우스(Prius)를 시판하면서 에너지 회수를 극대화하기 위해 회생제동과 유압식 마찰제동을 동시에 구현했다. 프리우스에 적용된 회생제동 장치는 유압에 의해 제동 답력이 증가하는 마스터 실린더를 설계함으로써 엔진 정지 중에도 제동력 유지가 가능하며 페일 세이프(Fail Safe) 시 기계적 마찰제동이 가능한 것이 특징이다.

프리우스의 회생제동 과정을 살펴보면 전륜에서는 마스터 실린더 압력변화 및 제동페달의 행정신호를 입력 신호로 차량의 상태 정보(속도, 가속도, 자세 등)와 하이브리드 장치 정보(배터리 상태, 모터 상태 등)를 종합해 최적의 회생제동력을 결정한다.
또 추가적으로 요구되는 유압 제동력을 계산해 유압라인의 솔레노이드 밸브를 조절한다. 즉 운전자의 제동 의지와 주행 상태에 대응, 회생 제동량에 대해 적절한 유압식 마찰제동을 제공한다.

반면 후륜의 경우 운전자의 답력에 따라 마스터 실린더에서 발생한 유압 마찰제동만을 수행한다. 기존 차량의 진공 배력 장치를 그대로 HEV에 사용한다면 엔진의 흡기 부압을 이용하기 때문에 엔진 정지 시에 제동력을 배력시키지 못하는 문제가 생긴다.
회생제동 장치의 구성 부품을 살펴보면 제동페달의 작동상태(제동페달 개도)를 감지하는 페달 각도 센서로부터 일반 차량의 페달 감각을 구현하는 제동 페달 시뮬레이터로 구성됐다.

이와 함께 모터(구동축)의 회전속도에 대응하는 최대토크를 비례적으로 계산해 역토크를 전자식과 유압식 제동장치에 분배하고 제어하는 ECU가 장착됐다. 또 ECU로부터 신호를 받아 전자식 및 유압식 겸용으로 동작하는 캘리퍼로 구성됐다.

실제 제동 시 부드러운 제동과 에너지 효율 극대화를 위해 먼저 회생제동 모드 시작 단계에서 전자식 캘리퍼가 모터의 회전력을 기어에 의해 배력시킨다. 이후 스크루 메커니즘을 통해 직선운동으로 변환시켜 제동력을 발생시키고 일정조건을 만족시키면 유압제동을 복합 사용한다.

회생제동에서 요구되는 중요한 사항 중 하나는 유압식 마찰제동으로 변경될 때 운전자의 요구 제동력보다 크거나 작은 않도록 제어가 수반되어야 한다는 것이다. 지난 2003년 프리우스 THS-II에서 회생제동과 유압 마찰제동의 협조 제어를 통해 기존 THS보다 회생 제동량을 대폭 증가 시킨 바 있다.

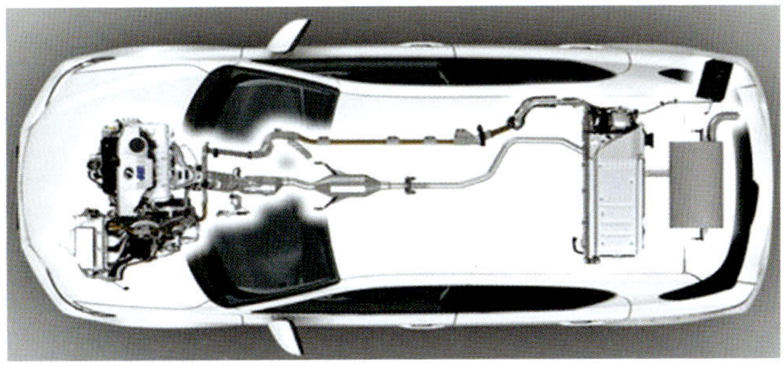

그림 59 **프리우스 THS-II**

그러나 최근 들어 판매된 프리우스 회생 제동 장치에 크고 작은 문제가 있다고 알려져 있다. 눈길과 빗길에서 회생제동이 유압식 마찰제동으로 전환하는 구간에서 지연시간이 발생해 교통사고로 이어질 수도 있다고 언론에 보도된 바 있기 때문이다.

일반적으로 기계식 유압 마찰제동과 회생 제동의 차이점은 우수한 제동 성능의 만족보다는 회생제동 에너지의 회수의 극대화다. 따라서 회생제동 장치는 엔진, 모터, 배터리, 변속기 등 차량의 하이브리드 부품의 통합 기술과 ABS, ESP, TCS 등의 기술 통합이 이루어져 최종적으로 제동성능과 안정성을 보장하는 방향으로 개선돼야 한다.

07 배터리관리시스템 (BMS : Battery Management System)

1 BMS 개요

배터리는 에너지를 저장하는 셀 외에 PRA(Power Relay Assembly), safety plug, 냉각팬, BMS(Battery Management System) 등으로 구성되어 있다. 여기서 BMS는 배터리를 관리하는 시스템으로 BMS가 배터리를 효율적으로 관리하기 위해서는 배터리의 상태를 모니터링해야 한다. 배터리의 전류, 전압, 온도 등을 센서를 통해 측정하고 미리 파악하여 배터리가 최적의 성능을 발휘할 수 있도록 제어한다.

표 5 BMS 모니터링

구분	모니터링 대상	설명
안전	전압(Voltage)	· 과충전(Over-Charge)전압방지 : 폭발위험 방지 · 과방전(Over-Discharge) 전압방지 : 수명 저하 방지
	전류(Current)	· 과충전(Over-Charge)전류방지 : 허용전류 이하 동작 · 과방전(Over-Discharge) 전류방지 : 허용전류 이하 동작 · Short 전류방지 : 순간적인 과방전 미치 전류 방지
	온도(Temperature)	· 고온에서의 폭발방지 & 저온에서 수명 저하방지
수명	Cell Balancing	· 셀 간의 편차에서 오는 특정 차이 보정
상태	SOC(State of Charge)	· 배터리의 현재 잔존 용량 체크
	SOH(State of Health)	· 배터리의 현재 수명 체크

BMS는 마스터 제어기와 슬레이브 제어기로 구성되어 있으며, 슬레이브 제어기는 각 배터리 모듈마다 장착되어 있고 배터리 모듈의 전압, 온도 등을 센싱하고 제어 및 진단한다. 그리고 각 슬레이브 제어기의 상태를 관장하는 마스터 제어기는 슬레이브 제어기의 정보를 받아 SOC, 파워 제한, 샐 밸런싱, 고장진단, 냉각 제어 등을 수행한다. 그리고 배터리 팩 외부의 인버터, OBC, LDC 등의 제어기와 통신을 하고 릴레이(PRA)를 제어하는 등의 역할을 수행한다.

2 BMS 구성과 각 모듈 역할

배터리 관리 시스템 BMS는 총 CMU, BMU, BJB의 3가지 유닛(Unit)으로 구성되어 있고, 배터리 팩과 함께 최종적으로 BSA(Battery System Assembly)로 만들어진다.

표 6 BMS 구성 모듈

BMS를 구성하는 모듈(Unit)	명칭	약어
CMU(Cell Monitoring Unit)	셀 감시 회로 셀 모니터 유닛	CSU CSC CMU
BMU(Battery Management Unit)	배터리 전기 컨트롤러 배터리 에너지 컨트롤 모듈 배터리 관리 유닛	BCU BEC BECM BMU
BJB(Battery Junction Box)	배터리 정션 박스	BDU BJB

① CMU(Cell Monitoring Unit) : 배터리 셀에 직접적으로 연결되어 셀 하나하나의 측정값을 정밀하게 모니터링 한다. 이렇게 얻은 수치는 BMU로 보내져 BMU에서 적절한 조치를 취할 수 있게 해 준다.

② BMU(Battery Management Unit) : BMS의 두뇌에 해당하며, 위의 CMU와 BJB가 측정한 값들을 취합하여, 상황에 맞는 결정을 내려 배터리 시스템 전반적인 제어를 한다. 즉, 최종 명령 결정으로 배터리 안정성과 성능을 관장하는 중앙장치 이다.

③ BJB(Battery Junction Box) : 배터리 팩에 들어오는 총 전압과 고전압을 모니터링하고, 배터리 안과 밖으로 흐르는 전류를 측정하여 BMU로 보내진다. 이후 BMU에서 이 수치를 바탕으로 정확한 SoC를 계산한다. 이 밖에도 과전류를 감지하여 경고하며, 접촉기, 절연 모니터링 같은 배터리 안전과 관련된 기능을 수행한다.

3 BMS의 역할

(1) 배터리 셀 관리(셀 밸런싱)

모든 배터리 셀의 충전량과 방전량, 전압 등은 정확히 같은 값을 갖지 못하고 저마다 조금씩 차기가 발생하는데 이는 제조 공정이나 외부적인 요인에 따라 발생하는 현상인데 이를 조절해 주는 기능이 셀 밸런싱(Cell Balancing)이다. 셀 간의 편차가 발생할 때, 높은 전압의 셀의 에너지를 낮은 전압의 셀로 이동시키는 방법으로 장점으로는 에너지 손실이 적어 효율이 좋고, 셀의 수명을 늘릴 수 있으며 신속하게 밸런싱을 제어할 수 있다. 하지만, 제어 알고리즘과 회로 인터페이스가 복잡하여 비용이 상승한다.

만약 이러한 밸런싱 작업이 없다면 배터리팩 내부 일부 셀에서 과전압이나, 과방전 등이 발생하여 화재의 위험이나 배터리 수명에 결함을 줄 수 있게 된다. Active balancing의 방법으로는 사용하는 회로에 따라 크게 3가지로 분류할 수 있다.

① 커패시터

② 인덕터 또는 트랜스포머

③ 컨버터(플라이백, 포워드, 풀브릿지 등)

(2) SoC 예측

배터리 셀 단위의 측정을 통해 적절한 SoC를 예측한다. 이러한 예측을 통해 배터리 충전 여부를 판단할 수 있게 해주고, 운전자에게 배터리 잔량을 알려준다. SoC는 배터리 수명 관리에 필수적인 요소이다.

SOC = 방전 가능한 전류량 ÷ 배터리 정격 용량 × 100%

배터리의 SOC예측 방법에는 다양한 방법은 다음과 같다.

① 화학측정법 : 배터리 전해질의 비중이나 산도(pH)를 측정하여 계산한다. 액체 전해질에 직접 접근이 가능한 축전지에만 사용 가능한 측정 방법이다.

② 전압측정법 : 배터리 전압을 측정하고 방전곡선과 대조하여 계산한다.

③ 전류 적산법 : 쿨럼카운팅이라고도 하며, 배터리의 전류를 측정한 후 시간에 따라 적분하여 계산한다.

④ 압력측정법 : 니켈 수소 축전지의 잔존 용량을 측정하는 데 사용되며, 배터리 내부의 압력을 측정하여 계산한다.

(3) 냉각 제어

리튬이온전지의 성능 및 수명 확보를 위해 15~40℃ 온도를 유지하는 것이 좋다. 배터리가 고온 환경에 노출되면 셀이 팽창하거나 내부 저항이 증가하여 발열이 발생하고 반대로 배터리가 저온 환경에 노출되면 출력이 떨어지게 되어 화재를 발생시키기도 하고 배터리에 치명적인 손상을 가져올 수 있다. BMS는 셀의 적절한 온도를 맞춰주기 위해 냉각 팬 또는 펌프의 속도를 제어하여 적절한 쿨링으로 전체적인 배터리 열을 관리해 준다.

(4) 파워제한

배터리의 과충전과 과방전을 방지하는 기능도 수행한다. 일정 SoC이상으로 배터리가 충전이 되면 더 이상 충전이 되지 않도록 제한을 걸어두고, 반대로 SoC가 낮은 상태에서 방전이 지속되는 과방전 현상이 일어나지 않도록 제어하는 기능도 수행한다. 또한 배터리의 온도와 전압이 비정상적으로 올라갈 시 차량의 출력을 제한하여 배터리를 안정화 시킨다.

(5) 진단

배터리 시스템의 고장을 진단하는 기능을 수행한다. 배터리셀, 전류센서, 냉각팬, 통신 등 다양한 부분에서 오류가 발생할 수 있는데 이러한 오류를 발견하여 운전자에게 알려주고 필요시 기능을 차단하여 치명적인 위험을 차단하기도 하며 과전압/저전압 진단, 과전류 진단, 과온 진단, 출력 제한, 각종 I/O 및 통신 진단 기능을 한다.

08 전기자동차 전지의 충전방법

전기자동차는 자신의 집에서 충전하는 것이 일반적이고 밖에서 충전하기가 쉽지 않기 때문에 표준화가 더디고 인프라 정비가 어려운 상황에 있다. 현재 스테이션용 충전기와 차량 탑재형 충전기에 대해서 주로 미국과 일본에 의해 국제 표준화 움직임이 이루어지고 있는 실정이다.

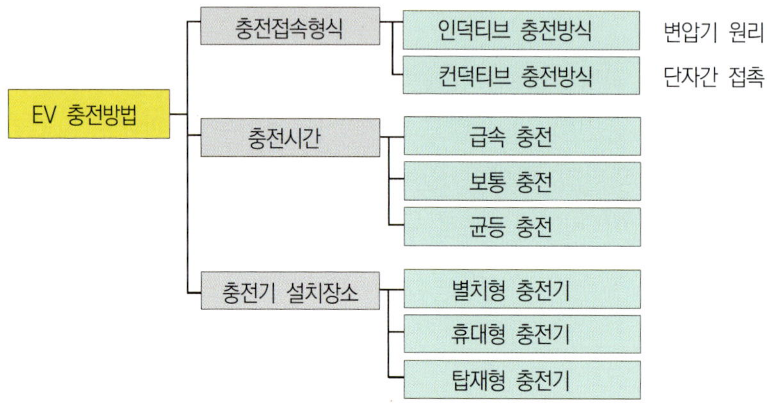

그림 60 전기자동차의 충전방법의 구분

1 OBC(On board charger)

온보드차저(OBC)는 전기자동차를 완속 충전하거나 휴대용 충전기로 가정용 플러그에 꽂아서 충전할 경우, 차량에 입력된 교류 전원(AC)을 직류 전원(DC)으로 변환하는 장치이다. 교류를 직류로 전환한다는 점에서 인버터(inverter)와 비슷해 보이지만, 온보드차저는 충전을 위한 장치이다.

(1) OBC 구조

OBC는 크게 3개의 부분으로 나눌 수 있다.

① PFC(Power Fator Correction) boost converter : 220V AC가 브릿지 다이오드를 전파 정류되며, 정류된 전압은 부스트 컨버터 회로를 통해 승압된다.

② Full bridge converter : 풀 브릿지 회로를 통해 전파 정류되며, 정류된 전압은 부스트 컨버터 회로를 통해 승압된다.

③ Full bridge rectifier : 고전압 교류는 풀 브릿지 회로를 통해 정류되며, 정류된 파형은 LC필터 회로를 통해 DC전압으로 변환되어 배터리에 충전된다.

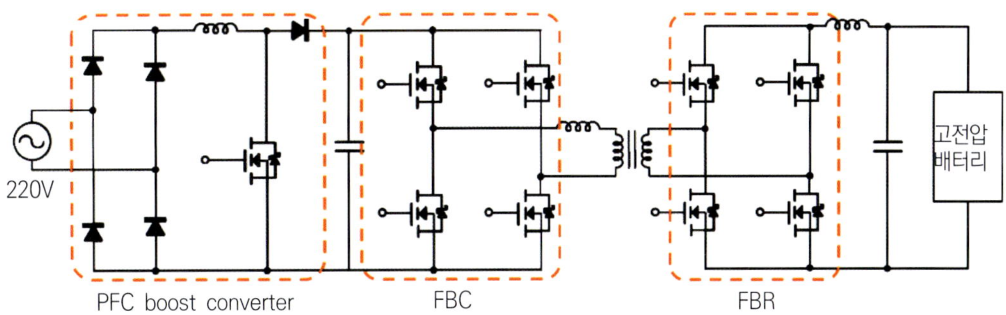

그림 61 OBC 회로도

(2) OBC의 역할

전기차 배터리 충전을 위해 AC전압을 DC전압으로 바꿔주는 종합적인 회로로 전기차 배터리 충전에 적합한 전압을 위해 1차적으로 만들어진 DC전압을 더 높여준다.

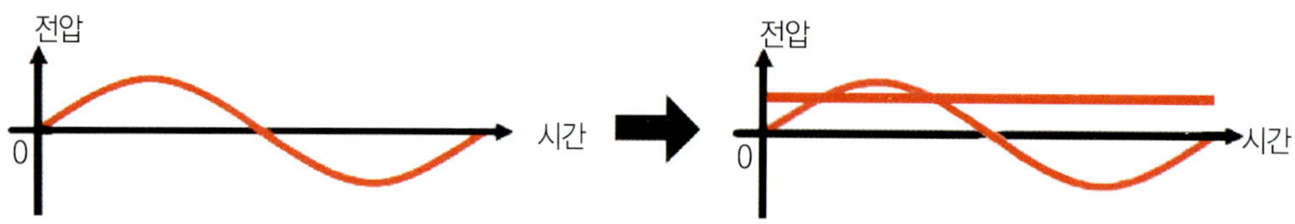

그림 62 AC 전압과 정류된 전압파형

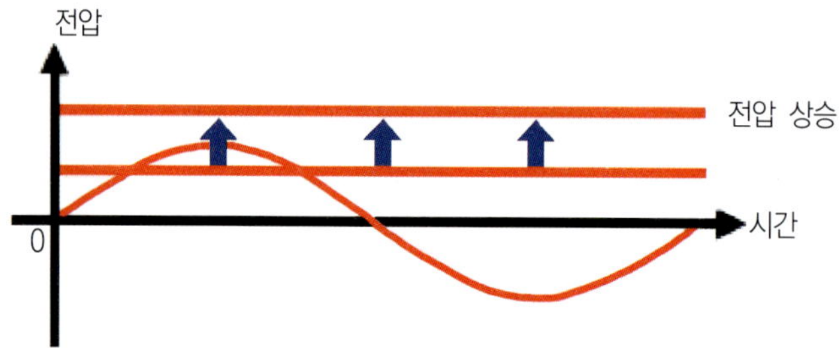

그림 63 DC전압 상승

(3) OBC 구성회로

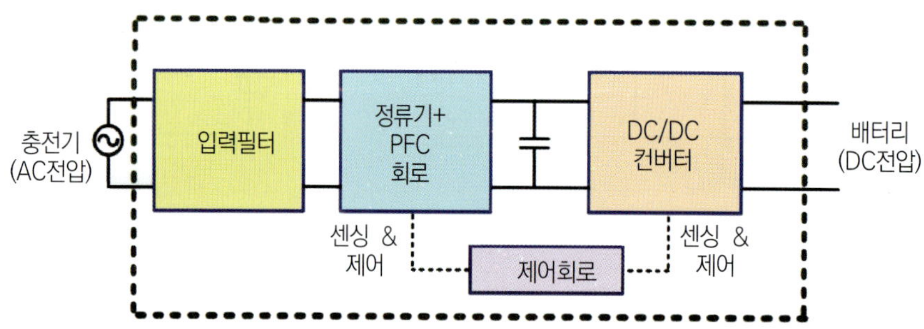

그림 64 OBC 구조도

1) 필터회로

먼저 충전기 전압이 제일먼저 거치게 되는 임프필터 즉, 입력필터는 OBC의 각종 회로에서 생성되는 스위칭 노이즈 등이 충전기 쪽으로 넘어가지 않도록 해주며, 반대로 또 충전기의 노이즈도 OBC쪽으로 넘어오지 않게 해주는 역할을 한다. 즉, 원하는 주파수 대역의 전력만이 넘길 수 있게 해주어 전력 품질을 우수하게 해주는 회로인 셈이다. 예상치 못한 큰 돌입 전류로부터 회로를 보호하기 위한 퓨즈, 또 예상치 못한 큰 돌입 전압으로부터 자신이 대신 도통되어 후속단 회로들을 보호해 주는 바리스터 등이 들어갈 수 있다.

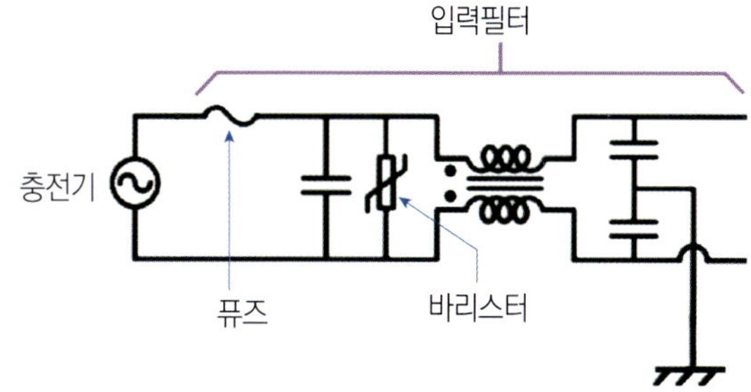

그림 65 **필터회로**

2) 정류기+PFC회로

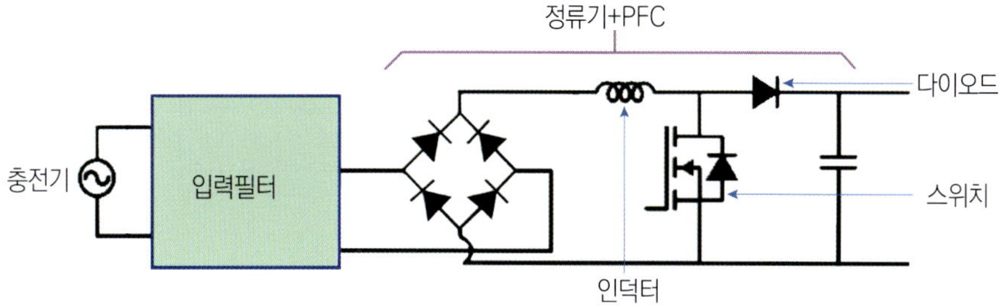

그림 66 **정류기+PFC회로**

먼저 정류기의 역할을 보면 평균 0을 맞추면서 시간에 대해서 맥동하는 전압을 4개의 다이오드로 구성된 정류기를 거쳐 평균적인 전압값을 가지는 리플이 생긴 DC전압으로 만들어 준다.

그림 67 **정류기 역할**

> 참고 **리플(ripple)**
>
> 리플은 아래와 같이 교류전원을 정류하여 직류로 만들 때 완벽하게 직류가 되지 않고, 교류 신호 일부가 남아 있는데, 이 신호를 리플 전압 이라고 한다.

앞에서 정류기가 만들어준 DC전압은 전류와 위상이 많이 틀어지게 될 경우에 전압과 전류를 곱한 파워는 극단적으로 플러스와 마이너스를 번갈아 가면서 생기면서 파워를 제대로 넘길 수 없는 구조가 생긴다. 그래서 PFC는 전압과 전류의 위상을 전력전달이 용이 하게끔 위상을 이동시켜서 (-)로 내려가는 파워가 마이너스로 내려가는 부분을 아주 작게 만들어 주어서 전력전달 즉, 배터리 쪽으로 파워를 효과적으로 넘길 수 있게 해주는 회로가 되겠다.

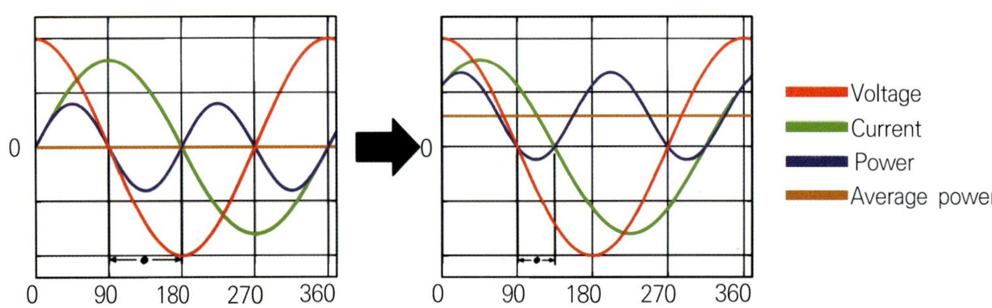

그림 68 **역률 보상회로의 역할**

뒤에 인덕터와 다이오드 및 스위치는 PFC의 핵심 구성 요소로서 앞에서 만들어진 DC전압을 이제 배터리 쪽으로 흘러가는 전류에 위상과 전력전달이 용이하게끔 맞춰주는 역할을 한다.

3) 컨버터

DC-DC 컨버터 회로에는 전압을 높여주기 위하여 부스트 계열의 부스트 컨버터에 가장 간단하게 먼저 스위치 제어를 하게 되며 ON 스테이트와 OFF 스테이트를 만들어 ON, OFF 스테이트가 굉장히 빠르게 반복되는데 1초에 몇천 번씩 이루어진다. 부스트 계열 컨버터는 2.4V에서 9V로 출력 전압으로 만들어 주는 회로이다.

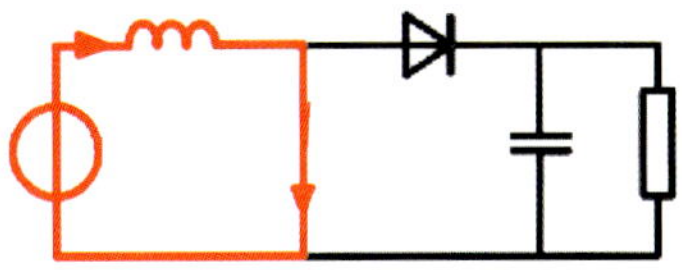

(a) On-State

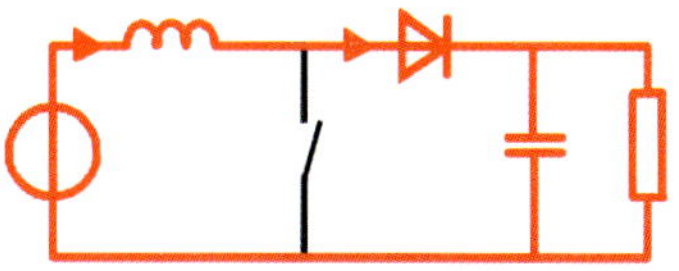

(b) Off-State

그림 69 **컨버터 회로**

4) 제어회로

회로들이 들어있는 스위치들을 실시간으로 제어를 하기 위한 인터페이스 회로를 구성해 놨다. 각 스위치들을 제어하기 위해서는 각 회로상태를 샌싱하고 그 센싱된 것을 처리해서 스위치들에게 지령을 주는 것은 마이크로 컨트롤러 또는 마이크로 컨트롤러 유닛으로 불리는 MCU이다. 제어회로는 이런 마이크로컨트롤러 인터페이스를 구성하는 회로가 된다.

2 충전 접속 형식에 의한 분류

표 7 **충전 접속 형식에 의한 분류**

구분	특징
인덕티브 충전 방식 (Inductive Charging)	· 변압기 원리를 응용한 전자유도에 의해 에너지를 전달하는 방법으로 미국의 GM과 일본의 닛산 및 토요다 등이 채택하고 있다.
컨덕티브 충전방식 (Conductive Charging)	· DC 충전 시스템(컨덕티브)으로 일반적인 전기접속방법에 따라 단자간 접촉으로 에너지를 전달하는 방법으로 미국의 포드와 일본의 혼다 등이 채택하고 있다.

전기자동차의 충전방법은 여러 방법으로 분류된다. 우선, 단자 접촉에 의해 전원 측에서 EV측으로 전류를 직접 유입하는 컨덕티브 방식과 변압기와 같이 전자유도에 의해 전기 에너지를 전달하는 인덕티브 방식이 있다.

그림 70 **전기자동차 충전**

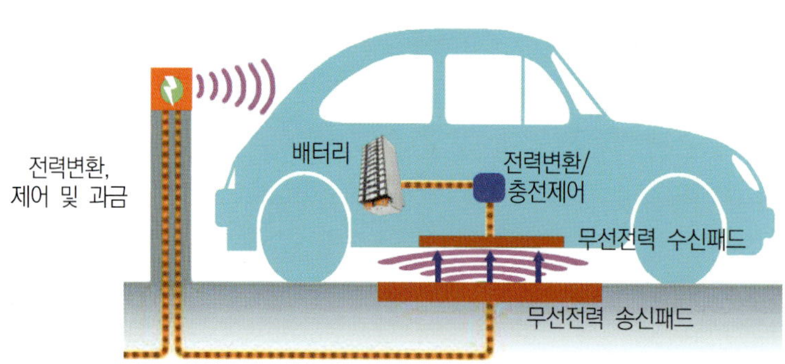

그림 71 **인덕티브 방식**

인덕티브 방식은 지금처럼 콘센트에 플러그를 꽂는 대신 전자기 유도방식을 사용한 비접촉 충전방식이다. 충전기 쪽에 붙은 코일에 교류 전류가 흐르면 자동차 쪽에 붙은 코일에서 전류가 생성되는 원리를 응용한 것이다. 지난 90년대 말, GM이 선보인 최초의 전기차 EV1은 코일이 삽입된 넙적한 플라스틱 판을 자동차 헤드라이트 사이에 집어넣는 방식을 택했다. 플러그를 직접 꽂지 않기 때문에 비교적 안전하다는 장점이 있지만, 설비가 복잡해서 가격이 높고, 코일간 거리가 멀어질수록 효율이 낮아진다는 단점도 있다.

최근 닛산은 비접촉식 충전이 무선 충전으로 진화할 가능성도 염두에 두고 있다. 충전기에 해당하는 코일을 지정된 주차장 바닥에 깔아두면, 바닥에 코일을 붙인 자동차가 그 위에 주차하는 방식이다. 이는 과거 비접촉식 충전처럼 코일을 사용한 전자기 유도 원리를 똑같이 응용하되, 기술혁신을 통해 보다 먼 거리에서 두 코일간 충전이 가능해지는 것이 관건이다. 과거 헤드라이트 사이에 집어넣는 방식일 때 자동차와 충전 플라스틱 판과의 거리가 5㎝ 내외였다면, 무선충전 일 때는 코일간 거리가 주차장 바닥에서 자동차 밑판에 이를 정도로 늘어나야 하기 때문이다.

3 충전시간에 의한 분류

충전시간의 장단에 의한 구분이 있다. 소전류로 장시간(8시간 정도)하는 보통충전과 대전류로 단시간 30분(정도) 충전하는 급속충전이 있으며 이 중간시간으로 충전하는 경우에는 중속충전이라고 한다. 이 충전전류를 크게 함으로써 충전시간이 단축되는데 충전기 용량이 커져 무거워지고 코스트도 높아진다.

① 급속충전 : OBC를 통해 교류를 직류로 변환하는 완속 충전과는 달리 급속충전은 충전기에서 전력을 직류로 변환해 배터리로 바로 공급한다. 충전기에 따라 조금씩 다르지만, 약 450V 전압에 작게는 50kW에서 많게는 350kW의 전류로 전기차를 충전하게 되는데 보통 완충까지 20~30분 정도로 약 80% 정도까지 충전한다. 단, 급속충전의 경우 만충전은 불가능하다.

② 보통충전 : 야간에 교류 220V를 사용하여 적은 전력으로 만충전 시키는 방법으로 전기자동차의 기본이 되는 충전방식이다. 심야전력제도를 이용하면 경제적으로 충전할 수 있다.

③ 균등충전 : 전지의 충전상태를 초기조건으로 되돌리기 위해 정기적으로 충전하는 방식이다.

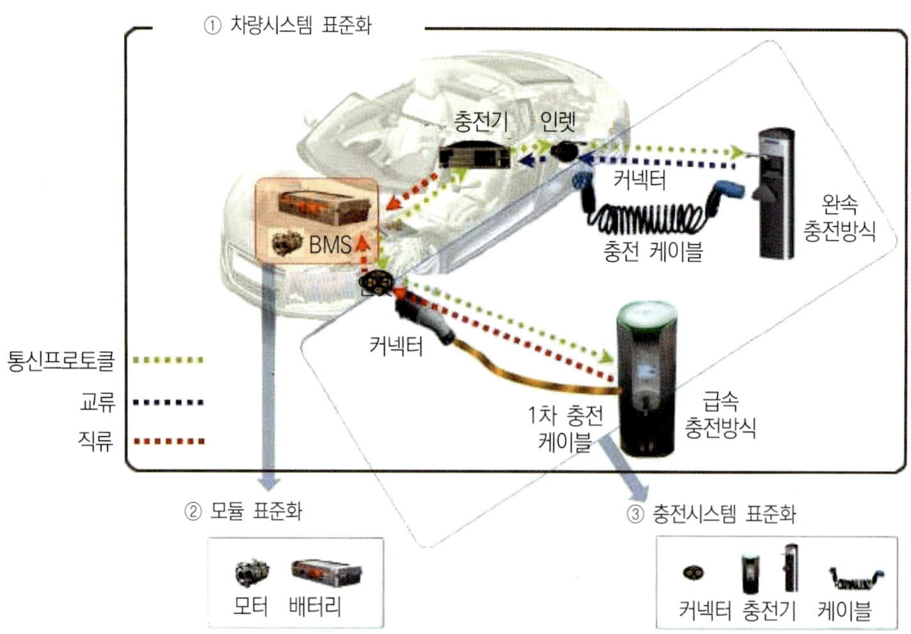

그림 72 **전기자동차의 충전방법**

또한 충전기의 부착장소나 이용형태에 따라서도 분류된다. 일반적으로 EV내에 내장되거나 부착되거나 하는 차재충전기, 차고 등에 두는 고정충전기 및 공공주차장이나 가솔린 보급 스테이션에 병설되는 공공이용 충전기로 분류된다.

EV는 안전 확보를 위해 충전 중에는 주행할 수 없도록 오발진 방지기능을 갖고 있으므로 충전용 배선이나 부품일부는 주행시의 전동기 제어회로와 공용이 가능하고 최근의 EV는 충전회로와 전동기 제어 회로를 통합한 합리화가 도모되고 있다.

시스템은 조작 패널에서 보통충전과 중속충전의 모드 전환이 가능하고 충전 컨트롤러에 의해 주전지의 보충전 균등충전이 자동적으로 제어된다. 또한 각종 제어신호를 상시 감시하여 이상이 있으면 경보 램프를 점등함과 동시에 시스템 동작을 안전한 상태로 이행시킨다.

EV의 충전은 자택 또는 주거지에서의 보통충전이 기본이지만 출장지에서의 주행거리를 연장시키기 위한 보충전도 필요하다. 기존의 가솔린 스탠드에 EV용 급속 충전설비, 천연가스 자동차나 메탄올 자동차용 연료 공급설비를 병설하는 국가적 프로젝트의 에코 스테이션 2000계획이 추진되고 있다.

이 에코 스테이션 충전설비는 야간의 잉여전력을 전지에 저장해 두고 EV에 30분간 급속충전을 하는 것으로서, EV측에서 보내지는 충전에 관한 요구신호에 따라 충전제어가 행해진다. 이와 같은 공공이용 충전설비에 관해서는 장래의 혼란을 예방하기 위한 표준화가 중요하며 설치개시에 앞서서 규격이 제정되었다. 이 규격(일본전동차량협회 규격 : JEVS)에서는 충전 스탠드와 EV를 접속하는 커넥터와 양자간의 통신 프로토콜 등을 규정하고 있다.

고정충전기는 앞으로 차재충전기로 순차 이행할 것으로 생각된다. 차재충전기에 있어서 이제부터 실현해 나갈 것으로 생각되는 기능은 심야전력 대응, 단전지의 개별 충전과 열화판정, 원격조작 및 홈 오토메이션과의 링크, 충전상태의 외부 모니터 각종 전지 자동대응 고장진단 등이다.

공공이용 충전기에 대해서는 각종 전지 자동대응, 잔존용량의 산출 표시와 전기요금 과금, 장난 방지, 셀프 서비스 대응, EV 충전정보 관리, POS 대응 등의 기능이실현되어 나갈 것으로 생각된다. 또한 전지 소모로 움직이지 않게 된 EV의 구출용 출전식 이동 전원차도 필요할 것이다.

참고 급속충전보다 완속 충전방법이 유리?

- 전기자동차의 가장 큰 걸림돌은 비싼 전지 가격과 오랜 충전 시간이다. 현재 전기자동차의 활성화를 위하여 충전소 건립이 민간업체 주도로 이뤄지는 만큼 투자비용이 비싼 급속충전보다는 비용이 적게 드는 완속충전기를 적극 활용해 충전 인프라 보급률을 높이는 것이 중요하다. 이와 관련하여 국내 전기자동차 충전 방식이 "급속" 에서 "완속" 으로 이동 중인 것으로 나타났다.
- 급속충전 인프라 부족 문제 해결 방안을 위해 연구한 결과, 전기자동차 및 충전기 제조업체는 급속보다 완속충전으로 문제를 해결할 수 있다고 판단, 최근 완속충전을 위한 인프라 구축에 힘을 싣고 있다.
- 완속충전의 경우 초기 진입 비용을 낮출 수 있는 데다 충전 인프라 확충으로 전기자동차 보급에 한 걸음 접근해 정부와 해당 업체는 물론 소비자까지 모두가 윈-윈 할 수 있다고 보기 때문이다. 나아가 전기자동차 전지 자체를 교환하는 방식까지 고려하면서 전기자동차의 단점인 짧은 주행거리를 보완할 수 있다는 주장을 내놓고 있다.
- 완속충전소는 수백만원 대인 반면 급속충전소는 수천만원의 설치 비용이 드는 점을 감안한다면 전기자동차 보급을 위해선 언제, 어디서든 충전할 수 있는 완속충전 인프라를 구축이 타당하다고 관계자는 강조한다.
- 급속충전기는 380V로 직류전류(DC)를 공급하여 직접 전지를 충전해야하나 완속충전기는 저렴한 가격 이외 충전 시 일반 가정용 전기를 사용할 수 있기 때문에 각광 받는 또 하나의 이유이다. 완속충전기는 220V의 교류전류(AC)를 전기자동차로 흘려보내 OBC라는 장치를 통해 380V로 승압, 전지를 충전하게 된다.
- 전기자동차 관련 업계에서는 완속충전기의 경우 시간이 오래 걸린다는 단점이 있지만 어디서든 충전할 수 있다는 장점이 있어 당장 실용화가 가능할 것으로 보고 있다.
- 전기자동차 관계자는 차에 직접 충전하는 것보다 전지 자체를 교환하는 방식에 집중, 충전문제를 해소할 수 있다는 입장이다. 이 경우 택시나 렌터카 등에 유용할 것으로 전망되고 있다.
- 전기자동차 관계자는 기존 내연기관차의 경우, "연료=주유소"이었으나 전기자동차의 경우는 "주차장=충전"이라는 개념으로 변화할 것이다.

4 충전기의 설치장소에 따른 분류

표 8 충전기의 설치장소에 따른 분류

구분	특징
별치형 충전기	· 충전기를 차량외부인 주차장이나 주유소 등에 설치하는 방식으로 인덕티브 충전과 급속충전 등이 이러한 방식에 해당된다.
휴대형 충전기	· 별치형을 개량하여 휴대할 수 있도록 사용 편의성을 높인 형태이다.
탑재형 충전기	· 충전기를 차량에 탑재하고 이동하다가도 교류전원이 있으면 충전이 가능한 형태로 충전기를 설치할 필요가 없이 전원만 있으면 충전이 가능하므로 편리하다.

5 차량 충전기 종류

(1) AC 단상 5핀

AC단상 5핀은 국내 완속 충전 표준 커넥터이며 전 세계적으로도 많이 사용되는 충전 타입이다. 일반적인 교류전원을 사용하고 통산 220V/32A, 7㎾급이다. 국내는 르노와 SM3를 제외하고 모두 연결이 가능하며 대부분의 국내 출시된 플러그인 하이브리드(PHEV) 차량의 충전 타입이다.

(2) AC 3상 7핀

AC3상 7핀은 3상을 지원하는 7개의 핀으로 구성되어 있고, 급속과 완속을 모두 사용할 수 있는 표준형이다. 하지만 고속 충전시 직류 전원을 사용하는 다른 표준들과 다르게 고속 충전에서 교류 전원을 사용한다. 최대 용량은 43㎾ AC이며 국내는 르노 삼성의 SM3와 초소형 전기자동차 D2의 타입이다.

(3) AC 3상 7핀 DC 차데모

DC 차데모는 일본을 중심으로 만들어진 급속 충전 표준이다. 차데모는 급속 전용 충전 플러그이기 때문에 완속 충전을 위한 플러그가 별도로 필요하다. 국내에서는 현대,

기아에서 생산한 차량들이 이 방식을 사용하고 있다. 하지만 차량에 공간을 많이 차지하는 문제가 있으며 유럽과 미국을 주도로 표준이 만들어지고 있는 DC 콤보에 밀려 시장에서 점유율이 낮아지고 있다.

(4) DC 콤보

DC 콤보는 미국, 유럽을 위주로 만들어진 급속 충전 표준으로 타입1과 타입2로 나뉜다. 특히 타입1은 미국과 한국의 급속 충전 표준이다. 타입1은 100㎾ 이상의 고속 충전을 지원하고 있기 때문에 빠른 속도로 급속 충전을 할 수 있으며 전원의 공급은 직류 전원을 사용한다. 현재 지원하고 있는 차종으로는 BMW, i3, 쉐보레 스파크 EV, 현대 아이오닉 일렉트릭, 현대 코나 일렉트릭, 니로 EV가 있다. 타입2는 타입1과 충전구의 모양이 다르고 AC 3상의 7핀에 DC연결핀이 있는 구조이다.

구분	AC단상 5핀 (완속)	AC 3상 7핀 (급속/완속)	DC 차데모 10핀 (급속)	DC 콤보 7핀 (급속)
충전기 커넥터		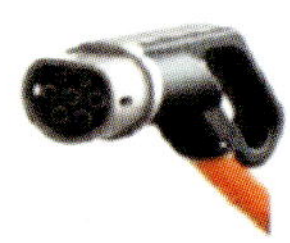	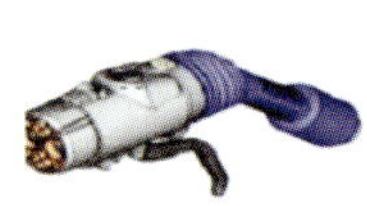	
차량측 소켓			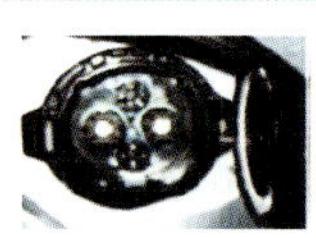	

그림 73 충전기 종류

6 V2L(Vehicle to Load)

최근에는 국내 전기차를 중심으로 V2L 기능을 제공하는데 전기차의 배터리를 활용해 인버터 없이 외부에서 220V전력을 쓸 수 있는 기능이다. 특히, 일반 가정에서 제공하는 전류량과 비슷한 3.6㎾를 공급하기 때문에 가정용으로 나오는 거의 모든 제품을 외부에서 쓸수 있는 장점이 있다.

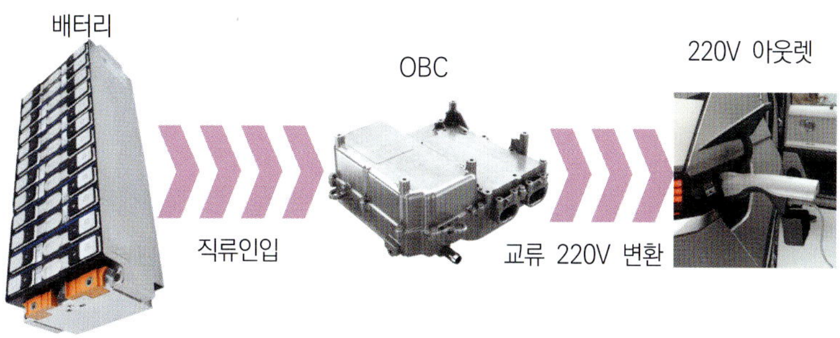

(a) V2L 원리

(b) V2L 사용 예

그림 74 V2L

09 감속기

전기차량의 모터는 분당 회전수(RPM)가 내연기간 엔진보다 훨씬 높고 차량의 토크, 출력, 속도를 결정하다 보니 적절한 토크를 얻기 위해 감속기를 사용해 모터의 회전수를 내려준다. 내연기관처럼 변속기를 사용하지 않는 이유는 최대토크가 출발과 동시에 나오고 인버터를 통한 전압, 주파수 조절로 변속기 없이도 속도조절이 용이하기 때문이다.

감속기는 모터의 특성에 맞춰 동력을 바퀴에 더 효율적으로 전달하기 위해 고안된 일종의 변속기이다. 회전수를 상황에 맞게 바꾸는 변속이 아닌, 회전수를 하향 조정(감속)해야 하기 때문에 변속기가 아닌 감속기라고 부른다. 감속기는 모터의 회전수를 필요한 수준으로 낮춰 전기차가 더 높은 회전력(토크)을 얻을 수 있도록 한다. 감속기의 기어비는 고정되어 있는데, 보통 7.2~9.4 : 1로 되어 있다.

(a) Offset Type A (b) Offset Type B (c) Inline Type

그림 75 EV 감속기

10 AHB(active hydraulic booster)

EV모드는 엔진이 OFF이기 때문에 엔진의 진공을 이용한 기존의 브레이크 진공 부스터(brake vacuum booster)를 사용할 수가 없다. 그렇기 때문에 AHB (Active Hydraulic Booster)시스템을 새로 적용하여, AHB의 HPU(Hydraulic Power Unit)에서 직접 유압 생성하여 제동력 확보가 가능해졌다. 동시에 감속 혹은 제동시 발생되는 운동에너지를 전기에너지로 변환시켜, 고전압 배터리를 충전하는 역할을 한다. 이를 회생제동이라고 하며, 연비향상의 효과가 있다.

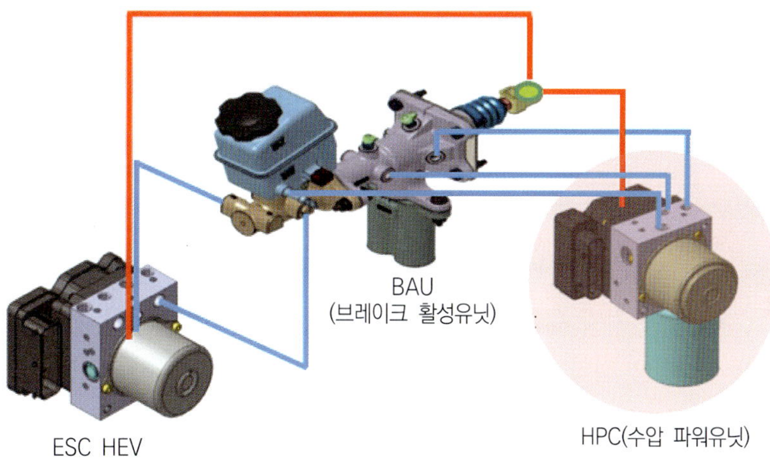

그림 76 Active Hydraulic Booster의 개념

11 전기차 히트 펌프 시스템

그림 77 현대 전기차 히트 펌프 시스템

전기차에는 엔진이 없으며, 모터에서 발생하는 열은 중온 수준이다. 또한 열이 일정하지 않아 난방을 위해 사용하기가 어렵다. 보통 전기차는 PTC 히터를 별도로 장착하여 난방을 한다. 하지만, PTC 히터는 배터리의 전기를 사용하며, 전기 에너지를 많이 소모하기 때문에 겨울철 전기차 주행거리가 감소한다는 큰 단점이 있다.

겨울철 난방시 PTC 히터를 효율적으로 사용하고, 전기에너지 소비를 최소화하기 위해 탄생한 시스템이 바로 히트 펌프 시스템이다. 히트 펌프 시스템은 별도의 열 공급원이 없어도 대기열 및 부품의 폐열에서 에너지를 회수할 수 있다. 따라서 적은 에너지를 소비해 큰 난방 효과를 얻는 시스템이다.

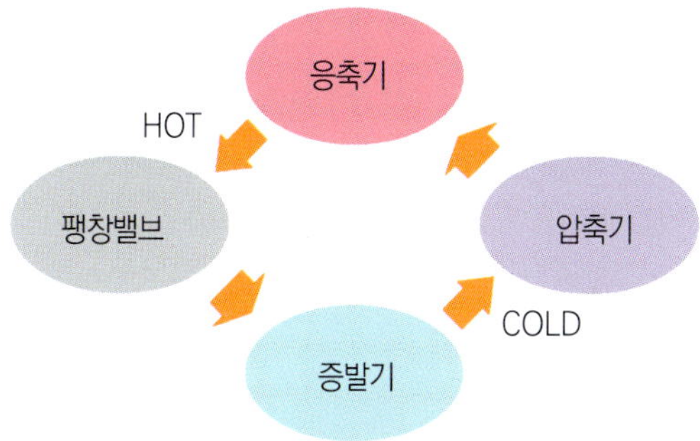

그림 78 **히트 펌프 시스템 원리**

히트 펌프 방식은 냉동장치 또는 에어컨 방식의 원리를 사용한 것이다. 냉동장치는 크게 4개의 기기로 구성되어 있는데, 압축기, 응축기, 팽창밸브, 증발기로 구성되어 있고, 압축기는 냉매 증기를 증발기에서부터 흡입하고 증기를 압축하여 고온 고압의 가스로 응축기에 보내면 응축기는 고온 고압가스를 냉각하여 열을 방출하고 냉매는 액화된다. 냉매액은 팽창밸브를 통과하면서 압력이 낮아지고 증발기로 이동한다. 증발기는 냉매액을 증발시켜 주위의 열을 흡수하여 주위를 차갑게 만든다.

1 냉방 모드

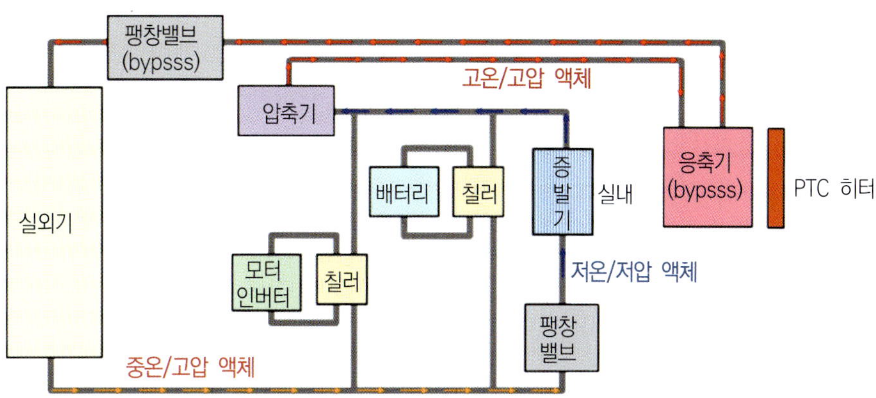

그림 79 **냉방모드**

냉방 모드는 압축기의 고온 고압의 기체가 실내의 응축기를 통과하면 이때 응축기와 팽창밸브는 상태변화 없이 통과하게 된다. 실외기에서 열 교환을 끝내면 냉매는 중온 고압의 액체가 되고 팽창밸브를 지나 저온 저압의 액체가 되고, 냉매는 증발기를 통과하여 저온 저압의 기체가 되어 다시 압축기로 들어가게 된다. 그리고 밸브 및 칠러를 통해 배터리와 열 교환을 한다.

2 난방 모드

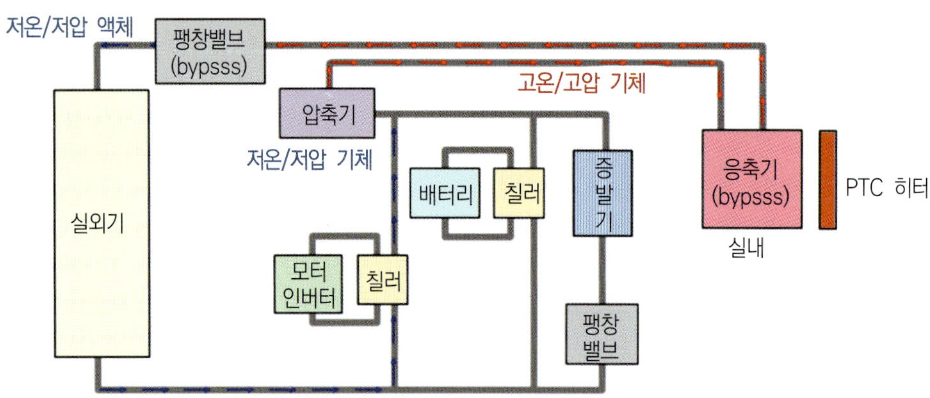

그림 80 **난방 모드**

난방 모드는 압축기의 고온 고압의 기체가 실내기를 지나 팽창밸브까지 공급되면, 이때 오리피스관을 통해 저온 저압 액체가 되어 실외기로 들어간다. 실외기를 통과하면 저온 저압의 액체/기체가 혼재되어 있으며 모터/인버터 칠러를 통과하며 이때 모터와 인버터의 전장 폐열을 통해 열 교환을 한다. 압축기로 들어가기 전 어큐뮬레이터를 통과하여 기체 상태의 냉매만 압축기로 들어간다.

3 난방 중 제습 모드

난방 중 제습 모드는 난방과 냉방을 같이 진행하는 사이클이다. 팽창 밸브를 통과한 저온 저압의 냉매가 실외기를 통과함과 동시에 또 다른 경로로 증발기로 유입되어 실내 제습을 한다.

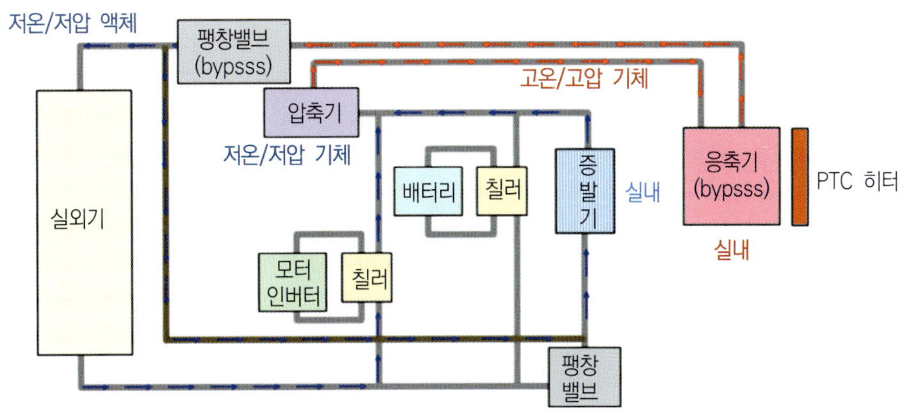

그림 81 난방 중 제습 모드

CHAPTER

04

전기자동차 전지 (Electric Vehicle Battery)

01 전기자동차 전지의 특징

1 개요

전기자동차의 각 부품 중에서 가장 중요한 역할을 하는 것 중의 하나는 전지이다. 기존의 내연기관에서 화석연료를 대체하는 근원적인 에너지원인 전기를 저장하는 장치이기 때문이다. 그러므로 전지 기술이야말로 성능 좋은 전기자동차를 만드는데 가장 핵심적인 사항이기도 하다.

그림 1 리튬이온전지

최근 들어 전자, 통신, 컴퓨터 산업의 급속한 발전에 따라 캠코더, 휴대폰, 노트북 PC 등이 출현하였고, 이에 따라 가볍고 오래 사용할 수 있으며, 신뢰성이 높은 고성능의 소형 2차 전지 개발이 절실히 요청되고 있다. 또한 환경 및 에너지문제의 해결 방안의 하나로 전기자동차의 실현과 심야 유휴전력의 효율적 활용을 위한 대형 2차 전지의 개발이 심각히 대두되고 있다.

2차 전지 중 Ni-Cd(Nickel-cadmium) 및 Ni-MH(Nickel-Metal Hydride) 전지는 메모리 효과와 유해한 Cd 사용 등으로 인해 점차 시장에서 입지가 좁아지고 있으며 휴대용 IT 기기에는 리튬이온 전지가 가장 큰 시장 점유율을 가질 것으로 예상되며, 리튬폴리머 전지는 Ni-MH 시장을 잠식하며 꾸준히 성장할 것이다.

리튬 2차 전지는 전해질 형태에 따라 유기용매 전해질을 사용하는 리튬금속전지 및 리튬이온 전지와 고체고분자 전해질을 사용하는 리튬폴리머 전지로 나눌 수 있다.

리튬금속 전지는 리튬금속을 음극으로 사용하는 것으로 싸이클 수명 및 안전성이 낮아 상용화에 어려움을 겪고 있으며, 이를 극복하기 위해 리튬금속 대신 카본을 음극으로 사용하는 리튬이온 전지가 개발되어 상용화되고 있다. 현재는 일본뿐만 아니라, 우리나라의 여러 전지회사에서 양산을 하고 있으며 특히, 국내의 몇몇 기업에서 리튬이온 전지에 대한 대량생산 체제를 갖추고 세계시장에서의 점유율을 높이고 있다.

리튬폴리머 전지인 경우는 음극으로 리튬금속을 사용하는 경우와 카본을 사용하는 경우가 있어 카본음극을 사용하는 경우는 구별하여 리튬이온폴리머 전지로 표기하는 경우가 있으나, 대부분의 경우 편의상 리튬폴리머 전지로 통용하고 있다.

리튬금속을 음극으로 사용하는 전지의 경우는 충방전이 진행됨에 따라 리튬금속의 부피변화가 일어나고 리튬금속표면에서 국부적으로 침상리튬의 석출이 일어나며 이는 전지 단락의 원인이 된다. 그러나 카본을 음극으로 사용하는 전지에서는 충 · 방전시 리튬 이온의 이동만 생길 뿐 전극활물질은 원형을 유지함으로써 전지수명 및 안전성이 향상된다.

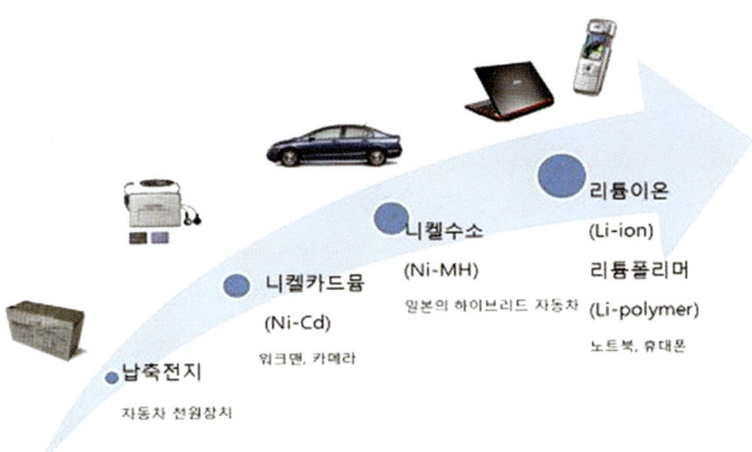

그림 2 2차 전지의 발전

2 전지의 발전동향

충·방전을 반복하면서 전기에너지를 전달하는 2차 전지는 이동통신 단말기, 노트북 컴퓨터, PDA 등 휴대용 정보기기의 발달과 함께 빠르게 성장하고 있다. 여러 번 재사용이 가능한 2차 전지는 한 번의 방전을 통해 전기에너지를 이용하게 되는 1차 전지에 비하여 환경보전, 자원 절약 등 다양한 면에서 잇점을 가지고 있다. 대표적인 2차 전지로는 니켈카드뮴 전지(Ni-Cd), 니켈수소 전지(Ni-MH), 리튬이온(Li-Ion) 2차 전지, 리튬이온 폴리머 전지 등이 있다.

2차 전지 시장의 대부분을 차지하고 있는 이들 전지는 구성 재료와 전기 화학적 특성이 서로 다르다. 전동공구 등에 주로 쓰이는 니켈카드뮴 전지는 1990년대 중반까지 2차 전지 시장을 주도하였다. 그러나 니켈카드뮴 전지는 음극재로 쓰이는 중금속인 카드뮴이 인체에 해롭고 환경오염을 일으킬 우려가 있으며, 에너지 밀도가 낮다는 단점 때문에 시장이 빠르게 위축되고 있다.

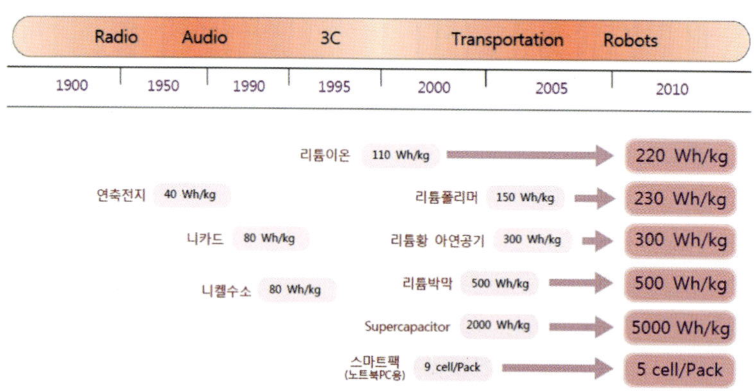

그림 3 전지의 발전전망

1990년대 초 등장한 니켈수소 전지는 높은 에너지 밀도와 저렴한 가격을 바탕으로 기존의 니켈카드뮴전지를 대체하면서 안정적인 시장을 형성하고 있다. 아직까지는 Ni-MH의 가격이 리튬이온 전지에 비해 싸고, 품질이 안정적이며, 기기에 따른 전압특성으로 인해 Ni-MH를 계속 채용하는 경우가 있으나, 기기에 기능이 다양하게 추가되고 휴대용 기기의 개발이 활발하여 사이즈 대비 고용량화의 필요성이 절실하여 리튬 이온계 2차 전지의 개발이 더욱 가속화되는 실정이다.

전지의 발전방향을 요약하면 리튬이온전지의 고용량화, 슬림화와 형상을 자유자재로 바꿀 수 있는 리튬이온 폴리머 전지의 성능 개선으로 요약할 수 있다. 더 나아가 차세대 전지로서 새로운 분야에 대한 연구개발이 활발히 진행 중이다. 이에 대한 응용 기기로 현재는 휴대폰, 노트북 PC, 캠코더에 응용이 되고 있으나, 향후 고출력전지로 설계하여 전기자전거, 전기자동차용으로 개발되어 떠오르는 시장에 대응하고 있다.

3 전지의 역할

전 세계의 자동차를 소유하고 있는 이들은 환경에 대한 관심의 증가와 고유가 때문에 자동차의 재구입시 하이브리드자동차, 전기자동차 등에 대한 구입의 유혹에 많은 관심을 보이고 있다. 전 세계 승용차와 트럭 99퍼센트가 화석연료로 움직인다. 기름 의존도를 낮추기 위해서는 전지 또는 전기자동차 등 대체 교통수단으로 전환하는 것이 필수적이다.

미래의 전기자동차 전지는 그 가격을 낮추고 에너지 축전 용량 및 사용 가능 기간을 연장시키는 것이 필요하다. 축전용량의 경우 리튬이온 전지, 리튬폴리머 전지, 공기 아연 전지를 통해 증가된 용량을 확보할 수 있을 것이다.

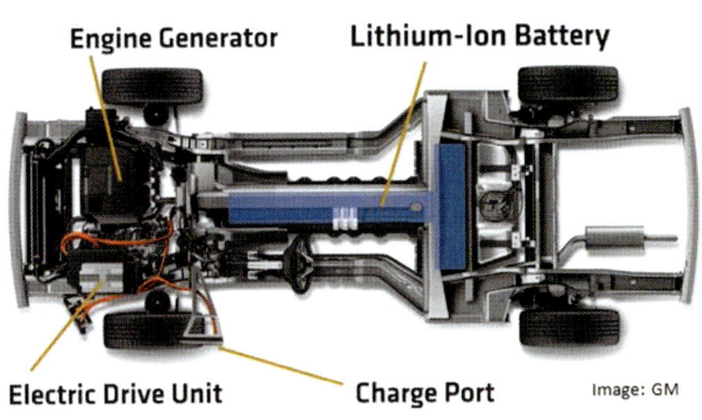

그림 4 전기자동차의 구조

전기자동차가 실질적인 성공을 거두려면 전지기술이 발전해야 한다. 안전, 충전 시간, 전력 전달, 극한 온도에서의 성능, 환경 친화성, 수명이 오늘날 전기자동차에 이용할 수 있는 충전식 전지 기술의 문제이다.

전기자동차는 리튬이온 전지, 리튬폴리머 이온 전지를 제품에 채용하는 추세이다. 예를 들어, 도요타 자동차의 프리우스, 캠리, 하이랜더는 밀폐형 Ni-MH 전지 팩을 사용하여 전기모터에 전기를 공급하였으나 리튬이온 전지와 비교할 때 Ni-MH의 전력 수준이 낮고 자가방전율이 높다. 보관 수명이 3년에 불과한 Ni-MH는 EV에 적합하지 않다.

그림 5 Li-ion Battery

기존 리튬이온 전지는 특정한 높은 에너지를 제공하고 무게가 가볍다. 그러나 높은 가격, 극한 온도의 불용, 안전(리튬이온 전지의 가장 큰 장애 요인임) 때문에 이 전지는 적합하지 않다.

도요타는 안전에 대한 염려 때문에 리튬이온 전지를 장착한 신형 장거리 주행 하이브리드의 출시를 연기한 경험이 있다. 기존 리튬이온 전지는 수명이 3~5년이고 충전 주기는 1,000사이클이다. 다른 문제는 적절한 전지 수명 범위를 보장할 수 있는 리튬이온 전지의 크기이다. 랩톱이나 휴대폰의 경우 사용하는 동안 전원연결이 가능하기에 제조업체에서 제공한 작동 시간보다 짧아도 용인되지만 자동차에는 이러한 장치가 없다.

표 1 전지의 특징

종류	특징	사용 예
Ni-MH 전지 (니켈메탈하이드라이드)	· 전력 수준이 낮다. · 자가 방전율이 높다. · 보관 수명이 3년에 불과하다. · 메모리 효과를 갖는다.	· 도요타 프리우스, 캠리, 하이랜더
리튬이온 전지	· 특정한 높은 에너지를 제공 · 무게가 가볍다. · 높은 가격 · 극한 온도의 불용 · 안전에 문제 있음(가장 큰 장애 요인)	· GM 볼트 · 현대기아차, 지엠, 포드, 장안기차

참고 **메모리 효과**

① 2차 전지로 흔히 사용되는 것이 니카드전지이다. Ni-Cd(니카드=니켈카드뮴), Ni-MH(니켈메탈하이드라이드)전지 등은 공통적으로 니켈이 포함된다.

② 이러한 전지는 메모리 효과를 가진다. 리튬이온 전지는 리튬산화물질로 + 극을 만들고, 탄소로 - 극을 만든다. 휴대폰을 사용하기 시작하면 + 극의 리튬이온이 중간의 물질을 지나서 - 극의 탄소격자 속으로 들어간다. 이때, 극판에 손실이 거의 없기 때문에 장수명 특성을 가진다.

③ 니켈로 만든 전지에서는 활물질로 사용된 NiOH에서 OH가 떨어졌다 붙었다 하면서 전하를 전달하는 현상이 바로 충전과 방전이라는 전기적 흐름으로 나타난다.

④ 여기서 shallow charge-discharge를 반복을 하면, 즉 조금 사용하고 다시 충전하고, 조금 쓰고 또 충전하고 하면 NiOH는 고용체를 형성하게 되는데 이 고용체의 형성은 비가역적인 반응이므로 한번 고용체가 생성이 되면 다시는 되돌아가지 못하게 되어 남아있는 용량을 사용하지 못하게 된다. 이와 같이 전지가 마치 사용할 수 있는 용량의 한계를 기억하는 것과 같은 이러한 현상을 메모리효과라고 한다.

⑤ 따라서 Ni(니켈)을 포함하고 있는 전지는 완전충전(100%충전)하였다가 완전방전될 때까지 사용하는 것을 반복하는 것이 가장 좋은

⑥ 그러나 리튬이온 전지는 메모리 현상이 없으므로 사용자가 임의대로, 주변 환경에 따라 수시로 충전하여 사용하여도 거의 수명에 영향을 미치지 않는다. 오히려 조금 쓰고 충전하고 조금 쓰고 또 충전하고 하면 Ni-계 전지와는 정반대로 수명이 길어지는 효과가 있다.

⑦ 이러한 이유 때문에 리튬이온 전지가 Ni-계 전지보다 훨씬 비싼데도 수요가 늘어나고 사용자가 찾게 되는 것이다.

4 전지가 갖춰야 할 조건

전지가 터무니없는 가격대를 형성하고 있다면 정부의 보조금이 나온다고 할지라도 쉽게 구할 수 없는 상황에 처하게 된다. 특히 전지는 수시로 교환해 주어야 하는 소모성 부품으로 가격이 비쌀 경우 그 부담감은 소비자들에게 무척 큰 짐으로 전락할 수밖에 없다. 따라서 전지가 갖춰야 할 조건은 다음과 같다.

첫째, 자동차 자체의 보조금은 물론 전지에 대한 보조금 또는 기술적 발전을 통한 생산성, 효율성 향상으로 전지 자체의 가격을 낮추는 것이 시급하다.

둘째, 안전성이다. 손안에 들어오는 작은 전지 폭발로 크고 작은 사건 사고가 발생하는 것을 볼 수 있었다. 그런데 그 보다 수십, 수백배 큰 자동차 전지가 폭발하는 사고가 발생한다고 했을 때 그 피해는 엄청날 것으로 예상된다. 또한, 교통사고 발생 시 충격으로 인한 전지 폭발 등이 발생하지 않도록 하기 위해 단단한 내구성과 충격 흡수율을 높이기 위한 방안 등을 마련해야 한다.

셋째, 수명이다. 차량을 교체하는 시기가 각기 다르겠지만 5~10년 정도 사용한다고 봤을 때 그 전지 수명 역시 이와 비슷하거나 그 이상의 수명을 지니고 있어야 한다. 이는 가격과도 밀접한 연관이 있다. 전지 수명이 짧다고 하더라도 그 전지 교환비용이 적절한 가격에 책정된다면 사실 수명은 기준 이상만 유지해 주면 된다.

넷째, 마지막으로 집적화이다. 무게나 부피 등을 줄일 수 있는 기술력이 필요하다. 전지가 크고 무거울 경우 결국 전지 효율대비 사용시간은 턱없이 줄어들 수밖에 없다. 따라서 집적화된 기술력을 바탕으로 작고 가벼운 하지만 반비례하여 파워, 수명은 긴 전지를 완성해야 한다.

기타, 그외에도 '전지 충전 시간', '충전을 위한 인프라 구축' 등 갖춰져야 할 부분이 많다. 이러한 점들만 보더라도 전지와 관련한 문제가 해결되는 시점이 바로 전기자동차의 대중화로 이어지는 시점일 것이다.

기존 리튬이온 전지의 충전 시에 리튬 원자(분해된 리튬 이온)는 양극 안쪽에 쌓이고 방전 시 떨어진다. 리튬 이온이 양극에 붙거나 떨어질 때 양극의 흑연판이 이동하고 변형되어 흑연판이 10퍼센트 이상 분리되고 리튬 이온 크기를 수용한다. 방전 시에는 이러한 과정이 반대로 진행된다.

전지 전 수명에 걸쳐 이러한 반복적 이동 및 변형은 흑연판을 피로하게 하고 흑연 구조의 균열을 일으킨다. 이러한 균열 때문에 입자 간 전기 접촉이 상실되고 따라서 전지의 기능, 용량, 수명이 떨어진다.

흑연 대신에 나노 크기의 리튬 티타늄 산화물을 사용할 경우 리튬 티타늄 산화물은 "변형이 0" 인 재료이다. 따라서 이 재료는 리튬 이온이 입자로 들어가고 나올 때 모양이 변형되지 않는다. 리튬 티타늄 산화물 재료는 3차원 결정 구조이다. 이 구조에는 크기가 원자와 거의 같아 리튬 이온이 들어갈 수 있는 장소가 있다. 따라서 충전과 방전 과정에서 응력이나 변형이 일어나지 않는다. 그러므로 흑연과 같은 재료를 파괴하는 입자 피로가 없기 때문에 기존 리튬이온 전지보다 자주 이 전지를 충전하고 방전할 수 있다. 기존 리튬이온 전지는 수명이 다할 때까지 약 1,000번 충전할 수 있으며 리튬 티타늄 산화물 재료를 사용하는 전지는 2만 5,000번 이상 충전과 방전을 할 수 있다.

5 전지의 구성요소

전지에는 산화제인 양극 활물질과 환원제인 음극 활물질, 양 활물질간에 있어 이온 전도에 의해 산화반응과 환원반응을 중개하는 전해액, 양극과 음극이 직접 접촉하는 것을 방지하는 격리판이 필요하다. 또한 이것들을 넣는 용기(전지캔), 전지를 안전하게 작동시키기 위한 안전밸브나 안전장치 등이 필요하다.

고성능 전지란 다음과 같은 조건을 갖추어야 한다.

① 고전압

② 고용량

③ 고출력

④ 긴 사이클 수명

⑤ 적은 자기방전

⑥ 넓은 사용온도

⑦ 안전하고 높은 신뢰성

⑧ 쉬운 사용법

⑨ 낮은 가격 등이 요구된다.

이와 같은 것을 모두 만족시키는 이상적인 전지를 얻기는 어려우므로 가능한 이와 같은 조건을 만족시키는 용도에 따라 특징이 있는 전지가 제조되고 있다. 고성능 전지를 위해서는 그 구성요소가 우수한 특성을 나타내야 한다.

(1) 양극, 음극 활물질

에너지 밀도가 큰 전지를 만들기 위해서는 기전력(electro motive force: EMF)이 크고 용량이 큰 활물질을 사용한다.

전지의 음극 활물질에는 아연이나 카드뮴, 납이 이용되어 왔지만 최근 개발되어 하이테크 전지로서 각광을 받고 있는 리튬 전지나 Ni-MH 전지는 리튬 또는 그것과 같은 정도의 환원력을 가진 리튬을 삽입한 탄소재료나 수소흡장 합금에 흡장시킨 수소가 음극 활물질로서 이용되고 있다. 리튬은 가장 환원력이 강한 재료이고 전기화학당량도 적어 음극재료로서는 가장 우수한 재료라고 할 수 있다. 리튬을 음극에 이용하는 전지는 리튬의 극히 강한 환원력을 이용하고 있기 때문에 이것과 조합시키는 재료는 상당히 다양성이 풍부하다. 따라서 리튬 전지는 다양성이 대단히 크고 그 진보도 급속하다. 개발중인 2차전지에서는 금속 나트륨이나 아연 등의 금속과 더불어 철이나 바나듐 등의 산화환원계가 검토되고 있다.

2차전지의 양극에는 수용액계에서는 납, 니켈, 은 등과 같은 산화물이나 수산화물이 이용되고 있다. 또한 산화수은도 우수한 양극 활물질로서 소형전지에 이용되어 왔지만 환경면에서 현재는 이용되고 있지 않다. 리튬2차전지에서는 비수용액이 이용되므로 망간이나 니켈, 코발트 등과 같은 산화물이 이용되고 있다. 그리고 또 바나듐 산화물이나 금속유화물 등도 검토되고 있다.

2차전지는 몇 번이고 충·방전을 반복할 수 있는 것이 요망된다. 이를 위해서는 충전하면 원래의 활물질 상태로 흔적을 남기지 않고 되돌릴 필요가 있다. 리튬이온 전지에는 음극에는 탄소재료가, 양극에는 코발트산 리튬 등이 이용되고 있다. 이 전지는 방전상태로 제조된 후, 양극에서 리튬 이온을 빼고 음극의 탄소내에 리튬을 삽입하는 충전과정이 있다. 이 전지의 충·방전에서는 양극, 음극의 반응은 모두 리튬의 삽입 탈피라고 하는 토포케미컬(Topochemical) 반응이 된다. 토포케미컬 반응이 진행할 때 호스트재료의 구조 변화가 완전히 가역이면 사이클 수명이 긴 전지가 된다.

리튬이온 전지에는 가역성이 높은 토포케미컬 반응을 하는 재료가 선택되고 있다. Ni-MH 전지의 경우에도 충·방전에 수소가 양극과 음극간에서 왕래하는 반응이 진행한다. 최근에 개발된 리튬이온 전지와 Ni-MH전지가 함께 토포케미컬 반응을 이용하고 있는 것은 흥미 있는 일이다. 이것과 연축전지를 비교해 보자. 납산축전지에서는 다음과 같이 반응이 진행한다.

$$PbO_2 + 2H_2SO_4 + Pb = PbSO_4 + 2H_2O + PbSO_4$$

이와 같이 음극 활물질 Pb와 양극 활물질 PbO_2 이외에 유산과 물이 반응에 관여한다. 엄밀하게 말하면 유산과 물도 활물질이며 이것들은 전해질 용액으로서 존재한다. 전지반응이 진행하면 그것들의 농도가 변화한다. 따라서 일정량 이상의 전해액이 필요해진다. 한편, 리튬 전지나 Ni-MH 전지에는 전해질의 양이 극히 적어도 되게 된다.

참고 **축전지 구성**

① 전극(부극과 정극)활물질
- 음극(Negative Electrode) : 전자와 양이온이 빠져나오는 전극
- 양극(Positive Electrode) : 전자와 양이온이 들어가는 전극

② 전해질 : 양극과 음극사이에서 이온이 자유롭게 이동할 수 있는 통로 역할을 함

③ 분리막 : 양극과 음극사이의 물리적으로 야기되는 전지 접촉을 방지하며, 이온의 이동은 자유롭다.

(2) 전해액

이온 전도성 재료는 전지 내에서 전기화학 반응이 진행하는 장을 제공하는 한 쪽의 주역으로서 불가결한 구성요소이다. 그러나 전술한 연축전지의 경우와 같이 기전반응에 관여하는 물질이 공존하는 경우를 제외하고 원리적으로는 그 양은 적어도 된다. 이 이온 전도체는 유산수용액이나 알칼리수용액, 리튬 전지에 사용되는 비수전해액 등과 같이 용액이 이용되는 일이 많지만 폴리머 전해질이나 무기고체 전해질, 이온 전도성 글라스 등도 검토되고 있다.

전해액은 이온 전도성이 높을 것이 요구되는 외에 충전시라고 해도 양극이나 음극과 반응하지 않을 것, 전지 작동범위에서 산화환원을 받지 않을 것, 열적으로 안정될 것, 독성이 낮으며 환경 친화적일 것, 염가일 것 등이 요구된다. 전지의 활물질은 분말로 만들어져 전해액에 점결제나 도전조제를 혼합해서 합제하여 이것을 집전체에 도포, 전지의 전극이 된다. 이 합제전극이 효율적으로 기능하기 위해서는 합제내의 이온 전도성이 높아야 한다.

(3) 격리판

전지의 기전물질은 산화제와 환원제이다. 이것들이 직접 접촉되면 자기방전을 일으킬 뿐만이 아니라 반응이 급격히 진행되어 위험하다. 격리판은 양극과 음극사이에 있어 양자의 접촉을 방지하고 있다. 물론 격리판도 이온 전도성을 나타내지 않으면 안된다. 따라서 다공성 재료를 이용하여 그 구멍 속에 전해액이 침투하여 이온 전도성을 발현시킨다. 높은 이온 전도성을 나타내는 동시에 양극과 음극의 접촉을 방지하도록 다공재료가 연구되고 있다. 그리고 산화제인 양극과 환원제인 음극에 직접 접촉되므로 화학적으로 안정되어야 하는 것이 중요하다. 2차전지의 격리판 재료로서 현재 연축전지에는 글라스 매트 등이, 알칼리 2차전지나 리튬 전지에는 폴리머의 부직포나 다공성막이 이용되고 있다.

최근의 전지에 있어서는 그 전압이 높고 에너지 밀도가 높기 때문에 폭주하면 위험하다. 예를 들면 리튬이온 전지는 이상반응이 일어나기 시작하여 전지온도가 상승하면 다공막이 반응되고 구멍이 막혀 그 이상의 반응이 진행하지 않게 되어 있다. 이와 같이 하이테크 전지에는 격리판이 극히 중요한 재료로 되어 있다.

6 전지의 분류

표 2 **원리별 분류**

구분	종류	특징
물리 전지	태양전지	· 반도체의 p-n접합을 이용하여 광전효과에 의해 태양광에너지를 직접 전기에너지로 변환하는 장치
	열기전력전지	· 반도체의 p-n접합을 이용하여 열에너지를 직접 전기에너지로 변환하는 장치
	원자력전지	· 방사성 동위원소의 에너지를 전기에너지로 변환
화학 전지	1차전지	· 화학에너지를 전기에너지로 변환시키는 전지로서, 화학변화 과정이 비가역적이거나 가역적이라도 충전이 용이하지 않음
	2차전지	· 화학에너지와 전기에너지간의 상호변환이 가역적이어서 충전과 방전을 반복할 수 있는 전지
	연료전지	· 연료(천연GAS, 메탄올, 석탄)의 화학에너지를 전기에너지로 직접 변환하는 화학발전 장치로서, 외부에서 반응물이 연속 공급되어 발전이 가능한 전지

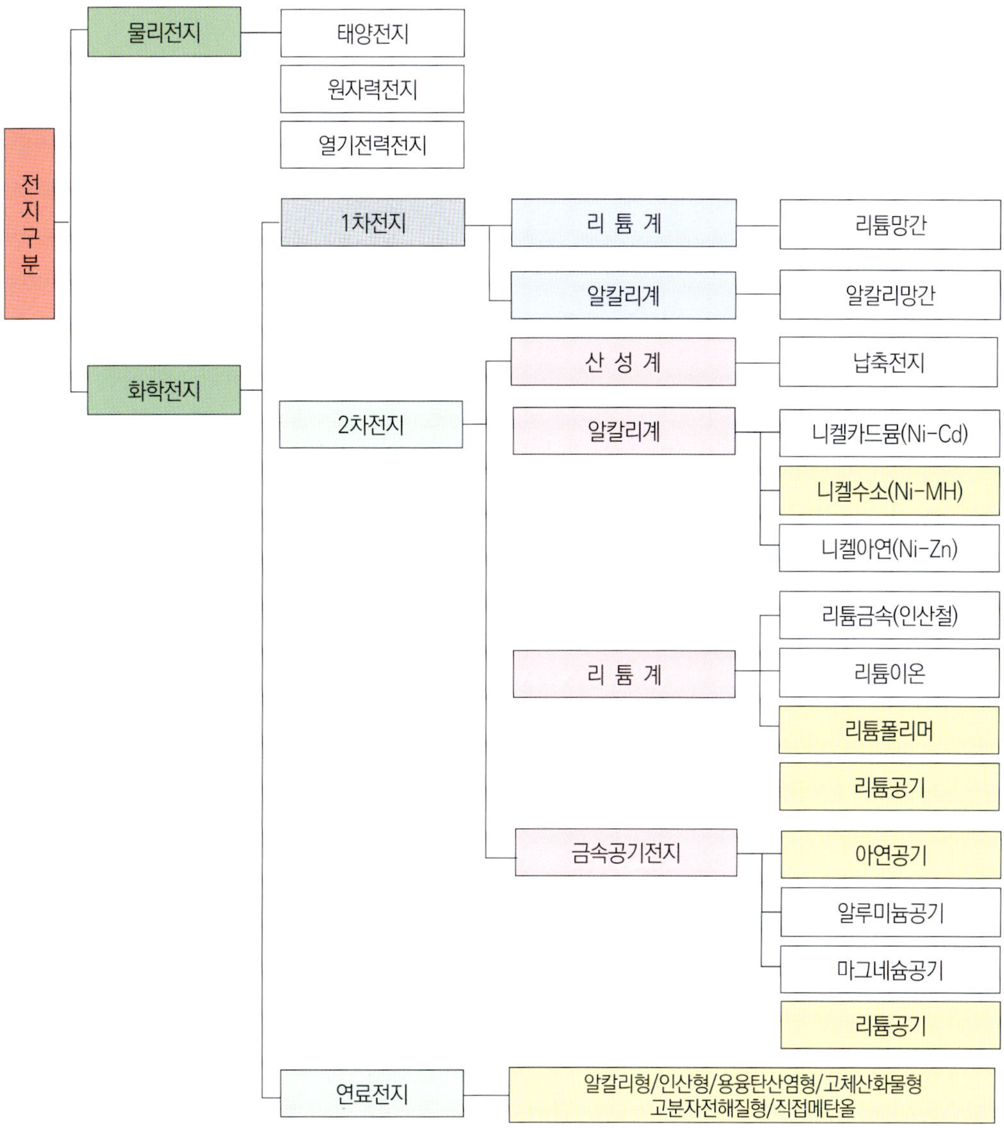
전지구분
물리전지
태양전지
원자력전지
열기전력전지
화학전지
1차전지
리 튬 계
리튬망간
알칼리계
알칼리망간
2차전지
산 성 계
납축전지
알칼리계
니켈카드뮴(Ni-Cd)
니켈수소(Ni-MH)
니켈아연(Ni-Zn)
리 튬 계
리튬금속(인산철)
리튬이온
리튬폴리머
리튬공기
금속공기전지
아연공기
알루미늄공기
마그네슘공기
리튬공기
연료전지
알칼리형/인산형/용융탄산염형/고체산화물형
고분자전해질형/직접메탄올

그림 6 **전지의 종류**

02 전지의 역사

정보시대가 개막되는 데 결정적인 역할을 하고 있는 것이 바로 전지다. 장난감에서부터 첨단제품에 이르기까지 모든 휴대형 전자제품에는 전지가 필요하다. 하지만 전지는 사용시간에 한계가 있다.

휴대폰이나 노트북 PC, 휴대형 카세트 등 휴대형 제품을 사용하다가 전지가 떨어져 낭패를 보거나 사용을 중지하고 가방 속에 집어넣어야만 했던 경험이 누구에게나 한번쯤은 있을 것이다. 그렇다고 전지를 항상 휴대하면서 쓸 수도 없는 일이다. 휴대하기 편하도록 가볍고 부피도 작으면서 오래 사용할 수 있는 전지를 개발하기 위한 노력이 끊임없이 이어지고 있는 것은 바로 이런 이유에서다. 이러한 전지의 역사는 상당히 길다.

볼타의 전퇴(voltaic pile)에서 발전한 것이 건전지인데, 요즘 가장 손쉽게 전기를 만들 수 있는 것이 바로 이 건전지이다. 몇 십년전만 하더라도 건전지는 회중전등에나 이용될 뿐, 활용가치가 적었지만 지금엔 여러 가지 전기제품에 두루 사용되고 있다. 그렇다면 전지 1개에서 나오는 에너지는 어느 정도인가? 1.5볼트 짜리 건전지는 외부저항 5Ω에서 500분간 사용할 수 있는 능력이 있다. 전지는 사용할수록 점점 전압이 떨어진다. 그러나 평균 1.3V의 전압으로 방전했다고 치면 역학적 에너지로 환산하여 1kg의 물체를 1000미터 높이로 들어 올리는 에너지에 상당한다.

건전지는 1878년 프랑스의 르크랑셰란 사람이 발명한 르크랑셰 전지를 휴대용으로 편리하게 간소화한 것인데, 망간전지라고도 한다.

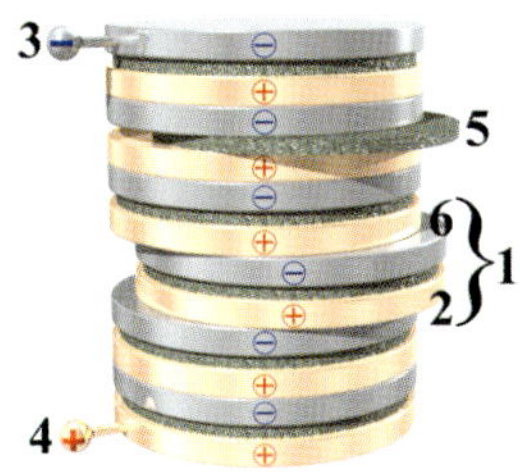

(a) 볼타의 voltaic pile

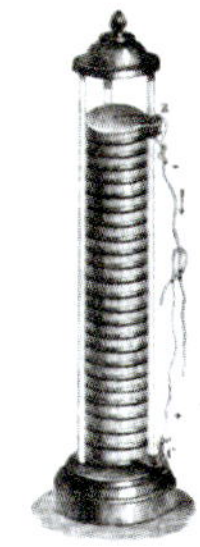

(b) 볼타전지

그림 7 볼타전지

건전지의 구조는 중앙의 탄소봉을 (+)극 바깥쪽의 아연통을 (-)극으로 하고 있다. 탄소봉의 둘레를 염화암모늄의 포화수용액에 이산화망간의 분말과 흑연의 분말을 반죽한 것으로 싼 다음, 이것을 다시 염화암모늄의 포화용액을 전분질로 풀처럼 만들어 굳힌 것으로 싸서 아연통속에 넣은 것이다.

이 건전지에서는 어떻게 해서 전기가 만들어지는 것일까. 염화암모늄은 용액 속에서 전리해서 암모늄 이온과 염소 이온이 된다. 음극인 아연(Zn)은 아연 이온이 되어 용액 속에 녹고 아연 통에는 전자를 남긴다. 그 때문에 아연통은 마이너스 극이 된다. 액 속의 암모늄 이온은 아연 이온에 의해 쫓겨나 탄소봉에 모이게 되고, 탄소봉에서 전자를 얻어 암모니아와 수소로 분해된다. 따라서 탄소봉은 전자가 부족하므로 플러스극이 된다. 탄소봉의 주위에서 발생한 수소는 그대로 두면 탄소전극에 밀착되어 버리므로 전지의 능률이 떨어진다. 그 때문에 이산화망간의 산화작용을 이용하여 수소를 물로 변화시켜 버린다. 이런 작용이 일어나도록 사용하는 이산화망간과 같은 물질을 소극제라고 한다. 탄소봉과 아연통과의 사이에 전위차가 있으므로, 두 극 사이를 도선으로 연결하면 전류가 흐르게 된다.

요즈음 사용하는 전지 가운데 가장 오래된 전지는 양극활물질로 이산화망간 (MnO_2)을 사용하고 음극재료로 아연(Zn)을 쓰고 전해액으로 NH_4Cl과 $ZnCl_2$를 혼합한 중성염 수용액을 사용한 망간전지다.

이 전지는 1868년 개발돼 1880년에 상용화된 것으로 이후 외장재질 및 봉구방법이나 양, 음극활물질의 개선을 통해 현재까지 사용되고 있는데 소비전력이 적은 용도에서 가격대비 사용시간 특성이 우수해 현재도 1차전지 생산량의 60% 가량을 차지하고 있을 정도로 널리 사용되고 있다.

표 3 **전지의 역사**

년도	특징
1789	개구리 다리로 부터 전지현상 발견 (Galbani(Italy))
1799	구리-아연 전지 발명 (Cu/H_2SO_4/Zn,Volta(Italy))
1860	연축전지 발명(PbO_2/H_2SO_4/Pb,Plante'(France))
1867	망간 건전지의 원형 발명(MnO_2/$NH_4ClZnCl_2$/Zn, Lechlanche France))
1880	Faure', paste식 극판에 의한 연축전지 제조법 특허, 연축전지 산업생산 개시
1888	망간 건전지 발명 (Gassener(Germany), 헤레센스(Denmark))
1899	니켈-카드뮴 전지 발명 (NiOOH/KOH/Cd,Jungner(Sweden))
1899	니켈-아연 전지 발명 (NiOOH/KOH/Zn)
1900	니켈-철 전지 발명 (NiOOH/KOH/Fe, Edison(USA))
1909	알카리 망간전지 발명(MnO_2/KOH/Zn)
1917	아연공기 축전지 발명(O_2 in Air/KOH/Zn)
1942	수은전지 발명(HgO/KOH/Zn)
1947	밀폐형 니켈-카드뮴 전지 발명
1949	알카리 망간전지 실용화
1962	밀폐형 수소전지 발명
1970	리튬 1차전지 실용화
1970	미국 GM Delco 칼슘 MF 연축전지 개발
1973	이산화망간-리튬 1차전지 실용화(MnO_2/$LiClO_4$/Li)
1981	리튬 이온 2차전지 발명
1990	리튬 이온 2차전지 실용화, 생산개시(일본 SONY사)
1990	밀폐형 니켈-수소전지 실용화(NiOOH/KOH/MH)
1990	전기자동차용 전지 본격 개발착수
1995	수은전지 생산중지.
2002	LIPB, ALB, Smart Battery, Li-Polymer, 초박형 리튬이온전지(파워셀) 개발
2013	LG에너지솔루션 미래형 배터리 3종(스텝트, 커브드, 케이블) 세계최초 개발

03 전기자동차 전지의 종류와 특성

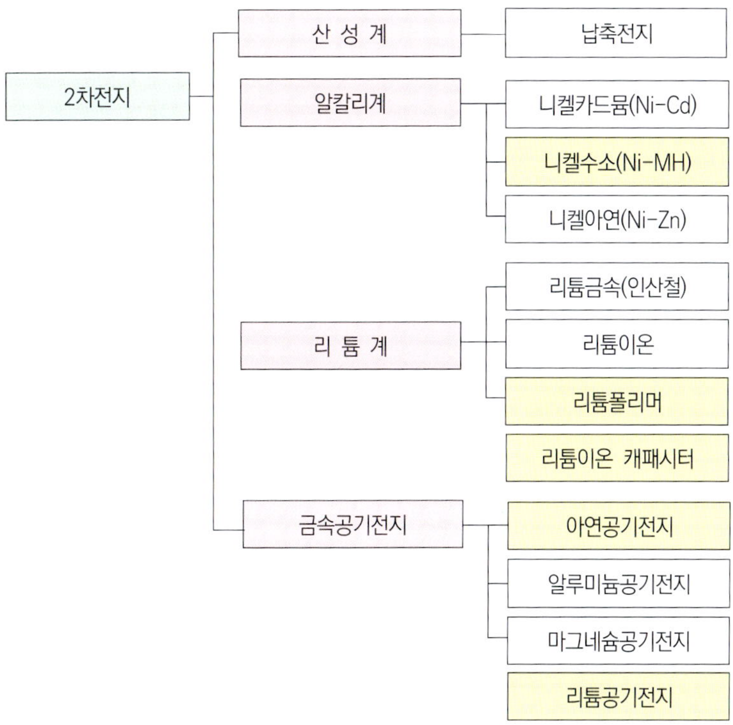

그림 8 2차 전지의 종류

가솔린 자동차의 핵심 기술에 해당되는 엔진 기술과 함께 전지 기술은 전기자동차의 핵심 기술이라 할 수 있으며, 전기자동차의 특성으로는 가솔린 자동차에 비해 유해가스가 나오지 않고, 소음이 적으며, 운전이 용이하고, 구조가 간단하여 고장률이 적으며, 운전 경비가 적게 드는 장점이 있다. 그러나 현재 탑재되고 있는 전지는 무겁고, 1충전 거리가 짧으며, 최고 속도와 가속력이 낮은 단점이 있다.

따라서 전기자동차 전원으로서 갖추어야 할 전지의 조건으로는 가볍고, 에너지 밀도(Wh/kg) 및 출력 밀도(W/kg)가 커야 한다. 재래형 전지를 전기자동차용 전원으로 사용하기에는 성능이 상당히 떨어지기 때문에 우수한 성능의 신형 전지를 개발하기 위해 선진 각국에서는 이의 연구개발에 적극적으로 나서고 있다.

전기자동차가 실용화되기 위한 전제로는 전지 가격이 저렴하여야 하므로 우선 주재료인 전극 재료가 자원적으로 풍부해야 하고, 폐전지로부터 금속의 회전 및 리사이클이 용이해야 하며, 경제성이 좋아야 한다. 아래의 표는 현재 전기자동차용으로 사용되는 주요 전지의 제특성을 나타낸 것이다. 재래형 전지로는 현재 널리 사용되고 있는 납축전지, Ni/Cd 전지 등이 있고, 신형 전지는 다양하다.

표 4 **리튬계 전지의 종류와 특징**

전지종류	리튬이온 전지	리튬폴리머 전지	리튬금속폴리머 전지
음극	탄소	탄소	리튬
전해질	액체전해질	고분자 전해질	고분자 전해질
양극	금속산화물 $LiCoO_2$,$LiNiO_2$,$LiMn_2O_4$	금속산화물 $LiCoO_2$,$LiNiO_2$,$LiMn_2O_4$	금속산화물 유기설퍼, 전도성고분자
평균전압	3.7V	3.7V	2.0~3.6V
에너지밀도	high	high	very high
저온특성	excellent	good	poor
안정성	poor	medium	good

표5 **전기자동차 전지의 종류**

전지종류	양극	음극	전해액	전압	작동온도	에너지밀도
나트륨유황전지	S	Na	β - Al_2O_2	2.08	약 300℃	300(Wh/kg)
납축전지	PbO_2	Pb	H_2SO4	2.00	상온	40(Wh/kg)
Ni/Cd	NiOOH	Cd	KOH	1.20	상온	80(Wh/kg)
Ni/Zn	NIOOH	Zn	KOH	1.50	상온	74(Wh/kg)
Zn/Air	O_2	Zn	KOH	1.45	상온	150(Wh/kg)

표 6 **2차전지의 특징**

특성	Ni/Cd 전지	Ni/MH 전지	Li-Ion 전지	Li-Ion Polymer전지
양극활물질	NiOOH	NiOOH	$LiMO_2$	$LiMO_2$
음극활물질	Cd	MH	Carbon	Carbon
전해액	KOH/H_2O	KOH/H_2O	LiX/유기용매	LiX/고분자전해질
평균전압(V)	1.2	1.2	3.7	3.7
에너지밀도(Wh/L)	160	240	300~350	250~300
수명(회)	1000	1000	1200	1000
자기방전율(%/월)		20~25	〈10	〈〈10
환경친화도	Bad	Bad	Good	Good
저온특성	Good	Good	Good	Bad

표 7 **전지별 특징**

구분	종류	특징
1차 전지	망간전지	• 1868년 프랑스 르클랑셰에 의해 발명된 역사가 오래된 전지로서, 고부하, 고용량화용에 적합한 전지 • 정극재료 : 이산화망간 • 부극재료 : 아연 • 전해액 : 물 • 전해질 : 염화암모늄, 염화아연 • 격리판 : 크라프트지
	알카리망간전지	• 전지용량이 크고 내부저항이 적어서 부하가 큰 장시간 사용에 적합한 전지이며, 원통형과 코인형으로 분류 • 정극재료 : 이산화망간 • 부극재료 : 아연 • 전해액 : 수산화칼륨 수용액 • 전해질 : 수산화칼륨, 수산화나트륨 • 격리판 : 부직포(폴리오레핀, 폴리아미드계)
	리튬1차전지	• 리튬1차전지는 60년대들어 미국의 NASA에서 우주개발용 전원으로 연구개발된 고에너지 밀도의 전지로서, 오늘날 본격적으로 실용화가 되고 있는 것은 플루오르화 흑연·리튬전지와 이산화망간·리튬전지 • 정극재료 : 플루오르화 흑연, 이산화망간에 탄소 결착 • 부극재료 : 리튬 • 전해액 : r-부칠락톤, 1, 2디메톡시 에탄의 혼합 유기용매에 보론플루오로와 리튬의 전해질을 용해시킨 액체 • 격리판 : 폴리프로필렌, 올레핀계 부직포

구분	종류	특징
2차 전지	납축전지	• 1859년에 발명된 전지로서, 대부분의 자동차 기초전원으로 이용되고 있으며, 싼값으로 제조가능하고 넓은 온도조건에서 고출력을 낼 수 있다. 납축전지는 안정된 성능을 발휘하나 비교적 무겁고 에너지 저장밀도가 높지 않다.
		• 정극재료 : PbO_2 • 부극재료 : Pb • 전해질 : H_2SO_4(수용액) • $PbO_2 + 2H_2SO_4 + Pb \rightleftarrows PbSO_4 + 2H_2O + PbSO_4$
	니켈카드뮴전지	• 납축전지와 가장 큰 차이점은 전해질 황산 대신 알카리수용액 사용 • 1899년에 발명되고 1960년대에 밀폐형 니켈카드뮴전지 양산기술이 확립되어, 철도차량용, 비행기 엔진 시동용등을 비롯하여 고출력이 요구되는 산업 및 군사용으로 널리 이용 • 밀폐형의 경우에는 전동공구 및 휴대용 전자기기의 전원으로 사용 • 메모리 효과(memory effect)와 유해한 카드뮴 사용으로 인해 점차 사용을 기피하고 있는 추세
		• 정극재료 : NiooH • 부극재료 : Cd • 전해질 : KOH(수용액) • $2Ni(OH)_2 + Cd(OH)_2 \leftrightarrow 2NiOOH + Cd + 2H_2O$
	니켈수소전지	• '90년에 실용화하여 '92년에 대량 생산이 개시된 2차전지 • 니켈-카드뮴전지에 비하여 에너지밀도가 크고 공해물질이 없어서 무공해 소형 고성능전지 • 전기자동차용 등의 무공해 대형 고성능전지로 개발이 가능한 새로운 2차전지로서 주목을 받고 있다. • 니켈카드뮴전지와 동작전압이 같고 구조적으로도 비슷하지만 부극에 수소흡장 합금을 채용하고 있어, 에너지밀도가 높다. • 단점은 메모리효과(memory effect)가 약간 있다.
		• 정극재료 : NiooH • 부극재료 : MH • 전해질 : KOH(수용액) • $MH(s) + N_iOOH(s) \rightarrow M + N_i(OH)_2(s)$
	리튬이온 전지	• 전압은 3.6V로 휴대폰, PCS, 캠코더, 디지털카메라, 노트북, MD 등에 사용 • 양산 전지중 성능이 가장 우수하며 가볍다. • 일본 소니사가 가장 앞선 기술을 보유하고 있으며 가장 먼저 양산 • 리튬이온 전지는 폭발 위험이 있기 때문에 일반 소비자들은 구입할 수 없으며 보호회로가 정착된 PACK 형태로 판매 • 위험성만 제거되면 가볍고 높은 전압을 갖고 있어 앞으로 가장 많이 사용될 전지 • 양극, 분리막, 음극, 전해액으로 구성되어 있고 리튬이온의 전달이 전해액을 통해 이루어짐 • 정상적인 조건하에서 500회 이상의 충전 / 방전 수명 • 리튬이온 전지에는 메모리 효과가 없다.

구분	종류	특징
2차 전지	리튬이온 전지	• 전해액이 누수되어 리튬 전이금속이 공기중에 노출될 경우 전지가 폭발할 수 있고 과충전 시에도 화학반응으로 인해 전지 케이스내의 압력이 상승하여 폭발할 가능성이 있어 보호회로가 필수 • 되도록 완전충전/완전방전을 하지 않고 조금사용하고 충전하고 하는 것이 더 좋다. • $LiCoO_2 + Cn \Leftrightarrow Li1 - xCoO_2 + CnLix$
	리튬폴리머 전지	• 전압은 3.6V로 폭발 위험이 없고 전해질이 젤타입이기 때문에 전지 모양을 다양하게 만들 수 있는 것이 장점 • 일부 휴대폰에 사용되고 있으며 리튬이온 전지를 이을 차세대 전지. 현재는 양산하는 곳이 적으며 국내에서도 많은 기업이 연구 개발 중 • 양극, 전해질, 음극으로 구성되어 있고 양극과 음극 사이의 전해질이 양극과 음극을 분리하는 분리막과 리튬이온의 전달역할을 수행 • 고분자 겔 형태의 전해질을 사용함으로써 과충전과 과방전으로 인한 화학적 반응에 강하게 만들 수 있어 리튬이온전지에 필수적인 보호회로가 불필요 • 리튬이온 전지의 단점인 안전성 문제, 제조비용의 고가, 대형 전지제조의 어려움, 고용량화의 어려움 등의 문제를 해결할 수 있는 전지 • $\cdot\ LiCoO_2(s) + C(s) = LI_{1-n}CoO_2(s) + CLi_x$
	아연공기전지	• 19세기말부터 20세기 초에 걸쳐 거치형 공기전지가 개발되어 항로표지용 전원이나 각종 통신기기에 사용 • 단추형으로는 의료기(보청기)용도로 사용하고 있으며, 고에너지 밀도와 큰 전기용량, 평탄 한 방전특성 • 정극재료 : 공기중의 산소 • 부극재료 : 아연 • 전해액 : 수산화칼륨 수용액 • 격리판 : 폴리오레핀, 폴리아미드계 부직포
	리튬공기전지	• 양극 물질은 금속 산화물 대신 공기(산소)사용하는 차세대 배터리. • 음극에서 리튬이 산화·환원 반응하고, 양극인 공기극에서는 외부로부터 유입되는 산소의 산화·환원 반응 • 리튬이온 전지에 비해 에너지 밀도를 크게 높일 수 있어 차세대 배터리로 큰 관심 • 금속을 쓰지 않아 제작비가 싸고 무게도 가볍다. • 상용화하면 한 번 충전으로 600㎞ 이상 달릴 수 있는 전기자동차 생산이 가능

표 8 주요 1차/2차 전지의 특성

구분	종류	구 성			공칭 전압	에너지 밀도
		양극	전해질	음극		
1차 전지	망간전지	MnO_2	$ZnCl_2$ NH_4Cl	Zn	1.5	200
	알카리전지	MnO_2	KOH (ZnO)	Zn	1.5	320
	산화은전지	Ag_2O	KOH NaOH	Zn	1.55	450
	공기아연축전지	O_2	KOH	Zn	1.4	1,235
	플루오르흑연리튬전지	$(CF)_n$	$LiBF_4/YBL$	Li	3	400
	이산화망간리튬전지	MnO_2	$LiCF_3SO_3/PC+DME$	Li	3	75
2차 전지	납축전지	PbO_2	H_2SO_4	Pb	2	100
	니켈카드뮴전지	NiOOH	KOH	Cd	1.2	200
	니켈수소전지	NiOOH	KOH	MH(H)	1.2	240
	바나듐리튬전지	V_2O_5	$LiBF_4/PC+DME$	Li−Al	3	140
	리튬이온 전지	$LiCoO_2$	$LiPF_6/EC+DEC$	C	4	280

04 니켈카드뮴 전지 (Ni/Cd 또는 니카드 전지)

대형의 Ni-Cd 전지는 2차 대전 중에 유럽에서 개발되었고 소형의 Ni-Cd 전지는 역시 유럽에서 1960년대 유럽에서 상용화되었다. $Ni(OH)_2$를 양극으로, Cd을 음극으로 사용하는 전지이며, 알카리 수용액을 전해질로 사용한다.

납축전지와 Ni-Cd 전지의 가장 큰 차별점은 전해질을 황산 대신 알카리 수용액을 사용한다는 점이다. 알카리 수용액은 황산과 같은 산성 수용액보다 전도성이 뛰어나다는 장점이 있다.

대형 Ni-Cd 전지는 철도, 차량용, 비행기 엔진 시동용 등을 비롯하여 고 출력이 요구되는 다양한 산업 및 군사 용도로 널리 이용되고 있다. 방전 시에 일어나는 가스 발생을 제어하는 기술이 개발되어 밀폐식으로 만들어진 것이 바로 소형 Ni-Cd 전지이다.

그림 9 Ni/Cd 전지

전지가 디지털 기기의 키 컴포넌트의 하나로 주목받게 된 지 10년 가까이 지났으며 그동안에 니카드전지(원래 명칭은 니켈카드뮴전지)에서 니켈수소전지, 리튬이온 전지로 화제의 중심이 이동하고 있다.

이런 상황에서 니켈카드뮴전지는 기술적으로 오래되어 환경에 좋지 않다는 이미지를 가지게 되었다.

노트북, 휴대전화의 전원인 리튬이온전지도 원래는 니켈카드뮴전지에서부터 시작되었다.

1 원리와 구조

일본의 삼양전기는 니켈카드뮴전지를 「카드니카전지」의 명칭으로 상표등록하고 1964년부터 생산을 개시했다. 과거에 세계적으로 큰 경쟁사의 메이커와 장기간에 걸쳐 치열한 기술 경쟁을 하고 그 결과 카드뮴전지의 품질과 신뢰성을 만들어 낸 것이라 할 수 있다.

(1) 니켈카드뮴전지의 원리와 구조

일반적으로 니켈카드뮴전지의 반응식은 다음과 같다. 양극은 니켈 산화물, 음극은 카드뮴화합물을 활성물질로서 전해액은 주로 수산화칼륨 수용액을 사용하고 있다.

$$2Ni(OH)_2 + Cd(OH)_2 \leftrightarrow 2NiOOH + Cd + 2H_2O$$

원통형 니켈카드뮴전지의 내부는 얇은 시트 모양의 양·음극판을 나일론이나 폴리프로필렌을 소재로 한 부직포로 된 격리판를 통하여 말은 상태로, 강철제의 견고한 외장캔에 수납되어 있다. 또, 과충전시에 양극에서 발생한 산소 가스는 음극에서 흡수되어 전지 내부에서 소비하는 메커니즘으로 되어 있지만 규정 이상의 내부 가스압 상승에 대비하여 복귀식 가스 배출 밸브를 설치하고 있다.

그림 10 밀폐형 니켈카드뮴전지의 구조

(2) 충전특성

니켈카드뮴전지의 충전특성은 전지의 종류, 온도, 충전전류에 따라서 달라진다. 충전이 진행됨과 동시에 전지 전압은 상승하여 어느 정도 충전량에 도달하면 피크전압을 나타낸 후에 강하된다.

이 전압 강하는 충전말기에 발생하는 산소 가스가 음극에 흡수될 때의 산화열로 전지 온도가 상승하기 때문에 발생한다. 충전기를 설계할 때 이 음극에 흡수되는 속도 이상으로 산소 가스를 발생시키지 않아야 한다는 것이 중요한 포인트이다.

충전에는 다음과 같은 3종류가 있다.

① 정전류충전 : 트리클(Trickle)충전이라고 하며, 전지의 수명에 나쁜 영향을 미치지 않을 정도의 작은 전류에 의해 전지를 계속 충전상태 유지하는 방법

② 보통충전 : 0.1C~0.2C[A]에서 150% 정도의 충전

③ 급속충전 : 1C~1.5C[A]에서 약 1시간의 충전이 가능. 만충전 제어가 필요

(3) 방전특성

니켈카드뮴전지의 방전 동작전압은 방전전류에 의해서 다소 변화되지만 방전기간의 약 90%가 1.2V 전후를 유지한다. 또 건전지나 연축전지에 비해 방전중인 전압변화가 적어 안정된 방전 전압을 나타낸다. 방전 종지전압은 기기의 설계상 1셀당 0.8~1.0V가 적합하다. 또한 내부저항이 작기 때문에 외부 단락 시 대전류가 흐르기 때문에 위험하여 보호부품 등의 설치도 필요하다.

(4) 메모리 효과란?

방전 종지전압이 높게 설정되어 있는 기기나 매회 얕은 방전 레벨에서 사이클을 반복했을 경우, 그 후의 완전방전에서 방전 도중에 0.04~0.08V의 전압강하가 일어나는 경우가 있다.

최근에는 기기측의 방전 종지전압 설정을 1.1V/셀 이하로 하는 등 저전압 구동 IC의 사용과 적당한 세트 전지수의 선정으로 거의 문제가 되지 않는다.

Ni-Cd 전지의 전압은 1.2V인데, Ni-Cd 전지에서는 전지를 다 사용하기 전에 충전하면 메모리 효과(memory effect) 때문에 다음 충·방전 시에 용량이 줄어드는 현상이 발생한다.

메모리 효과의 단적인 예는 전기면도기처럼 매일 일정시간 사용하고 곧바로 충전하는 기기에서의 이상 동작 현상을 들 수 있다. 본인이 면도하고 난 후 충전 후에, 다른 사람이 면도하려고 하였는데 면도기가 작동하지 않는 것이다. 메모리라고 말할 수 있는 이 현상은 이 전지를 강제 방전함으로써 메모리를 지울 수 있다.

메모리 효과는 Cd(카드뮴) 금속 고유의 특성이다. 카드뮴 금속은 수정과 같은 결정구조를 이루고 있는데 방전이 일어나면서, 반응이 일어난 부분은 결정구조가 흐트러져 비정형 구조로 변한다. 비정형구조와 결정 구조사이의 경계는 충전과 방전을 거듭하면서 굵어지고, 이러한 경계가 메모리 효과의 원인이 된다.

(5) 수명특성

니켈카드뮴 전지의 수명은 보통 사용 조건에서는 500회 이상 반복해서 사용할 수 있지만 수명에 영향을 주는 주된 요인으로 충전전류, 온도, 방전 심도/빈도, 과충전기간이 있다. 수명의 모드로는 전지부품의 열화나 활물질의 기능저하에 의한 용량저하를 들 수 있다. 다른 계통의 전지에 비해 보다 안전하게 오래 사용하기 위해서는 특히 온도와 충전 전류를 고려하기 바란다.

(6) 니켈카드뮴 전지의 특징

① 사용실적을 뒷받침하는 높은 신뢰성 : 35년 정도의 시장실적으로 신뢰성을 인정 받는다.

② 장수명으로 경제성이 우수하다 : 1회의 방전 용량은 기존의 건전지와 같지만, 일반적으로 500회 이상의 충·방전이 가능하여 경제적이다. 최근에는 충전의 제어기술이 발달하여 1,000~2,000회 이상 사용할 수도 있다.

③ 전지 자체가 견고하여 다소 무리한 조건에서도 오래 사용되므로 기기를 복잡한 회로로 할 필요가 없다. 또 다른 2차전지에 비해 과충전·과방전에 강한 설계로 되어 있다. 또한 전지 내부에 흡수되지 않았던 가스를 방출하는 복귀식 가스 배출 밸브가 있어 안전성이 뛰어나다. 전동 공구에서의 30A까지 미치는 방전특성 및 10분 이내의 충전 등 다른 2차전지에서는 어려운 사용조건을 가능케 하고 있다.

④ 폭넓은 기종과 건전지와의 호환성 : 다양한 용도에 대응할 수 있도록 여러 종류(타입, 사이즈)의 전지와 기기 스페이스에 맞춘 세트 전지가 있다. 또 건전지와 호환성이 있는 카드뮴전지와 충전기도 충실한 라인업을 골고루 갖추고 있다.

⑤ 우수한 신뢰성과 넓은 사용 온도·습도 범위 : 온도에 의한 성능의 변화가 적고 밀폐구조이기 때문에 습도에 의한 영향도 거의 없다. 방전은 보통 -20~+60℃를 허용한다. 특히 저온에서 1C[A]를 초과하는 고부하 방전이 가능한 2차전지는 아직 적어 니켈카드뮴전지의 용도를 확대시켜 왔다. 비상 조명기기나 자동 화재경보기 등의 방재기기의 백업 전원으로 전부터 활용되고 있어, 신뢰성이 매우 높다.

⑥ 보수가 용이하고 견고 : 밀폐구조이기 때문에 보충액이 필요없이 충·방전 상태를 불문하고 보관할 수 있으므로 보수가 용이하다. 또 기기내에 장착이 가능하며 취급이 간단하다. 구조는 견고하고 재질도 금속 용기를 사용하고 있기 때문에 충격이나 진동에 대해서도 충분한 내구성을 지니고 있다.

2 니켈카드뮴 전지의 종류

밀폐형 니켈카드뮴 전지의 모양에는 원통형, 버튼형, 편평각형(gum형)이 있다.

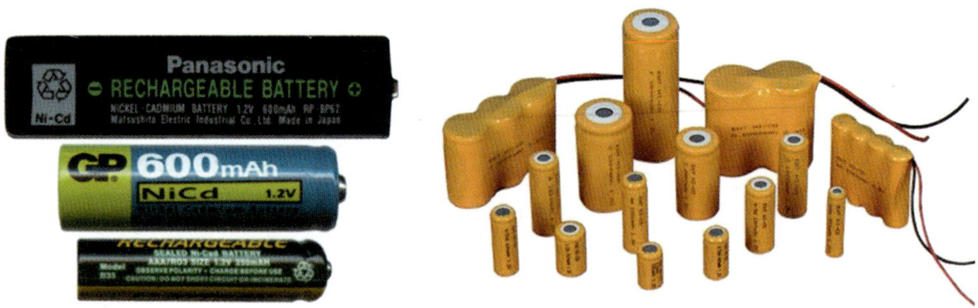

그림 11 니켈카드뮴전지의 종류

원통 밀폐형 니켈카드뮴 전지는 일본공업규격 JIS C8705-98에 24종류의 호칭방법이 규정되고 있다. 단, 이것들 외형치수에 의한 분류만이 아니라 많은 용도에 따라 특성을 가지는 전용 전지가 개발되어 있기 때문에 그것들의 특성을 충분히 이해하여 가장 적당한 전지를 선택하는 것이 중요하다.

니켈카드뮴 전지는 납축전지에 비해 출력 밀도가 크고, 수명이 길며, 단시간 충전이 쉬운 장점이 있다. 그러나 에너지 밀도가 납축전지와 거의 같은 정밀도로 그 한계성을 많이 갖고 있으면서 가격이 납축전지에 비해 몇배 높고, 자원적으로도 대량 사용시에는 문제가 남아 있는 단점이 있다. 다만 이 전지를 전기자동차의 하이브리드 동력으로서 사용될 경우에는 다음의 장점이 있다. 즉, 에너지 밀도가 큰 신형 전지와 조합하여 비상 주행시의 에너지원으로서 하거나 등판, 가속 등 대출력을 요할 때 이 전지로부터 출력을 얻어내는 방식이다. 그러나 이러한 방식을 가능하도록 유도하기 위해서는 현재의 Ni/Cd 전지 자체의 출력 밀도를 보다 향상시켜야 하며, 아울러 전지의 가격을 저하시킬 수 있는 방안도 함께 제시되어야 할 것이다.

3 니켈카드뮴전지의 앞으로의 전개

니켈 수소나 리튬 이온이라는 새로운 2차전지의 등장으로 고용량의 측면에서는 니켈카드뮴전지의 성능은 저하되지만 전지에서 요구되는 성능은 고용량만이 아니다.

새로운 계통의 전지는 대전류 방전, 온도특성, 긴 수명 등에서 니켈카드뮴전지 정도의 특성을 얻을 수 없다. 현재 전지의 용도가 다양화되고 요구되는 특성도 다종다양하여 니켈카드뮴전지가 아니면 사용할 수 없는 용도도 있다. 아래에 앞으로의 니켈카드뮴전지가 그 특징을 활용할 수 있는 신규시장을 몇 가지 소개한다.

① 동력용도(요구되는 특성 : 고출력, 긴 수명, 고신뢰성) : 어시스트 자동차, 전동차 의자, 스쿠터, 카트, 소형 전동 리프트 등. 과거에 몇 차례나 연축전지에서 시도했지만 아직 시장이 확대되지 않았다.

② 스탠드바이 용도(요구되는 특성 : 연속충전, 고신뢰성) : WLL(Wireless Local Loop : 전화 회선용 백업 전원), UPS, 시큐리티, POS 기기 등. SOHO 수요가 기대되는 가운데, 긴 수명, 고신뢰성이 보다 더 요구될 뿐 아니라 소형・경량화, 긴수명, 대전류 방전특성, 온도특성이라는 요구사항이 많아지고 있어 니켈카드뮴전지로의 이동이 적지 않게 진행되고 있다.

③ 태양전지와의 변용 기기(요구되는 특성 : 과혹한 환경온도에 견딜 수 있는 온도특성) : 셔터, 방범등, 표시 등. 태양전지와의 조합은 여름의 더위나 한겨울의 추위 등의 과혹한 환경온도에 대하여 니켈카드뮴전지는 온도 내구성이 매치하는 분야라 할 수 있다.

많은 실적에 의해서 얻어진 높은 신뢰성, 우수한 특성, 견고성에 의해 개발기간을 단축하여 필요 없는 회로를 간소화함으로써 코스트 감소나 신뢰도를 향상시킬 수 있다.

05 니켈수소 전지(Ni-MH)

1 니켈수소 전지의 개요

니켈-금속수소화물전지(Ni-MH전지: metal hydrogen battery)는 기존의 니켈카드뮴(Ni-Cd)전지에 카드뮴 음극을 수소저장 합금으로 대체한 전지이다.

그림 12 Ni-MH전지

최근 전자기기들의 소형·경량화 추세에 따라서 이들 전자기기의 전원으로 사용되는 전지에도 고에너지 밀도화, 소형 경량화, 장수명화 등이 강하게 요구되고 있으나, 기존의 니켈-카드뮴전지나 납축전지의 성능향상은 거의 한계에 도달해 있으며, 환경오염이 사회문제로 대두됨에 따라서 카드뮴과 같은 공해유발 물질의 사용이 규제되고 있다. 또한 자동차 배기가스에 의한 대기오염을 줄일 목적으로 무공해 자동차의 하나로 전기자동차의 개발이 활발히 진행되고 있는데, Ni-MH전지는 니켈-카드뮴전지에 비하여 에너지밀도가 크고 공해물질이 없어서 무공해 소형 고성능전지로 뿐만 아니라 전기자동차용 등의 무공해 대형 고성능전지로 개발이 가능한 새로운 2차전지로서 주목을 받고 있다.

특히 최근에는 이동통신기기, 노트북 컴퓨터, 캠코더 등 휴대용 전자기기에 리튬이온 이차전지가 보급됨으로써 소형 Ni-MH전지의 시장점유율이 감소하고 있는 실정이다. 그러나 전기자동차용과 하이브리드 자동차에 사용되는 중대형 용량의 전지는 자동차의 동력원으로 사용되는 특수성 때문에 고에너지밀도와 고파워밀도 같은 전지의 기본적인 성능뿐 아니라 전지의 수명 및 신뢰성과 특히 안전성에 관한 요소가 중요한 결정요인이 된다. 즉 Li이차전지가 갖고 있는 근본적인 문제점인 리튬금속이 대기 중에 노출할 경우 리튬 고유의 활성으로 인한 화재의 발생문제가 있으므로 최근에 개발 중인 완전 고체형의 리튬-폴리머전지가 개발되기 이전까지는 전기자동차용으로는 안전성이 있는 Ni-MH전지를 사용하는 것이 바람직하며 최근 미국이나 일본에서 판매 또는 리스 중인 전기자동차 및 하이브리드자동차는 대부분 Ni-MH전지를 사용하고 있는 실정이다.

- 양극 : $MH(s) + OH^-(aq) \rightarrow M + H_2O(l) + e^-$
- 음극 : $N_iOOH(s) + H_2O(l) + 2e^- \rightarrow N_i(OH)_2(s) + OH^-(aq)$
- 전체 : $MH(s) + N_iOOH(s) \rightarrow M + N_i(OH)_2(s)$

이러한 새로운 알칼리 2차전지로서 Ni-MH전지가 제안된 것은 1970년 경이지만 연구개발이 활발하게 진행된 것은 1980년대 중반부터이다.

Ni-MH전지의 고성능화를 위한 음극용 수소저장합금의 개발 결과 현재 상용화되어 있는 합금들은 주로 일본에서 소형전지로 상용화된 $LaNi_5$나 $MmNi_5$(Mm : misch metal, 희토류원소의 혼합물)를 기본으로 하는 AB5계 합금과, 미국의 OBC(Ovonic Battery Company)사에 의하여 개발된 C14 또는 C15 Laves상을 주로 하는 AB2계 합금으로 나눌 수 있다.

소형 Ni-MH전지는 현재 AB5 Type의 전지가 상용화되고 있으며 AB5계보다 용량이 다소 큰 AB2계 전지는 홍콩의 GPI에서 최초로 상용화하였으나 대부분의 시장은 일본의 3사인 마쓰시타, 산요, 도시바에서 점유하고 있다.

Ni-MH전지는 현재 소형전지의 경우 리튬이온전지에 시장을 잠식당하고 있는 실정이며 중대용량의 전지는 기술개발이 활발히 진행되고 있다.

2 Ni-MH전지의 구성과 반응

Ni-MH전지는 기존의 Ni-Cd전지에서 Cd극을 수소저장 합금으로 대체한 것으로서 음극에 수소저장합금(M), 양극에 수산화니켈($Ni(OH)_2$/NiOOH)이 사용되며, 분리막으로는 Ni-Cd전지와 같은 내알칼리성의 나일론 부직포, 폴리프로필렌 부직포 및 폴리아미드 부직포 등이 사용되고 있다. 또한 전해액은 이온전도성이 최대로 되는 5~8 MKOH 수용액이 사용되고 있다.

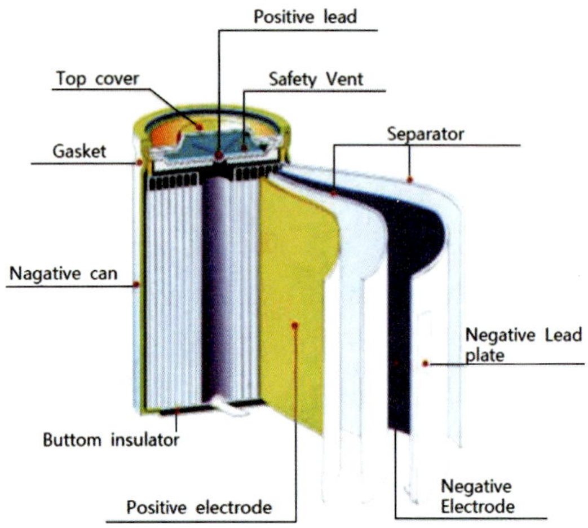

그림 13 Ni-MH전지 구조(1)

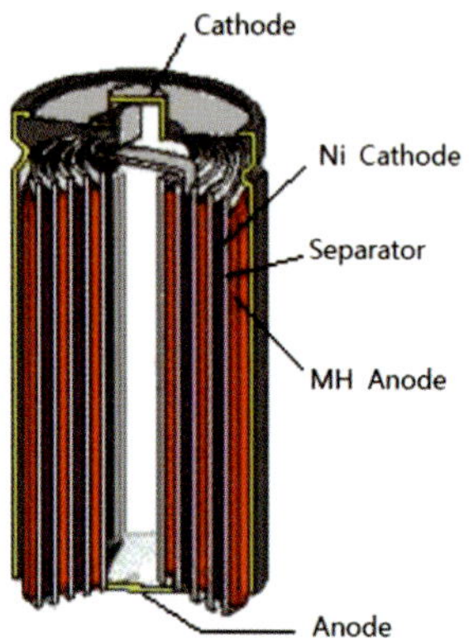

그림 14 Ni-MH전지 구조(2)

충전시 음극에서는 물이 전기분해되어 생기는 수소이온이 수소저장합금에 저장되는 환원반응이, 양극에서는 $Ni(OH)_2$가 NiOOH로 산화되는 반응이 일어난다. 방전시에는 역으로 음극에서는 수소화합물의 수소원자가 산화되어 물로 되고, 양극에서는 NiOOH가 $Ni(OH)_2$로 환원되는 반응이 일어난다. 니켈양극이 완전히 충전된 후에도 전류가 계속 흐르면, 즉 과충전이 되면, 양극에서는 산소가 발생된다.

그러나 음극의 용량이 양극보다 크면, 발생된 산소가 음극표면으로 확산되어 산소재결합반응이 일어나게 된다. 음극에서는 산소를 소비시키기 위하여 수소가 감소하게 되어 동일한 전기량이 충전되므로 전체적으로는 변화가 없다. 역으로 과방전이 되면, 양극에서는 수소가 생성되고 이 수소는 음극에서 산화되므로 전체적으로 전지내압은 상승하지 않는다. 이와 같이 Ni-MH전지는 원리적으로는 과충전과 방전시 전지내압이 증가하지 않고, 전해액의 농도가 변하지 않는 신뢰성이 높은 전지이다. 그러나 실제적으로는 충전효율의 문제로 인하여 전지내압이 어느 정도 상승하게 된다.

Ni-MH전지는 다음과 같은 장단점을 가지고 있다.

표 9 Ni-MH전지의 장단점 구분

구분	특징
장점	① 전지전압이 1.2~1.3V로 Ni-Cd전지와 동일하여 호환성이 있다. ② 에너지밀도가 Ni-Cd전지의 1.5~2배이다. ③ 급속 충・방전이 가능하고 저온특성이 우수하다. ④ 밀폐화가 가능하여 과충전 및 과방전에 강하다. ⑤ 공해물질이 거의 없다. ⑥ 수지상(dendrite) 성장에 기인하는 단락이나 기억효과가 없다. ⑦ 수소이온 전도성의 고체전해질을 사용하면 고체형 전지로도 가능하다. ⑧ 충・방전 싸이클 수명이 길다.
단점	① Ni-Cd전지만큼 고율방전 특성이 좋지 못하다. ② 자기방전율이 크다. ③ 메모리효과(memory effect)가 약간 있다.

3 전극용 수소저장 합금의 특성

전극용 수소저장합금의 선택에 있어서 합금의 조성은 전지의 용량, 전지내압, 급속 충・방전 특성, 수명, 저온특성, 자기방전특성 등과 같은 전지의 성능을 결정할 수 있는 가장 큰 요인으로 작용하게 되는데, 합금의 선택에 있어서 고려하여야 할 사항은 다음과 같다.

① 가역적인 수소저장능력 : 단순한 수소저장량이 아니라 적절한 수소 결합력을 가져 가역적인 수소저장량이 커야 한다. 따라서 수소 결합력의 척도인 수소화물 생성엔탈피가 보통 8~10kcal/mole 이어야 한다.

② 내산화성 : 과충전시 양극에서 발생되는 산소가 음극표면에서 재결합하는 반응을 이용하여 과충전시 전지내압상승을 억제한다. 이러한 전지의 산화성 분위기에서 전극이 산화되면 전지성능의 저하를 초래한다. 즉, 전극의 충전효율이 저하되어 수소가스가 발생하게 되며, 전극의 촉매능력이나 가스 재결합능력이 감소한다. 또한, 방전시 과전압이 커져서 방전효율이 감소한다. 과도한 산화는 전체적인 전기전도도의 감소를 가져오게 되어 전극수명을 저하시킨다.

③ 알칼리 용액에서의 내식성 : 과도한 산화 또는 부식은 전해액의 소모를 가져와 전지 성능저하 및 전지수명을 감소시키며, 부식반응에 의하여 생성되는 합금부식생성물은 양극을 피독시켜 양극의 산소발생 과전압을 감소시키므로 충전효율저하 및 양극의 자기방전율을 증대시킨다. 전해액에 용해되기 쉬운 부식생성물(예:VOx)의 산화상태가 변할 때에는 산화환원반응의 순환 메카니즘을 형성하여 자기방전을 증대시키는 것으로 알려져 있다. 그러나 부식을 억제하는 부동태막이 수소의 투과성을 저해하여서는 안 된다.

④ 합금 내에서의 수소확산 속도 및 수소산화에 대한 촉매능력 : 고율방전능력이 크려면 합금내부에서 전극반응이 일어나는 합금/전해액 계면으로의 수소확산 속도가 커야 하며, 또한 이 계면에서의 수소산화에 대한 표면 촉매능력이 커야 한다. 합금/전해액 계면에서 수소와 OH-이온의 반응은 합금표면에 존재하는 산화물의 특성, 즉 산화물의 기공도, 두께, 전기전도도, 촉매능력 등에 영향을 받으므로 산화물의 특성이 고율방전능력에 커다란 영향을 미치게 된다.

⑤ 수소가스와 수소화물을 형성할 수 있는 능력 : 과방전시 양극에서 발생하게 되는 수소가스를 원자 상태의 수소로 분해하여 음극 내로 흡수시켜야 한다. 또한 과충전시 산소재결합이 매우 빠를지라도 특히 급속충전시에는 음극에서의 수소발생을 피할 수 없다. 충전이 끝났을 때, 발생된 수소압력을 감소시키기 위해서는 전극표면에서 분자수소가 원자수소로 쉽게 분해되어 음극에 흡수되어야 한다.

⑥ 초기활성화 : 조립된 상태의 전극표면에는 사용합금의 산소친화력이 크기 때문에 대기 중에서 제조공정 도중에 치밀한 산화막이 생길 수 있다. 충·방전시 합금의 팽창과 수축이 일어나 합금분말에 균열이 생겨 산화물이 적은 새로운 표면의 생성과 함께 전극의 표면적이 늘어나게 되어 전극이 활성화된다. 또한 V산화물 같이 전해액에 쉽게 용해되는 합금성분이 있는 경우에는 일부러 산화물을 용해시킴으로써 전극표면의 산화물의 구조가 수소가 더 잘 투과할 수 있는 극소다공성의 구조로 되어 초기활성화가 쉬워지는 것으로 알려졌다.

⑦ 전극제조의 용이성 : 합금의 제조, 합금분말의 제조 및 전극제조의 용이성 등이 고려되어야 한다. 대형전지의 경우에는 다소 덜 하지만, 소형전지용 전극으로 개발될 경우, 양산과정을 필요로 하므로, 전극제조시의 간편성은 전지의 가격을 결정하는 중요한 인자가 된다. 따라서 현재의 제조공정인 소결식을 대체할 수 있는 간편한 공정을 사용할 수 있는 페이스트식 전극제조법으로 전극의 제조가 가능하다면, 경제적 측면에서 매우 유리하게 된다.

4 기술개발동향

알칼리전지용 니켈전극으로는 포켓식과 소결식 니켈전극이 상용화되어 있으나 근래에는 발포상 니켈을 사용한 페이스트식 니켈전극의 개발에 관심이 모아지고 있다.

포켓식은 다공성 강판제 용기에 활물질인 수산화니켈(II), 도전재인 흑연 및 니켈분말을 충진한 것으로 극판의 기계적 강도는 높으나, 활물질과 도전체 사이의 전기적 접촉이 불량하기 때문에 급속 충・방전이 곤란하다.

소결식 전극은 활물질 지지체인 다공질 니켈분말 소결체의 기공 내에 질산니켈 수용액으로부터 화학적 함침 혹은 전기화학적 함침에 의하여 활물질인 수산화니켈(II)을 석출 밀착시켜서 제조하는 것이다. 이러한 소결식 전극은 활물질이 도전성 기공 내에 강하게 부착되어 있으므로 고율방전특성이 우수하고 수명이 긴 장점이 있다. 그러나 이 방법은 제조 공정이 복잡하고 가격이 비싸며, 고용량화에 문제점을 나타내고 있다.

상기의 문제점을 보완한 발포상 니켈을 사용한 페이스트식 니켈전극은 고다공도(95% 정도)를 가진 발포상 니켈판을 기지로 하여 활물질인 수산화니켈분말과 도전성분말을 페이스트화 하여 직접 충진하는 방법에 의하여 제조되는 것으로 높은 에너지 밀도를 나타내고 있다. 이 전극에서는 발포상 니켈판의 두께, 다공도, 기공크기, 페이스트조성 및 충진방식 등이 중요하다.

근래에는 고온에서의 니켈전극특성을 향상시키기 위하여 수산화코발트와 수산화카드뮴을 공침시켜 제조한 수산화니켈로 니켈전극을 제조하는 방법이 보고되었다.

실제 충・방전시 니켈의 산화상태는 +2.3에서 +3.0~+3.7 사이로 변화하게 되는데 따라서 용량은 200~400mAh/g(이론용량의 70~140 %)가 될 수 있다. 그러나 높은 산화 상태에서는 자기방전이 심하고 가역성이 떨어져서 전극수명이 저하되므로 실제 이용 가능한 용량은 250 mAh/g 정도이다. 수산화니켈은 밀도가 작으므로 단위체적당 용량이 매우 낮아서 실제 전지의 전체 용적의 많은 부분을 차지하게 되어 소형 전지에서는 니켈양극의 용량에 의해서 전체 전지의 용량이 결정되는 실정이다.

5 연구개발 방향

Ni-MH 2차전지는 여러가지 장점을 가지고 있지만 아직까지 해결해야 할 문제점들이 있어 최근에는 이러한 문제점들을 해결하는 방향으로 연구가 진행되고 있다. Ni-MH전지의 실용화를 위해 해결해야 할 문제점 및 연구개발방향은 다음과 같다.

첫째, 단위무게당, 단위부피당 방전용량을 증가시켜야 한다. 현재 MH전극의 방전용량을 증가시키기 위해 새로운 종류의 수소저장합금을 개발하고 있다. 현재 400 mAh/g 이상 고용량의 MH전극이 개발되고 있는데 용량의 한계가 있는 AB5계의 합금보다는 AB2계열의 전극으로의 개량이 이루어지고 있다.

둘째, 전지의 자기방전율을 감소시켜야 한다. 실제로 현재 개발된 전지의 자기방전율이 일반적으로 20 %/week 이상으로 크다. 따라서 이와 같이 높은 자기방전율 때문에 전지를 사용하지 않고 오래 방치하는 경우 전극이 퇴화되어 전지를 사용할 수 없게 된다. 금속수소전극으로부터 발생한 수소에 의해 일어나는 자기방전인 경우는 자연적인 현상으로 이를 해결하기 위해서는 금속수소화물의 수소평형압력을 개선시키던가 금속수소전극을 표면처리함으로써 금속수소화물의 격자 내에 있는 수소가 외부로 방출되지 않도록 하는 연구가 수행되어야 한다.

셋째, 전지의 내부압력을 감소시켜야 한다. 전지의 내부압력의 증가는 전극에서의 가스 발생속도가 소비속도에 비해 높을 때 나타나는 것으로 일반적으로 활성화초기 및 충전 중에 MH전극의 충전효율 저하로 인해 생기는 수소와 과충전시 니켈 전극에서의 산소발생반응이 Ni-MH전지의 내부압력증가의 원인으로 알려져있다. 저충전효율에 의한 수소발생은 MH전극의 충전효율을 높이는 합금을 개발하면 해결할 수 있으며 과충전시 발생하는 가스발생을 억제하기 위해서는 적절한 충전알고리즘을 찾는 것이 필요하다. 또한 전기자동차용으로 전지를 사용하는 경우 충전시간을 단축하기 위해 급속충전을 할 필요가 있으므로 급속충전시에도 가스 발생을 최소화하는 충전방법을 찾아야만 한다.

넷째, 전지의 수명을 향상시켜야 한다. 전지의 수명이 감소하는 원인은 여러 가지가 있으나 그 가운데 충전말기 니켈전극에서 발생하는 산소에 의해 금속수소 전극이 산화되어 전지의 수명이 감소하게 되거나 금속수소전극 내에 있는 수소와 반응하여 물을 형성하여 금속수소전극의 용량을 감소시킬 수 있다. 따라서 전지의 수명을 증대시키기 위해서는 가스의 발생을 억제하거나 발생된 가스를 재결합하는 방법에 관한 연구를 수행하는 것이 필요하다. 실제로 MH합금에 구리와 같이 미세 전류를 흐를 수 있도록 하는 물질을 코팅하여 충전효율을 향상시켰으며, 최근에는 발생된 가스를 재결합시키기 위한 연구도 진행되고 있다.

다섯째, 전지의 가격을 낮추어야 한다. 현재 Ni-MH전지는 Ni-Cd전지보다 다소 고가이며 전기자동차용 납축전지에 비해 가격이 세배이상 높다. 따라서 전지의 가격을 낮추기 위해서는 저가의 전극재료를 사용한 전지를 개발해야 하며 또한 전지를 재사용하는 기술을 개발하여야 할 것으로 사료된다.

06 리튬이온 전지 (Lithium ion battery)

1 전지의 특성

리튬이온 전지(Lithium-ion battery, Li-ion battery)는 이차 전지의 일종으로서, 방전 과정에서 리튬 이온이 음극에서 양극으로 이동하는 전지이다.

친환경 자동차용 이차전지 시장은 어떤 종류의 차종이 시장을 주도하느냐에 따라 결정이 될텐데, 현재 상용화가 어느 정도 완료된 HEV에 주로 사용되는 니켈수소전지의 영향력이 크지만 PHEV, EV 등이 상용화되어 시장에 진출함에 따라 리튬이온전지가 대세를 이룰 것으로 전망이다.

HEV의 경우는 가솔린 엔진을 주동력원으로 사용하지만 PHEV와 EV는 전기모터를 주동력으로 사용하기 때문에 에너지밀도가 크고 용량이 큰 리튬이온 이차전지가 반드시 사용되어야 하기 때문이다.

리튬이온 전지는 충전시에는 리튬 이온이 양극에서 음극으로 다시 이동하여 제자리를 찾게 된다. 리튬이온 전지는 충전 및 재사용이 불가능한 일차 전지인 리튬 전지와는 다르며, 전해질로서 고체 폴리머를 이용하는 리튬 이온 폴리머 전지와도 다르다.

리튬이온 전지는 에너지 밀도가 높고 기억 효과가 없으며, 사용하지 않을 때에도 자연방전이 일어나는 정도가 작기 때문에 시중의 휴대용 전자 기기들에 많이 사용되고 있다. 이 외에도 에너지밀도가 높은 특성을 이용하여 방위산업이나 자동화시스템, 그리고 항공산업 분야에서도 점점 그 사용 빈도가 증가하는 추세이다. 그러나 일반적인 리튬이온 전지는 잘못 사용하게 되면 폭발할 염려가 있으므로 주의해야 한다.

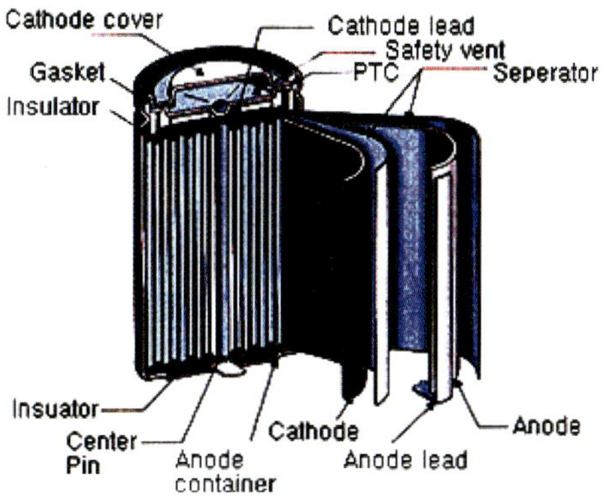

그림 15 리튬이온 전지의 구조

그림 16 리튬이온 전지 외형

리튬이온 전지는 크게 양극, 음극, 전해질의 세 부분으로 나눌 수 있는데, 다양한 종류의 물질들이 이용될 수 있다. 상업적으로 가장 많이 이용되는 음극 재질은 흑연이다. 양극에는 층상의 리튬코발트산화물(lithium cobalt oxide)과 같은 산화물, 인산철리튬(lithium iron phosphate, $LiFePO_4$)과 같은 폴리음이온, 리튬망간 산화물, 스피넬 등이 쓰이며, 초기에는 이황화티탄(TiS_2)도 쓰였다. 음극, 양극과 전해질로 어떤 물질을 사용하느냐에 따라 전지의 전압과 수명, 용량, 안정성 등이 크게 바뀔 수 있다. 최근에는 나노기술을 응용한 제작으로 전지의 성능을 높이고 있다.

리튬은 가장 가벼운 금속 원소(원소 기호 Li, 번호 3)로서, 휴대용 단말기에 사용되는 리튬이온 전지는 니켈-카드뮴 전지에 비해 약 2배의 용량과 약 3배의 전압을 유지하며 자기 방전이 적은 특징을 가지고 있다. 그리고 충·방전을 1,000회 이상 반복해도 메모리 효과가 발생하지 않아 전지를 다 쓰지 않고 재충전해도 수명이 단축되지 않으며 내구성이 좋다.

리튬이온 전지는 현재 2차전지 시장의 대부분을 차지하고 있는 전지이다. 한번 쓰고 버리는 1차전지(일반 건전지)와 달리 외부전원을 이용해 충전해서 반영구적으로 사용하는 전지를 2차전지라고 한다.

양극과 음극 사이에 유기전해질을 넣어 충전과 방전을 반복하게 하는 원리이다. 즉, 리튬산화물로 (+)극을 만들고, 탄소화합물로 (-)극을 만드는데, (+)극의 리튬이온이 중간의 전해액을 지나 (-)극 쪽으로 이동하면서 전기를 발생시킨다.

무게가 가벼운데다 고용량의 전지를 만드는 데 유리해 휴대폰, 노트북, 디지털카메라 등에 많이 사용되고 있다.

그러나 리튬은 본래 불안정한 원소이므로 공기 중의 수분과 급격히 반응해 폭발하기 쉬우며 전해액은 과열에 따른 화재 위험성이 있다. 이런 이유 때문에 리튬이온 전지에는 안전보호회로(PCM)가 들어가며, 내부를 단단한 플라스틱으로 둘러싸게 된다.

리튬이온 전지의 원리는 다음과 같다.

리튬이온 전지는 정극(양극, anode)으로 Lithium oxide계(예: $LiCoO_2$)를 사용하고, 부극(음극, Cathode)으로 carbon계(예: graphite)를 사용한다.

방전시 리튬이온은 부극인 graphite 격자구조 속에 있는 리튬이온이 빠져나와 분리막을 거쳐 정극의 결정구조 속으로 이동해 들어간다.

충전시에는 산화물 정극에서 리튬이온이 빠져나와 분리막을 거쳐 탄소부극의 결정 속으로 이동하여 들어간다. 따라서 충·방전시 리튬이온의 이동에 따라 결정구조는 크게 변한다.

전해질로 수용액대신 유기용매를 사용한다.

$$LiCoO_2 + Cn \Leftrightarrow Li1 - xCoO_2 + CnLix$$

- 양극(산화) : $LiCoO_2 \rightarrow Li_{(1-X)}CoO_2 + xLi+ + xe-$
- 음극(환원) : $xLi+ + xe- + 6C \rightarrow LixC_6$

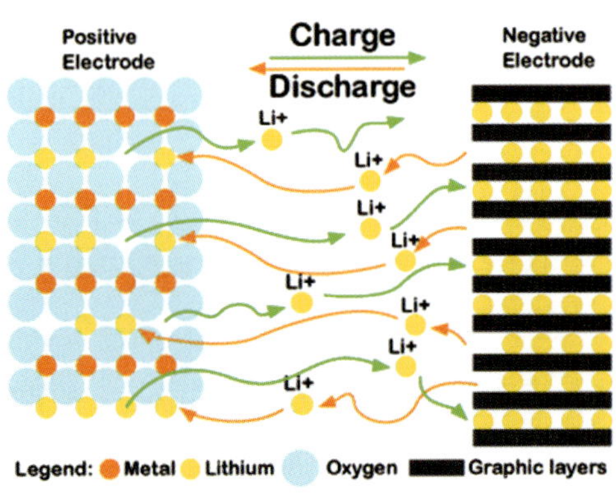

그림 17 리튬이온 전지 충·방전 작용

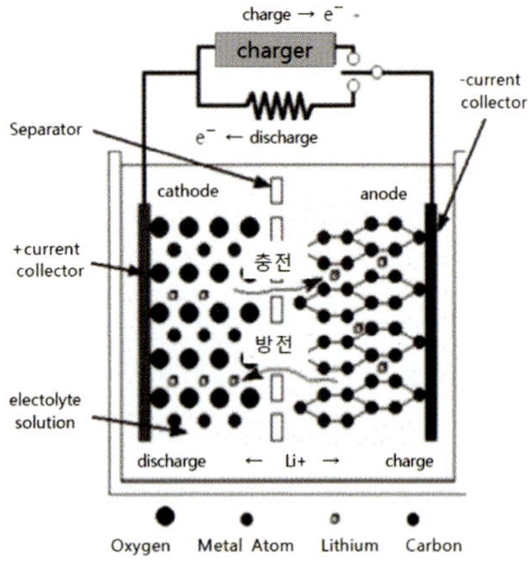

그림 18 리튬이온 전지 충·방전 작용

따라서 전지작동은 충·방전시 양쪽 전극의 전위차에 따라 전지 외부회로에서의 전자흐름과 전지내부에서의 이온흐름이 동시에 일어난다.

충전은 외부의 전기에너지를 전지내부의 전기화학반응을 통하여 화학에너지로 바꾸는 것이다. 외부에서 음극(탄소전극)으로 전자가 들어가면 전해염의 리튬이온은 전자를 받아 환원되어 음극에 붙게 된다. 이때, 양극에서는 전자가 외부회로로 흘러나가며 전극 활물질은 산화되고 리튬이온을 잃게 된다.

방전은 충전의 역반응으로 외부회로에 전기에너지를 공급한다.

2 리튬이온 전지 구성도

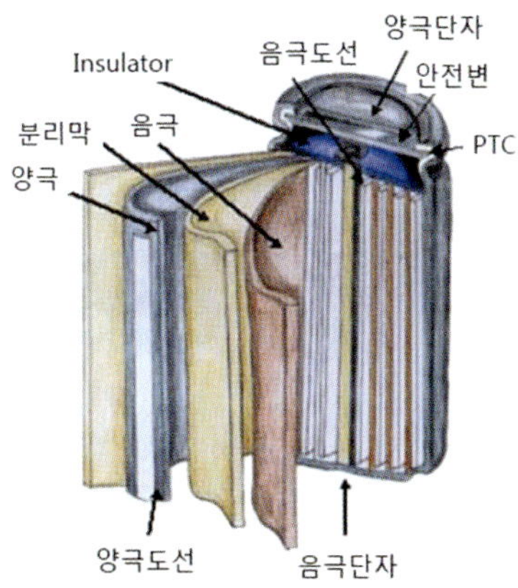

그림 19 원통형 리튬이온 전지의 구성도

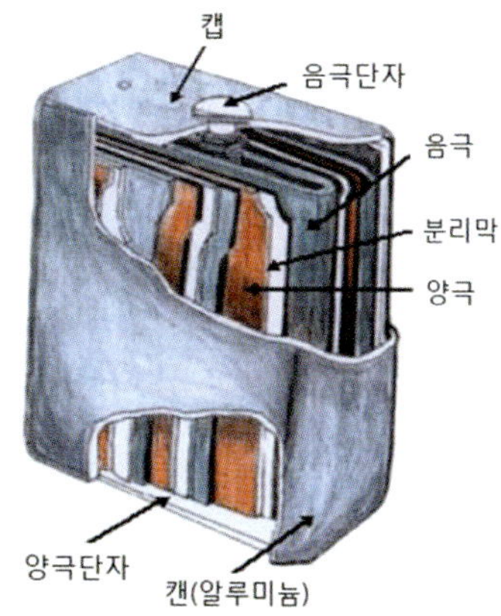

그림 20 각형 리튬이온 전지

리튬이온전지는 원통형 리튬이온 전지와 각형 리튬이온 전지로 구분된다. 리튬이온 전지의 내부는 미세한 공극(pore)을 가진 폴리에틸렌(polyethylene) 필름의 분리막이 시트(sheet) 형태의 양극과 음극 사이에 놓여있는 것을 나선형으로 감은 구조로 되어있다.

양극은 리튬 코발트 산화 금속의 활물질을 리튬 공급원으로 사용하고, 전류 집전체인 알루미늄 호일로 구성되어 있고, 음극은 활물질로서 흑연화 탄소와 전류 집전체인 구리 호일로 구성되어 있다.

전해액은 $LiPF_6$가 용해된 유기용매이다. 또한 리튬 이온 2차전지는 가혹한 조건하에서 내부압을 방출하기 위한 안전벤트(safety vent)이 있을 뿐만 PTC(Positive Temperature Coefficient)와 CID(Current Interrupt Device) 소자가 있어 외부 단락에 의한 급격한 전류를 정상적인 방전 전류로 낮추어주는 역할을 한다.

전지의 용량은 mAh(밀리 암페어시) 또는 Ah(암페어시)로 표시하는데, 휴대폰에 사용하는 전지는 800~1,000mAh가 가장 많이 쓰이며, 고급 기종에는 1,100~1,500mAh도 사용된다. 노트북에 사용되는 전지는 2,400~5,500mAh가 가장 많이 사용된다.

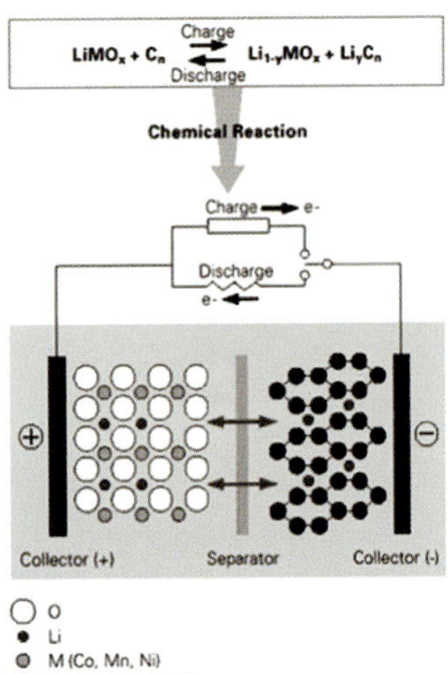

그림 21 리튬이온 화학적 원리

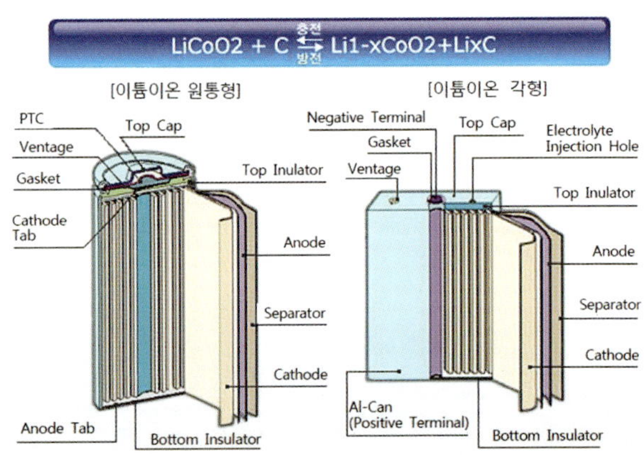

그림 22 리튬이온 각형, 원통형 구조

표 10 리튬-이온전지의 특성

구분	특성
고에너지 밀도	· 리튬이온 전지는 같은 용량의 니카드(Ni-Cd:니켈카드늄), 혹은 니켈수소 전지에 비해 질량이 절반에 지나지 않는다. · 부피는 니카드 전지에 비해 40~50% 작을 뿐 아니라 니켈수소 전지에 비해서도 20~30% 작다
고전압	· 하나의 리튬이온 전지의 평균 전압은 3.7V로서 니카드나 니켈수소 전지 3개를 직렬로 연결해 놓은 것과 같은 전압이다.
고출력	· 리튬이온 전지는 1.5CmA까지 연속적으로 방전이 가능하다. (1CmA란 전지의 용량을 1시간 동안 모두 충전 또는 방전하는 전류를 말한다)
무공해	· 리튬이온 전지는 카드뮴, 납 또는 수은과 같은 오염물질을 사용하지 않는다.
금속 리튬 아님	· 리튬이온 전지는 리튬 금속을 사용하지 않아 더욱 안전하다.
우수한 수명	· 정상적인 조건하에서 리튬이온 전지는 500회 이상의 충전 / 방전 수명을 지닌다.
메모리 효과 없음	· 리튬이온 전지에는 메모리 효과가 없다. · 반면에 니카드 전지는 불완전한 충전과 방전이 반복적으로 이루어질 때 전지의 용량이 감소하는 메모리 효과를 보인다.
고속 충전	· 리튬이온 전지는 정전류/정전압(CC/CV) 방식의 전용 충전기를 이용하여 4.2V의 전압으로 1~2시간 안에 완전하게 충전할 수 있다.

(1) 양극 활물질

현재 시판되고 있는 소형의 리튬이온전지는 $LiCoO_2$를 양극 활물질로 사용하는 것이 대부분이다. $LiCoO_2$는 산화코발트나 수산화코발트 등의 코발트염과 탄화리튬 등의 리튬염과를 약 1,000 ℃의 고온에서 소성하여 합성한다.

그러나 코발트는 희소금속으로 고가이고, 생산지도 편재되어 있어 공급이 불안정하다는 문제가 있다. 이것은 전기자동차나 연료전지 자동차와 같은 대형전지에게는 대단히 불리하다. 이 때문에 보다 풍부하고 값 싼 재료로의 전환이 검토되고 있다. 그 가운데에서 중요하게 주목받고 있는 것이 니켈산리튬($LiNiO_2$)과 망강산리튬($LiMn_2O_2$)이다. $LiNiO_2$은 $LiCoO_2$의 코발트를 니켈로 치환한 것으로 후자와 같은 층상구조를 갖는 화합물이다. 코발트보다 값싸다는 것만이 아니라, 방전용량(mAh/g)이 보다 크다는 장점도 있다.

문제점으로는 ① 사이클 특성이 나쁘다. ② 안전성이 $LiCoO_2$보다 뒤떨어진다. 등을 들 수 있다.

충전된(리튬을 탈도프한) $LiCoO_2$의 열거동을 시차열분석(DSC)으로 조사한바, 200수십도에서 발열피크가 관측된다. 이것은 리튬의 탈 도프와 더불어 $LiCoO_2$속의 코발트가 3가로부터 4가로 변환하기 때문에, 산소를 방출함으로써 안정된 3가를 유지하고자 하는 반응에 대응한 피크이다. 이 산소는 발생기상태에 있기 때문에 음극 및 전해액 등과 반응하기 쉬워 안전성에 있어 커다란 영향을 미친다.

$LiNiO_2$는 $LiCoO_2$와 비교하여 발열피크가 나타나는 온도도 낮고, 피크의 높이도 높다. 이것은 $LiNiO_2$ 쪽이 열적 안전성이 나쁘고 발열량도 크기 때문에 안전성이 코발트 화합물보다 나쁘다는 것을 나타낸다. 이에 대한 대책으로 서는 Al, Sr, Co 등을 첨가하면 효과가 있고, 사이클 특성도 향상되는 것으로 알려져 있다.

Li_xCoO_2에서의 x와 양극 전위와의 관계를 살펴보면 충전이 진행되면서 전위는 상승을 계속한다. 리튬이온전지의 통상의 충전전압인 4.2 V에서는 x = 0.45 정도이나, 충전기의 고장 등으로 과대한 전압으로 충전되면, 추가적으로 리튬이 탈 도프하여 전지전압은 상승을 계속한다.

$LiNiO_2$에서도 비슷한 경향을 보인다. 탈 도프가 진척될수록 코발트와 니켈은 더욱더 4가에 가까워져 불안정하게 되고, 산소를 쉽게 방출하게 되어 안전성에 문제가 된다. 따라서 이것들을 양극으로 사용하는 리튬이온전지는 어떠한 과충전대책이 불가결하게 된다.

또 하나의 양극재료후보인 $LiMn_2O_4$는 $LiCoO_2$ 등과는 구조가 다른, 층 구조가 아니고 스피넬구조를 갖는다. 이 화합물은 화학식으로 부터도 알 수 있듯이 리튬/망간 원소비가 1/2로, 리튬/M(M = Co, Ni) 비가 1/1인 $LiCoO_2$나 $LiNiO_2$와 비교하여 리튬양이 적기 때문에 4.2V의 충전에서는 거의 모든 리튬이 뽑혀져 있어, 그 이상으로 과충전되기 어렵기 때문에 이 점에서는 안전성이 높다고 할 수 있다. 또한 값을 싸게 할 수 있다는 장점도 있다. 그러나 방전용량(mAh/g)이 작다는 단점이 있다. 또한 사이클 열화가 빠르다는 것도 개량을 요하는 과제다.

(2) 음극 재료

음극에는 흑연 이외의 탄소질 재료의 응용도 가능하여 많은 탄소질 재료가 검토되어 왔다. 현재 실용화되어 있는 리튬이온 이차전지용 음극을 크게 나누면, 흑연(그라파이트), 하드카본의 두 가지가된다.

흑연은 앞서 기술한 대로 C_6Li라는 GIC를 형성한다. 이 화학식으로부터 리튬의 도프 가능량을 계산하면 372mAh/g이 되어 이것이 흑연의 충전량 이론적 한계량이 된다. 이 값 이상 충전하면 충전된 리튬은 흑연층간에 도프되지 않고, 금속리튬으로서 흑연표면에 석출하기 때문에 안전성관점에서 바람직하지 않다. 또한 흑연의 층간거리는 0.335㎚이나 리튬이 도프되면 0.372㎚로 확대되었다가 탈 도프로 다시 원래의 층간거리로 수축한다는 거동을 보인다. 이 때문에 사이클 진행과 더불어 결정구조의 일부가 깨져 사이클 열화의 하나의 원인이 된다.

다른 한편 하드카본은 층 구조가 전혀 발달되지 않는 상태로 있다. 흑연에 서는 수 100 층이 적층된 구조를 하고 있는 것에 반하여 하드카본의 결정은 겨우 몇 층이 구성되어 있고, 그것도 결정방향이 여러 방향으로 자리 잡은 구조이다. 하드카본의 결정은 층간거리는 소성온도에 따라 변화하나, 리튬이온전지에 사용되고 있는 것은 0.38㎚ 정도임으로 리튬도프에 기인하는 층간팽창은 거의 볼 수 없다. 따라서 사이클 특성은 하드카본 쪽이 흑연보다 우수하다고 할 수 있다.

(3) 전해액

리튬이온전지의 개방전압은 4.2V로 높아, 물은 분해되어버리기 때문에 수용액 전해액을 사용할 수가 없다. 그 때문에 지지전해질을 유기용매에 용해한 것이 사용되고 있다. 지지전해질로는 $LiPF_6$, $LiBF_4$, $LiAsF_6$, $LiClO_4$ 등의 리튬복합염이, 유기용매로는 프로필렌 카보네이트, 에틸렌 카보네이트, 디메틸 카보네이트, 메틸 에틸 카보네이트 등을 혼합하여 사용하고 있다. 유기용매계 전해액은 수용액계와 비교하여 이온전도율이 낮다는 결점이 있다. 또한 가연성이기 때문에 안전성에 대하여 특별한 배려가 꼭 있어야 한다.

전해액으로는 다음과 같은 특성이 요구된다.

① 이온전도율이 높을 것, 이를 위하여 가급적 많은 리튬이온을 해리할 수 있고, 안정적으로 존재할 수 있을 것.

② 넓은 전위창을 가질 것. 즉 넓은 전위범위에서 안정할 것.

③ 양극과 음극물질과 반응하지 않을 것.

④ 증기압이 낮을 것.

⑤ 충·방전에 수반하여 분해하지 않을 것.

유기전해액을 폴리머의 가소제로 사용한 소위 폴리머 겔 전해질은 전해액을 고체로 취급하기 하기 때문에 전해액의 누설 문제로부터 해방될 수 있는 커다란 장점이 있다. 더욱이 소형전지에서 이 겔 전해질을 사용할 경우에는 전지의 외장을 금속 캔이 아닌 고분자필름을 사용할 수 있기 때문에 전지의 경량화에 유리하다. 불화비니리덴, 불화프로필렌 공중합체, 폴리에틸렌 옥시드, 폴리아크릴니토릴 등이 폴리머 매트릭스로 사용되고 있다. 겔 폴리머전해질로부터 유기용매를 제거한 순정 고분자전해질도 개발되고 있다. 특히 미국을 중심으로 대형화와 전기자동차용 전원으로의 응용이 고려되고 있다. 고체이기 때문에 이온전도율은 유기용매보다 더욱 낮아, 이를 극복하기 위하여 전기자동차에서는 어느 정도 높은 온도에서 사용할 것을 검토하고 있다.

참고 휴대폰 전지의 구조 · 안전성

① 리튬, 고온 · 공기 접촉하면 발화 / 과충전 · 심한 충격 피해야 안전

㉮ 휴대폰 전지의 대부분은 각형의 리튬이온전지 또는 리튬이온폴리머 전지를 사용하고 있다. 리튬은 지구상에 존재하는 어떤 원소보다 '전위차'가 커 높은 효율의 충·방전을 가능하게 하기 때문에 최상의 전지 물질로 알려져 있다. 하지만 리튬은 폭발이나 화재의 위험이 큰 물질이기도 하다.

㉯ 리튬이온전지는 1991년 일본의 소니사가 처음 상용화하였으며, 분리막 사이로 리튬금속산화물로 이뤄진 양극, 보통 흑연 등이 주로 쓰이는 탄소계 화합물로 이뤄진 음극이 있다.

② 리튬이온폴리머 - 젤 형태의 전해질 · 특수필름 재질로 위험성 적어

㉮ 리튬이온폴리머 전지의 내부 구조는 리튬이온 전지와 유사하다. 다만 리튬이온전지의 액체의 전해액 대신에 말랑말랑한 젤 형태의 전해물질(폴리머 전해질)을 사용하며, 리튬이온전지의 외부금속 캔 대신에 플라스틱 필름재질의 파우치로 싸여있다는 것이 큰 차이이다.

㉯ 리튬이온폴리머 전지는 금속 캔 대신 내부 압력에 잘 찢어지는 특수필름 재질로 되어 있으며, 전해질이 젤 형태여서 외부로 잘 흘러나오지 않기 때문에 폭발할 가능성이 거의 없어 안전하다.

㉰ 전문가들은 리튬이온폴리머 전지의 폭발 가능성은 거의 0%이지만 휴대폰 전지는 과충전하지 말고, 고온 상태에 방치하지 말아야 하며, 심한 충격은 피해야 한다고 전한다.

(4) 격리판(Separator)

폴리에틸렌이나 폴리플로필렌의 미다공막이 격리판으로 사용되고 있다. 격리판은 리튬이온전지의 안전성을 높이기 위하여도 중요한 역할을 한다. 예를 들면 외부 단락(쇼트)과 같은 오동작 등의 이유로, 규정 이상의 대전류가 흐른 경우 줄열에 의한 비정상적인 전지의 온도상승이 일어난다. 이 때 전지온도가 격리판의 용융온도 근방에 도달하면 격리판은 연화하여 구멍이 막혀 이온이 통과할 수 없는 절연막이 된다. 이경우를 격리판 동작정지(shutdown)이라고 한다. 따라서 이 시점에서 전류가 흐르지 않게 되어 이 이상의 온도상승은 저지된다. 동작 정지된 격리판은 온도가 내려간 뒤에도 구멍이 막힌 상태로 있어 격리판으로서의 기능은 회복되지 않기 때문에 비가역적인 안전장치라고 할 수 있다.

그러나 대형전지에서는 전극면적이 크기 때문에 격리판 전체 면적에서 이러한 동작정지를 한꺼번에 일어나게는 할 수 없다. 그 뿐만이 아니라 폐쇄되지 않고 아직 격리판으로서 기능하고 있는 부분에 전류가 집중하게 되어, 그 부분의 온도가 더 상승하여 막의 파손이 일어나 쇼트를 일으킬 수도 있다. 따라서 대형전지에서는 동작정지를 기대하여 융점이 낮은 재질을 격리판으로 사용하기 보다는 내열성이 높은 격리판을 사용하는 것이 바람직하다.

그림 23 리튬전지의 격리판

(5) 특징

리튬이온 이차전지의 전압은 다른 이차전지의 전압에 비하여 높고, 초기개방전압은 4.2V, 평균작동전압은 3.6~3.7V이다. 연료전지자동차 등 전기자동차용 전원 시스템은 매우 높은 전압용으로 구성된다. 이 경우 전지전압이 높다고 하는 점은 대단히 유리하게 된다. 예를 들면 360V를 만들기 위하여 니켈-카드뮴전지나 니켈-수소 이차전지로는 약 300개, 납축전지로도 약160개의 셀을 직렬로 연결하지 않으면 안되는 것에 비하여 리튬이온전지에서는 약 100개면 충족된다. 직열연결에서는 시스템을 구성하고 있는 개개의 셀의 방전용량의 차이가 크면 가장 용량이 적은 셀의 순으로 과방전이 되어, 소의 전극의 전환이 일어난다. 이를 방지하기 위하여는 여러개의 셀을 제어회로로 감시하게 되나 직렬접속 개수가 적을수록 감시가 용이해 진다.

리튬이온전지는 에너지밀도 특히 중량 에너지밀도가 크기 때문에 차량 총 중량을 가급적 가볍게 하기를 바라는 전기자동차용 전원에 적합하다. 휴대용 전자기기에 사용되고 있는 소형의 리튬이온 이차전지에서는 체적에너지 밀도에서 400Wh/㎥, 중량 에너지밀도에서 170Wh/㎏정도까지 달성하고 있다. 다른 조건이 같다고 가정한 경우, 1회 충전주행거리를 같게 하기 위하여 전기자동차 전원시스템의 총 중량에 대하여 납축전지로는 리튬이온 이차전지의 약 3배, 니켈-수소 이차전지에서는 약 1.5배 정도 무거워진다.

충·방전 효율이 높고, 에너지의 효율적인 이용이 가능한 점도 리튬이온 이차전지의 커다란 특징이다. 전지시스템을 사용한 경우와 비교하여 리튬이온 이차전지를 사용하면 종합적인 에너지효율이 높아진다. 자기방전율도 수용액 전해질 전지와 비교하여 낮은 것도 리튬이온 이차전지의 장점 가운데 하나이다. 자기방전은 휘발유차에 예를 들면 휘발유 탱크로부터 연료가 새어나오는 것과 같은 것이어서 적은 것이 바람직하다.

니켈-카드뮴이차전지나 니켈-수소 이차전지에서는 만충전 또는 그와 가까운 상태로 장기간 보존하면 전지의 방전 가능시간이 짧아지는 현상이 있다. 이를 기억효과라 부른다. 이 경우에는 잔존 용량표시는 만충전를 가리키고 있음에도 불구하고, 실제의 방전 가능시간은 대단히 짧다는 현상이 나타난다. 이 기억효과는 휘발유자동차의 연료탱크에 모래가 쌓여 연료미터는 Full임을 표시하고 있음에도 불구하고 실제의 휘발유는 얼마 남지 않았다는 상태인 것과 유사한 상태가 되는 것이다.

기억효과는 전지를 한번 완전히 방전하면 해소되기 때문에 소형의 니켈-카드뮴이차전지나 니켈-수소 이차전지용의 충전기에서는 충전 전에 전지가 완전히 방전되도록 강제 방전회로(refresh회로)를 장착하고 있다. 한편 리튬이온 이차전지는 이 기억효과가 전혀 존재하지 않아 이러한 불필요한 충전방법은 필요로 하지 않는다.

리튬이온 이차전지에는 기술한 바와 같이 유기 전해액이 사용되어 일반적으로 수용액 전해액에 비하여 이온전도율이 낮다. 이 때문에 니켈-수소 이차전지와 비교하여 부하특성이 떨어져 대전류에는 부적합하다. 즉 전기자동차용으로 가장 필요하다고 하는 출력이 작을 우려가 있었다. 그러나 전극구조와 셀 구조를 최적화함으로써 수용액 전해질 전지 이상의 출력밀도가 가능하게 되었고, 전기자동차와 하이브리드 자동차 내지는 연료전지자동차용 전원으로서도 손색이 없는 것들이 개발되고 있다.

음극재료의 항에서 기술한 바와 같이 리튬이온전지에서 현재 실용화되어 있는 음극에는 하드카본이 있으나, 전기자동차용으로 생각할 때 각각 일장일단이 있어 얻을 수 있는 전지의 특성에도 차이가 생긴다.

(6) 사용법

리튬이온전지는 통상의 충전전압인 4.2V로 충전된 상태에서는 양극의 구성은 거의 $Li_{0.45}CoO_2$로 되어, 탈 도프가 가능한 리튬은 아직 많이 잔존하고 있고, 더 충전을 계속하면 전지전압은 상승을 계속 함과 동시에 음극에서는 흡장할 수 없게 된 리튬이 음극표면에 금속 리튬으로 석출되기 시작한다.

다른 한편 리튬이온전지가 과방전된 경우, 전지전압이 음극 집전체인 구리의 용출 전위 이하로 내려가게 되면, 구리의 용출이 일어나 전지용량을 크게 저하시킨다.

이러한 과충전과 과방전은 성능과 안전성에 악영향을 미치기 때문에 리튬 이온이차전지 팩에서는 제어회로라 부르는 전자회로를 설치하여, 과충전, 과방전, 과전류, 이상고온 등을 방지하고 있다. 전기자동차와 하이브리드자동차, 연료전지자동차용으로도 이러한 제어회로를 필요로 한다.

그리고 기억효과가 없고 자기방전이 적은 것 등 전기자동차용으로 보수가 용이한 점도 있다. 니켈 수소 이차전지에서는 대략 45℃이상의 온도에서 충전하게 되면 용량이 상당히 저하한다는 과제가 남아 있으나, 리튬이온전지에서는 충전온도 등의 제한은 통상의 범위 내에서는 받지 않는다. 충전반응이 흡열반응이라는 점도 충전에 따르는 이상발열을 일으키기 어렵다는 장점을 갖고 있다.

최근엔 양극과 음극 사이에 액체가 아닌 고체나 겔 형태의 폴리머 재료로 된 전해질을 사용, 전기를 발생시키는 리튬폴리머 전지가 각광받고 있다.

(7) 리튬이온 전지의 필요성

전기자동차가 필요한 이유가 무엇일까? 그리고 왜 전지가 자동차 미래의 성장 사업으로 각광받고 있을까? 또, 리튬이온 전기가 항상 같이 언급되는 이유는 무엇일까?

아바타라는 영화가 지구 에너지가 고갈되었다는 시점에서 부터 시작되었다.

대표 화석에너지인 석유는 점점 고갈되고 있다. 이에 고유가 시대에 연일 유가는 큰 폭으로 상승하고 있으며 유가 채굴 가능 기간은 약 40년 정도로 다가왔다. 이에 대체 에너지를 찾고자 하지만 아직 이렇다 할 성과를 이뤄내지 못하고 있다. 또한, 곳곳이 환경오염으로 인한 피해를 입고 있고 자연재해 등 심각한 상황까지 맞닥뜨리게 되었다.

국내만 살펴보자. 한국은 07년 기준 세계 9대 온실가스 배출국이다. 이산화탄소 배출량이 113.1%로 OECD 국가 평균 17.4% 비해 엄청 높은 상황이다. 이에 2013년부터 한국은 2020년까지 온실가스를 05년 대비 4.0% 감축하기로 결정했다.

이러한 상황에서 미국, EU, 일본 등은 화석에너지의 주 소비재인 자동차에 있어 새로운 친환경 자동차 개발에 관심을 가지게 되었고 이에 대한 개발 지원과 투자 지원이 이뤄지고 있는 상황이다. 항상 뒤늦게 시작하는 한국도 이번에는 발 빠르게 움직이려고 하고 있다. 또한, 전기자동차에 담길 리튬이온 전지 시장에 박차를 가하고 있다.

그렇다면 왜 전기자동차에는 리튬이온 전지일까?

기존 니켈 수소(Ni-MH) 전지를 채용한 하이브리드 차량이 있음에도 왜 미래는 리튬이온 전지임을 내세우고 있을까? 최종 목표인 전기자동차(EV, Electric Vehicle)에 내장하기 가장 알맞기 때문이다. 08년 최근까지 HEV(Hybrid Electric Vehicle)에 내장되었던 니켈 수소 전지는 안정성에 있어서 검증된 기술이긴 하지만 에너지 효율이 떨어지고 무겁다는 치명적인 단점을 가지고 있다. 에너지 효율을 높이기 위해 많은 니켈 수소 전지를 차에 내장하면 그 만큼 무게가 무거워져 결국 효율은 더 낮아질 수밖에 없다.

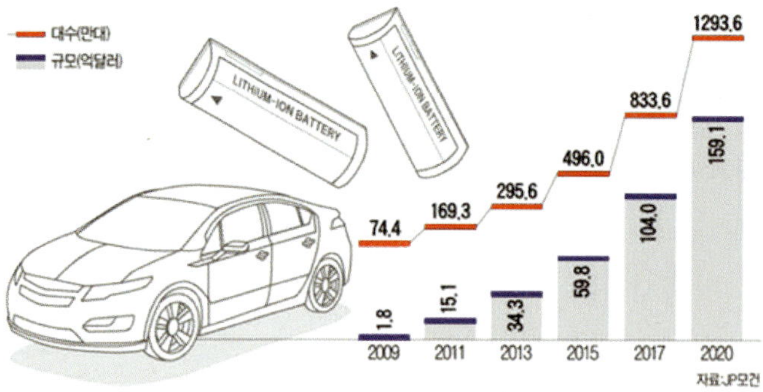

그림 24 전기자동차용 리튬이온전지 시장 규모

하지만 차세대 표준 2차전지로 선택된 리튬이온 전지는 노트북, 넷북, 스마트폰, 휴대폰, 디지털 카메라 등 모바일 제품에 다양하게 채택되고 사용되면서 자연스럽게 일상생활 속에 자리잡기 시작했고 그 안에 안정성은 물론 전지 하면 리튬이온이 떠오를 만큼 대중화 할 수 있었다.

그림 25 **전기자동차 충전**

즉, 니켈 수소 전지만큼의 안정성 여기에 긴 수명과 낮은 방전률 그리고 높은 에너지 밀도와 가벼운 무게 등 충분히 니켈 수소 전지를 대체 하고도 남을 만큼의 성능과 쓰임새를 보여주기 때문에 미래 전기자동차의 파트너로 리튬이온 전지가 선택된 것이다.

물론 아직 부족한 부분도 있다. 안정성이나 무게, 소형화 가능, 에너지 밀도의 우수성 등 다양한 장점이 있음에도 아직 전기자동차가 본격적인 시동을 걸지 못하고 있는 것은 아무리 에너지 밀도와 효율이 좋다고 하더라도 화석에너지 만큼의 주행거리를 보여주지 못하고 있기 때문이다. 각 차종 별로 차이가 있겠지만 주유소에 들어가 약 5분 이내 주유를 하면 얼마든지 달릴 수 있는 기존 차량과는 달리 충전하는데 상당한 시간이 소요되며 한번 충전으로 달릴 수 있는 주행거리 길지 않다는 단점이 있다.

이를 해결하기 위해 하이브리드 자동차가 먼저 등장했지만 친환경 자동차, 전기자동차라고 하기에는 부족한 부분이 분명 존재하다.

이렇듯 전기자동차 시장은 아직 활짝 폈다기 보다는 활짝 펴기 위한 준비단계로 현재로써는 세계 자동차 시장에 낮은 비중을 차지하고 있지만 2030년 최대 30%까지 성장할 것으로 내다보고 있다. 즉, 미래 성장 산업의 1~2위로 손꼽히는 친환경 전기자동차 시장에 있어 리튬이온 전지 시장은 더불어 발전하고 성장할 수 있는 분야인 만큼 국내 업체의 선전이 무엇보다 기대되는 상황이다.

3 리튬이온 전지의 역사

① 리튬이온 전지는 빙엄턴 대학의 위팅엄 교수와 엑슨사에 의해 1970년대에 처음 제안되었다. 위팅엄 교수는 이황화티탄을 양극으로, 금속 리튬을 음극으로 사용하였다.

② 1980년에 야자미(Rachid Yazami)를 필두로 하는 그르노블 공과대학(INPG)과 프랑스 국립 과학 연구센터의 연구진에 의해 흑연 내에 삽입된 리튬 원소의 전기화학적 성질이 밝혀졌다. 그들은 리튬과 폴리머 전해질, 흑연으로 이루어진 반쪽 전지 구조에 대한 실험을 통하여 흑연에 리튬 원소가 가역적으로 삽입됨을 밝혀냈고, 1982년과 1983년에 해당 연구 내용이 출판되었다. 이 연구는 리튬의 흑연 내 가역적 삽입에 관해 열역학적인 내용과 이온 확산에 관련된 동역학적인 내용을 모두 포함하고 있다.

③ 기존의 리튬 전지는 음극이 금속 리튬으로 이루어져 있었고, 그 때문에 안전성이 낮았다. 따라서 리튬이온 전지는 금속의 리튬 덩어리가 아니라 리튬 이온을 포함하는 물질을 음극과 양극으로 사용하는 방향으로 개발되었다.

④ 1981년 벨연구소에서는 리튬 전지에 금속 리튬 대신 사용 가능한 흑연 음극을 개발하여 특허를 획득하였다. 그 후 굿이너프(John B. Goodenough)가 이끄는 연구팀이 새로운 양극을 개발함으로써 비로소 1991년 소니에 의해 최초의 상업적 리튬이온 전지가 출시되었다. 당시의 전지는 층상 구조의 산화물(리튬코발트산화물)을 이용하였으며, 당시 가전제품 분야에 혁명을 일으켰다.

⑤ 1983년 새커리, 굿이너프 그리고 그 협력자들이 망간으로 이루어진 스피넬을 양극 물질로 사용할 수 있음을 발견하였다. 스피넬은 가격이 싸고 전기전도도와 리튬 이온 전도도가 우수하며 구조적으로 안정적이기 때문에 매우 각광 받았다. 비록 순수한 망간으로 이루어진 스피넬은 반복되는 사용으로 인해 성능이 저하되지만, 이러한 점은 스피넬을 구성하는 화학 원소에 변화를 줌으로써 해결할 수 있다. 망간 스피넬은 오늘날 상업적인 리튬이온 전지들에 사용되고 있다.

⑥ 1989년 오스틴 텍사스 대학교의 만티람(Arumugam Manthiram)과 굿이너프는 폴리음이온을 함유하는 양극이 유도 효과를 갖기 때문에 산화물을 사용하는 양극보다 더 높은 전압을 낼 수 있음을 발견하였다.

⑦ 1996년 파디(Akshaya Padhi)와 굿이너프, 그리고 그 협력자들이 인산철리튬과 감람석 결정구조를 갖는 인산금속계 리튬을 리튬이온 전지의 양극 물질로 사용할 수 있음을 발견하였다. 인산철리튬은 여느 양극 물질과 비교해도 저렴한 가격과 뛰어난 안전성, 성능, 그리고 안정적인 작동 성능을 보였다. 또한 인산철리튬은 전기자동차에 사용되는 거대한 전지와 같이 안전성을 요구하는 에너지 저장 장치로서 적합하다. 인산철리튬은 오늘날 노트북 컴퓨터와 같은 휴대용 전자기기 등에 널리 사용되고 있다.

⑧ 2002년 MIT의 치앙(Yet-Ming Chiang)과 그 연구팀은 전극에 알루미늄이나 니오브, 또는 지르코늄을 도핑함으로써 전기전도도를 크게 증가시켜 리튬이온 전지의 성능을 극대화할 수 있다는 것을 발견하였다. 그러나 이 도핑 처리에 의해 성능이 향상되는 원리가 실제로 어떻게 되는지에 대해서는 많은 논쟁이 있다.

⑨ 2004년 치앙의 연구팀은 또 다른 기술을 개발하는데, 100나노미터의 지름을 갖는 인산철 입자를 전극에 도핑하는 것이다. 이를 통하여 밀도가 100분의 1 이하로 감소하였고 전극의 표면적과 전지의 용량이 증가하는 효과를 얻었다. 인산철을 이용하는 기술의 상업화는 치열한 시장 경쟁을 낳았고, 또한 치앙과 굿이너프 간의 특허 침해 분쟁을 야기했다.

4 리튬이온 전지의 관리

(1) 리튬이온 전지의 수명

① 리튬이온은 장수명을 가질 수 있도록 설계되어 있지만 수명은 수천회 충·방전이 가능하다.

② 무엇으로 리튬이온 전지를 만들었나에 따라, 아니면 제작업체의 기술력에 따라 달라진다. 세계에서 우수한 기술을 갖은 일본 소니의 경우 4000회의 충·방전에도 원래 용량을 유지한다.

③ 전지를 사용하는 온도도 중요하다. 리튬이온 전지는 열에 매우 약하다. 사회적 문제가 되었던 노트북의 전지 폭발사건도 모두 노트북의 온도가 너무 높게 올라가 전지에 작용하였기 때문이다.

④ 리튬이온 전지는 열에 매우 약하기 때문에 온도가 높은 곳에서 사용을 하면 더욱 빨리 성능의 저하가 올 수 있다. 리튬이온 전지의 성능이 감소하는 주된 원인은 극 재료로 사용되는 탄소분자의 구조가 변하면서 탄소와 결합하는 리튬이온의 양이 줄어들기 때문인데 여기에 열이 가해지면 그 변화되는 속도가 가속되기 때문에 성능이 급격히 떨어지게 된다.

(2) 리튬이온 전지 오래 쓰는 법

① 되도록 완전충전/완전방전을 하지 않고 조금 사용하고 충전하고 하는 것이 더 좋다.

② 보통 전지를 사용하다 보면 용량이 적어진 것을 느낄 수 있다. 이때 다시 완전충전/완전방전을 하면 용량이 다시 살아나는 것을 알 수 있다. 이것하고 수명을 혼돈해서는 안된다. 즉, 용량과 수명은 선형적인 관계가 아니다는 것이다.

③ 용량이 다시 살아나는 이유는 이온이 흘러가는 통로에서 여러가지 이유로 이온 중 여러개가 극판까지 도달하지 못하게 되는 것이 많아지게 되는 것이다. 이때 완전충전/완전방전을 해주면 다시 잘 흐르게 되는 것이다. 이것은 용량 문제이지 수명문제가 아니다. 리튬이온 셀은 일정 전압을 넘어서거나 낮아지면 셀이 손상된다. 즉, 과충전과 과방전은 수명에 치명적이라는 것이다.

④ 결론적으로 장수의 비결은 사용을 하고 자주자주 충전을 해주는 것이다.

(3) 전지를 오래 방치하면 수명이 짧아지나?

① 일반적으로 많은 2차전지의 경우에 오랫동안 사용하지 않고 방치해 두면 전지의 성능이 저하되는 경우를 보게 된다. 여러가지 원인이 있을 수 있지만 주로 전지의 자기방전에 의해 과방전되어 전지의 성능저하와 수명단축을 가져오게 될 수도 있다.

② 자기방전율 관점에서만 본다면 리튬이온 전지는 기존의 휴대기기에 가장 많이 사용되었고, 현재도 저가의 상품들에 사용되고 있는 Ni/Cd나 NiMH, 납축전지들보다는 자기방전율이 매우 낮다. 예를 들면 NiMH는 15%/월인데 반해 리튬이온 전지의 경우 (+, -)전극을 구성하는 활물질에 따라 차이가 나지만 약 3~5%/월 로써 매우 우수한 장기방치특성을 지니고 있다. 따라서 오래 사용하지 않고 방치해 둔다면 위에 언급된 전지들 중에서 리튬이온 전지가 가장 영향을 적게 받을 것으로 판단된다.

③ 장기간 사용 않고 방치해야만 한다면 방전상태에서 보다는 충전상태에서 보관을 하는 것이 좋다. 그래야 몇 달이 지나도 과방전되어 전지에 치명적인 손상을 주는 일이 일어날 확률이 낮다.

07 리튬폴리머 전지 (Lithium polymer batteries)

리튬폴리머 전지는 현재 일본에서 상용화되어 있는 액체 전해질형 리튬이온 전지의 단점인 안전성 문제, 제조비용의 고가, 대형 전지제조의 어려움, 고용량화의 어려움 등의 문제를 해결할 수 있는 전지이다.

1 전지의 개요

리튬폴리머전지인 경우는 리튬이온전지와 유사하나 리튬이온전지의 전해액을 고분자물질로 대체하여 안정성을 높인 것이 다르다. 또한 리튬폴리머전지는 음극으로 리튬금속을 사용하는 경우와 카본을 사용하는 경우가 있는데 카본음극을 사용하는 경우를 구별하여 리튬이온폴리머전지로 표기하는 경우가 있으나, 대부분의 경우 편의상 리튬폴리머전지로 통용하고 있다.

전해질이 고체이기 때문에 전해질의 누수염려가 없어 안전성이 확보되고, 또한 용도에 따라 다양한 크기와 모양으로 전지팩을 제조할 수 있어 기존의 리튬이온 전지에서 원통형 및 각형전지로 전지팩을 제작할 경우 전지와 전지 사이에 전지용량과 무관한 쓸데없는 공간이 생기는 문제를 해결함으로써 에너지밀도가 높은 전지를 제조할 수 있다.

그림 26 **리튬폴리머 전지**

또한 자기방전율 문제, 환경오염문제, 메모리효과 문제가 거의 없는 차세대 전지라 할 수 있다. 특히 전지제조공정이 리튬이온 전지에 비하여 비교적 용이할 것으로 예상되어 대량생산 및 대형전지 제조가 가능할 것으로 보이므로 전지제조비용의 저렴화 및 전기자동차 전지로의 활용 가능성이 매우 높은 전지라 할 수 있다. 그러나 리튬폴리머 전지가 기술적으로 실현 가능하게 하기 위해서는 아래와 같은 문제가 선결되어야 한다.

① 전기화학적으로 안정해야 함.(과충·방전에 견디기 위해 넓은 전압범위에서 안정)

② 전기전도도가 높아야 함. (상온에서 1㎳/㎝ 이상)

③ 전극물질이나 전지내의 다른 조성들과 화학적, 전기화학적 호환성이 요구됨.

④ 열안정성이 우수하여야 함.

전 고체형 전지에서 기계적 성질은 가끔 무시되어지나 역시 중요한 인자이다. 이러한 것은 실험실 수준에서 양산 수준으로 이전될 때 더욱 중요하다. 또한 원재료는 쉽고 값싸게 구입할 수 있어야 한다. 근래 대부분의 연구는 상온에서 높은 이온전도도를 나타내는 고체 고분자 전해질의 개발에 초점이 맞추어져 있으며, 젤-고분자 전해질 및 하이브리드 고분자 전해질의 개발로 이것이 실현되었다. 이들 고분자 전해질은 액체와 고체 고분자 전해질의 문제점을 극복하기 위한 것으로 젤-고분자 전해질은 많은 양의 액체 가소제를 폴리머 호스트 구조에 첨가하여 제조한 것이고, 하이브리드 고분자 전해질은 고분자 매트릭스 내에 유기용매 전해질을 주입시켜 제조한 것으로 전기화학적, 화학적, 열적, 전기적 특성이 우수하며, 또한 제3의 물질을 첨가하여 기계적 특성을 향상시킴으로써 리튬폴리머 전지의 상용화 가능성을 높였다.

(+)극과 (-)극 사이에 무엇이 있을까? 리튬이온 전지는 액체로 된 전해액이 들어 있다. 문제는 이 전해액은 유기성인데 휘발유보다 잘 타는 물질이다. 그래서 폭발의 위험이 있다. 리튬폴리머는 바로 이점을 개선한 것이다. 전해액대신에 고분자물질로 채워서 안정성을 높인 것이다.

즉 리튬 이온 중합체 전지(리튬이온 폴리머 전지, 폴리머 전지)는 중합체(폴리머)를 사용한 리튬이온 전지이다.

좁은 의미의 폴리머 전지는 폴리머를 전해질로 사용한 것이다. 넓은 의미의 폴리머 전지는 전해질 이외에 음극과 양극의 활성 물질에 전도성 고분자 등을 이용한 것도 포함된다. 고체나 젤 상태의 중합체를 전해질로 사용하기 때문에 안정성이 높고 무게도 가벼우며 제조과정도 간단하여 컴퓨터를 비롯한 핸드폰 등에서 주로 사용되고 있다. 앞으로 그 사용영역이 더욱 확장될 것으로 보인다.

리튬폴리머 전지는 리튬이온 전지와 동작원리는 같으나 전해액에 유기 용매와 겔상의 고분자를 사용하는 것으로 누액의 위험이 적고 안전성이 뛰어나며 필름 형태의 재료를 중첩시켜 구성하므로 형상의 자유도가 높아 다양한 모양이 가능한 특징이 있는 반면에 리튬이온 전지에 비해 체적 에너지 밀도가 떨어지며 제조공정이 비교적 복잡하여 아직까지 가격이 높다.

현재 휴대기기용(디지털 카메라 등)으로 사용되고 있는 폴리머 전지는 폴리에틸렌 글리콜(Polyethylene glycol)이나 폴리에틸렌 플로라이드(Polyethylene fluoride)으로 구성된 폴리머에 전기분해액을 포함시켜 교질화(겔화)한 것으로, 본질적으로는 리튬이온 전지와 큰 차이가 없다. 하지만 전해질이 준고체상태이기 때문에, 용액이 잘 새어나오지 않는다는 장점이 있다. 다른 방식의 2차전지에 비해 상당히 가볍고, 메모리 효과도 매우 적다. 모양도 비교적 자유롭게 만들 수 있기 때문에 이용이 증가하고 있다. 애플의 노트북인 맥북, 맥북프로에서 사용되기도 한다.

리튬폴리머 전지는 음극과 양극사이의 분리막이 리튬이온 전지에서의 전극의 분리역할 외에 이온전도의 매개체, 즉 전해질의 역할을 하는 전지이다. 리튬폴리머 전지는 전극재료 및 고분자 분리막의 종류에 따라 다음과 같이 구분할 수 있다.

표 11 **리튬폴리머 전지의 분류**

	양극	전해질	음극	개발사
1	고분자	유기용매	리튬 or 고분자	Bridgeststone, Ricoh, Matsushida
2	고분자	고분자	리튬 or 고분자	Kanedo
3	무기재료	고분자	리튬 or 고분자	Yuasa, Hydro-Quedec, Ultralife
4	무기재료	겔형고분자	리튬 or 고분자	LG, Bellcore, Hitachi Maxell, Sony, Toshibe

2 고분자 전해질

고분자 전해질은 크게 아래와 같이 세 분류로 나눌 수 있다.

① 순수 고체 고분자 전해질계

② 젤-고분자 전해질계

③ Hybrid 고분자 전해질계

순수 고분자 전해질계는 Hydro-Quebec사에서 처음 시도한 것으로 약간의 액체가소제를 혼합하여 제조한다. 이러한 전해질은 용매증발 피복법으로 박막을 제조한다.

젤-고분자 전해질은 순수-고분자 전해질에 비하여 상온에서의 높은 이온전도도와 불량한 기계적 성질을 나타내는 것으로 많은 양의 액체가소제와 혹은 용매를 폴리머 매트릭스에 첨가하여 폴리머호스트구조와 안정한 젤을 형성하도록 하는 것이다. 젤-고분자 전해질은 높은 이온이동도와 높은 전하수송물질 농도를 나타내어 주된 성능향상을 이루었고, 또한 저온특성도 우수하게 되었다.

Hybrid 고분자 전해질계는 고분자 매트릭스를 1미크론 미만(submicron)으로 다공성하게 만들어 유기용매 전해질을 이 작은 기공에 주입시켜 제조한다. 이 작은 기공에 들어간 유기용매 전해질은 누액이 되지 않고 아주 안전한 전해질로 사용할 수가 있다. 이 전해질은 이온전도도가 유기용매 전해질의 이온전도도와 같은 특성을 갖고 있고, 용이하게 제작할 수 있는 것이 장점이라고 볼 수 있다.

3 전기 화학적 원리

음극과 양극의 활물질(active material)이 리튬이온 전지와 유사하기 때문에 전기화학적 원리는 같다. 전지의 작동은 충·방전에 의해 리튬이온이 양극과 음극 사이를 이동하며 사이에 끼움에 의해 이루어진다. 전지작동에 의한 전극의 변화는 없기 때문에 안정적인 충·방전이 가능하다.

Anode: $LiCoO_2(s) = LI_{1-n}CoO_2(s) + ne^-$

Cathode: $C(s) + nLi^+ + ne^- = CLi_x$

$LiCoO_2(s) + C(s) = LI_{1-n}CoO_2(s) + CLi_x$

LIPB는 리튬이온 전지(LIB)의 전극구성과 비슷하며, 단지 전해질만 고분자 전해질을 사용하는 것이 다르다. 전해질은 고체고분자전해질, 유기용매와 염을 고분자에 혼합한 하이브리드 gel 전해질이 있다.

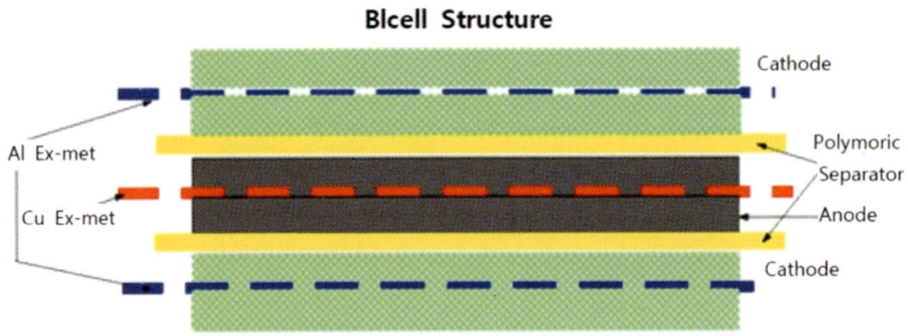

- Cathode : $LiMn_2O_4$, $LiCoO_2$, $LiNiO_2$
- Anode : Carbon, Graphite
- Electrolyte : Hybrid Polymer

※ Thickeness of Bicell : 0.6 mm

그림 27 Plastic lithium ion battery(PLI) 원리

4 고분자 분리막

고분자 분리막은 리튬의 결정성장에 의한 양 전극의 단락을 방지함과 동시에 리튬이온 이동의 통로를 제공하는 역할을 한다. 고분자 전해질의 이온전도도는 과거 10^{-7}S/㎝에서 최근 10^{-5}~10^{-4}S/㎝ 정도로 향상되고 있으나 실용화하기 위한 값인 10^{-3}S/㎝에는 못 미치고 있다. 이를 개선하기 위해 전해액을 고분자에 함침된 상태에서 전지를 구동하는 겔형 리튬폴리머 전지의 개발에 주력하는 추세이다.

겔형 고분자 전해질의 장점은 향상된 이온전도도 외에 우수한 전극과의 접합성, 기계적 물성, 그리고 제조의 용이함 등을 들 수 있다.

대표적인 겔형 고분자는

① poly(ethylene oxide) (PEO)

② poly(acrylonitrile) (PAN)

③ poly(methyl methacrylate) (PMMA)

④ poly(vinylidene fluoride) (PVDF)이다.

대표적인 겔형 고분자전해질로서 Bellcore사의 PVDF계 전해질은 vinylidene fluoride (VDF)와 hexafluoroethylene (HFP)의 공중합체와 가소제, 그리고 무기첨가제를 혼합하여 필름 성형 후 전해액을 합하여 겔화시키는 공정으로 제조된다.

전해질에 의한 전지의 구분은 다음과 같다.

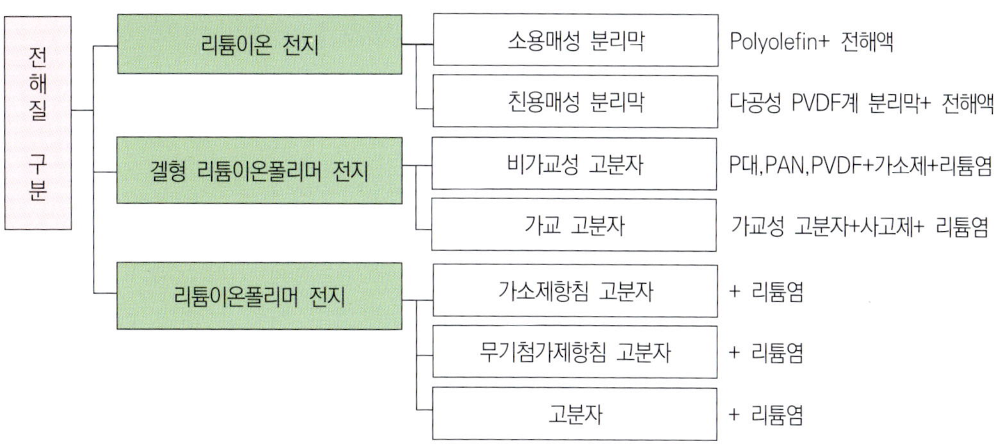

그림 28 **전해질에 의한 전지의 구분**

5 리튬폴리머 전지의 종류

리튬폴리머 전지는 기존 리튬이온 전지의 양극, 전해액, 음극 중 하나에 폴리머 성분을 이용한 것을 말하며 아래의 4종류가 있다.

① 폴리머 전해질 전지 진성 폴리머 전해질 전지

② 폴리머 전해질 전지 겔폴리머 전해질 전지

③ 폴리머 양극 전지 도전성 고분자 양극전지

④ 폴리머 양극 전지 황산 폴리머계 양극전지

현재 양산되는 폴리머전지는 B. 겔(GEL) 폴리머 전해질 전지를 말하며 두 종류로 분류 된다.

① 가교 폴리머형(진정한 의미의 폴리머전지. 고온에서도 안정된 겔 구조 유지 가능)

② 비가교 폴리머형(폴리머사이의 결합이 물리적인 얽힘이거나 약한 수소 결합으로 겔 구조가 붕괴되기 쉬움)

가교 폴리머형는 곤약에, 비가교형 폴리머는 한천에 비유하곤 한다. 곤약은 끓은 물에 넣어도 아무런 반응도 하지 않고 겔 구조를 유지하지만, 한천은 상온에서는 견고한 겔이지만 80도씨 이상에서는 녹아버린다.

비가교형 폴리머가 고온에 쉽게 부풀거나 하는 것이 이런 특성 때문이다. 리튬폴리머 전지의 공통적인 특징은 얇은 외장재에 있다. 실제로 폴리머가 들어가서 내부물질의 무게는 기존의 리튬이온 전지보다 무겁지만 외장재가 월등히 가벼워서 전체적으로 더 가볍다. 그러나 실제 용량은 리튬이온 보다 훨씬 떨어진다. 리튬이온 전지는 부피당 에너지 밀도가 300~350mAh/L, 폴리머전지는 250~300mAh/L이다. 같은 외형크기-부피일 때 리튬이온이 훨씬 오래 쓸 수 있다. 그 이유는 폴리머 전지에 첨가된 폴리머 전해질의 이온전도도가 액체 전해질보다 훨씬 낮고 반응성이 떨어지기 때문이다.

그래서 폴리머전지는 온도가 낮아지면 반응성이 더 나빠져서 전지로서의 기능을 발휘하지 못한다. 반대로 고온에서는 리튬이온 전지에 쓰인 액체 전해질의 이온전도도가 폴리머 전해질 보다 높기 때문에 반응속도가 빨라져 폴리머 전지가 조금 더 안전하다.

특히 고온에서는(90℃이상) 어떤 전지든 내부 단락현상이 일어나는데 폴리머전지는 외장재가 약해 보다 일찍 옆구리가 터져 피식하고 새는 식으로 폭발이 일어나지만 리튬이온 전지는 외장재가 두꺼워 견딜 수 있는 압력까지 견디다 보다 크게 폭발할 위험이 있다. 그러나 모든 출하되는 리튬이온 전지는 고온(90도, 130도 150도)에서의 각종 안전성 테스트, 기계적인 충격에 대한 강도 테스트 등이 충분히 검증된 것이므로 안전성에 크게 걱정할 필요는 없다. 이러한 안전성 관련 테스트들은 보호회로 없는 상태에서 통과해야 출하되며, 보호회로를 부착하는 이유는 사용자의 실수 등을 대비하기 위한 것이다. 내부단락이 일어나기 전에 모든 반응을 정지시키며 전지를 보호한다.

외장재가 폴리머전지와 같은 얇은 필름 형태이지만 내부물질은 100% 리튬이온 전지와 같은 ABL-type의 전지가 있다.

이 전지는 폴리머의 안전성에 대한 장점은 전혀 없는 전지이다. 다만 외장재가 가볍기 때문에 전체 중량이 폴리머보다도 조금 더 가볍다. 그러나 반응성이 큰 액체 전해질을 사용한 반면 기존 리튬이온 전지와는 달리 얇은 필름형 외장재를 사용하여 고온에서의 내부압력을 버티지 못하고 공처럼 부풀다가 누설이 발생하는 경우가 많으며 사용기기에는 매우 치명적이다. 따라서 고온에서의 반응성을 낮추기 위해 끓는점이 높은 전해질을 사용하기도 하는데 그런 경우 저온에서의 성능이 현격히 떨어지게 된다.

6 리튬폴리머 전지의 특성

리튬이온 전지와 리튬폴리머 전지와의 차이점은 다음과 같다.

① 구조상의 특징에서 판상 구조이기 때문에 리튬이온전지의 공정에서 나오는 구불구불한 작업이 필요 없으며, 각형의 구조에 매우 알맞은 형태를 얻을 수 있다.

② 전해액이 모두 일체화된 셀 내부에 주입되어 있기 때문에 외부에 노출되는 전해액은 존재하지 않는다.

③ 자체가 판상 구조로 되어 있기 때문에 각형을 만들 때 압력이 필요 없다. 그래서 캔(can)을 사용한 것 보다 팩을 사용하는 것이 용이하다.

표 12 **리튬폴리머 전지의 구성특징**

항목	특징	비고
전극	양극재료의 다양성	전도성 고분자, 유기 황 화합물
	음극재료의 다양성	리튬 화합물, 리튬합금 또는 금속
	박막 가능	0.1mm이하 가능
형상	성형성	–
	유연성	–
	포장 용이성	Can 사용 등에 의한 어려움 없음
물성	고전압	3~4V
	Bipolar 전지가능	2~3 cell 연결가능
	고 에너지 밀도	100~400Wh/kg
	긴수명	1000회 이상 충 · 방전 가능
	장기간 보관 가능	5~10년
안전성	내열성	100℃ 이상
	누전해액 문제없음	–
	과충전 대응	–
	과방전 대응	–
환경문제	재료 공급 용이	–
	공해물질 사용 않음	유해금속 사용 않음
기타	저가	–
	생산 용이성	–

표 13 **리튬폴리머 전지의 장단점**

단점	장점
리튬이온보다 용량이 작다.	리튬이온보다 안전하다.
리튬이온보다 수명이 짧다.	리튬이온보다 가볍다.

* 리튬이온 전지는 액체로 된 전해액으로 유기성, 휘발유보다 더 잘 타는 물질을 사용. 그래서 폭발의 위험이 있다. (이것을 가슴에 품고 다니고 있음) 전지 뒤에 안전관련 문장이 있다.
* 리튬폴리머 전지는 이점을 개선한다. 전해액 대신에 고분자물질로 채워서 안정성을 높이다.

표 14 **리튬폴리머 전지의 특징**

특징	비고
초경량·고에너지 밀도	• 무게 당 에너지 밀도가 기존전지에 비해 월등하여 초경량 전지를 구현
안 전 성	• 고분자 전해질을 사용하여 Hard Case가 별도로 필요치 않아 1㎜ 이하의 초 Slim 전지를 만들 수 있으며 어떠한 크기 및 모양도 가능한 유연성
고출력 전압	• 셀당 평균 전압은 3.6V • 니카드전지나 니켈수소전지의 평균전압이 1.2V이므로 3배의 Compact 효과
낮은 자가 방전율	• 자가방전율은 20℃에서 한달에 약 5%미만 • 니카드전지나 니켈수소전지보다 약 1/3 수준
환경 친화적 Battery	• 카드뮴이나 수은 같은 환경을 오염시키는 중금속을 사용하지 않음
긴 수 명	• 정상적인 상태에서 500회 이상의 충·방전을 거듭할 수 있음

표 15 **전지의 특징**

종류	장점	단점
리튬이온 전지	• 고용량/ 고에너지밀도 • 좋은 저온 성능 • 외장재의 견고함-기계적 충격 등에 강하다.	• 폴리머전지보다 무겁다. • 금속 외장재의 특성상 일반적으로 4~5㎜이하의 박형 얇은 전지와 광면적 전지를 제조하기가 어렵다.
리튬폴리머 전지	• 고온에서의 안전성. • 얇은 외장재에 따른 무게의 경량화	• 얇은 외장재 - 기계적 충격에 약한다. • 저온에서 성능저하 • 밀도가 매우 낮다

7 리튬폴리머 전지의 이용분야

① 휴대용 전자기기인 핸드폰, 태블릿 PC 등

② 향후 고출력 전지로 설계하여 전기 자전거, 전기자동차용으로 응용 개발

③ 산업-군사용 MAV(micro air vehicle), 의료처치용 분야에서 마이크로 수술시스템과 진단시스템

④ 초미세 자동 투약 시스템과 같은 마이크로 로보틱스 분야

표 16 **리튬폴리머 전지의 용도**

종류	비고
통신용	휴대폰, PCS, 무선시스템 등
정보처리용	노트북, PDA (Personal Digital Assistants), Handy terminal
오디오/비디오용	캠코더, 디지탈카메라, 휴대용 오디오 전원용
기 타	측정장치, 휴대용 전자제품, 전기 자동차 등

앞으로 휴대폰과 휴대용 컴퓨터의 기능을 통합하고 화상 정보까지 결합된 휴대용 정보기기를 위해서는 전자회로의 집적화 및 통신속도 증대가 필수적이다. 그에 따라 이들 휴대용 정보기기를 구동시키기 위한 전력도 증가될 것이다.

리튬폴리머전지는 이러한 휴대용 정보기기의 전력의 심장부로써 폭발 위험성이 없고, 저렴한 가격의 폴리머를 사용하여 전지의 생산단가가 저렴할 뿐만 아니라 필름과 같은 박막형태로 제작이 가능하여 크기나 모양을 다양하게 조절할 수 있는 장점이 있기 때문에 앞으로 리튬폴리머전지의 쓰임새는 더욱 다양해질 것으로 예상된다.

8 리튬폴리머 전지의 개선점

리튬폴리머 전지는 전지 제조공정이 리튬이온전지에 비하여 비교적 용이할 것으로 예상되어 대량생산 및 대형전지 제조가 가능할 것으로 보이므로 전지제조비용의 저렴화 및 전기자동차 전지로의 활용 가능성이 매우 높은 전지라 할 수 있다.

리튬폴리머 전지가 기술적으로 완벽한 실현이 가능하려면 아래와 같은 문제가 선결되어야 한다.

① 과 충·방전에 견디기 위해 넓은 전압 범위에서 안정해야 한다.

② 전지전도도가 높아야 한다.

③ 전극물질이나 전지내의 다른 조성들과 화학적, 전기화학적 호환성이 요구된다.

④ 열 안정성이 우수해야 한다.(특히 리튬전극과 접촉할 때 중요)

전 고체형 전지에서 기계적 성질은 가끔 무시되어지나 역시 중요한 인자이다. 이러한 것은 실험실 수준에서 양산 수준으로 이전될 때 더욱 중요하다. 또한 원재료는 쉽고 값싸게 구입할 수 있어야 한다.

근래 대부분의 연구는 상온에서 높은 이온전도도를 나타내는 고체 고분자 전해질의 개발에 초점이 맞추어져 있으며, 겔-고분자전해질 및 Hybrid 고분자전해질의 개발로 이것이 실현화되었다.

리튬폴리머전지가 고안전성, 고에너지밀도, 고동력밀도를 나타내는 유망한 전지이지만 고분자 전해질의 기본적 물성과 제조공정에 대한 문제가 먼저 해결되어야 한다. 고분자 전해질이나 유기용매 전해질 중 어느 것을 사용하던 간에 전지 성능을 향상시키기 위한 전지설계가 매우 중요하다.

음극 용량 및 전지전압 즉 에너지밀도의 저하 없이 리튬음극을 대체할 수 있는 리튬 함유 음극 물질이 아직까지 뚜렷하게 나타나지 않고 있으며, 단지 유기용매 전해질형 전지에서 사용되고 있는 카본음극이 리튬폴리머전지에서 대체전극으로 사용되고 있다.

양극물질로는 전지전압이 낮은 TiS_2, V_6O_{13}, LiV_3O_8 등과 전지전압이 높은 $LiCoO_2$, $LiNiO_2$, $LiMn_2O_4$ 등이 있다. 이러한 층간 화합물의 고체상에서의 전기전도도와 리튬 확산계수는 복합양극설계의 최적화에 매우 영향을 미친다.

더구나 복합양극제조에 있어서 고점도 페이스트의 혼합과 피복에 다소 문제가 수반된다. 이러한 문제는 연속공정으로 전극 두께를 50~100㎜ 범위로 하고 표면을 매우 매끄럽게 하여야 하기 때문에 더욱 심각하게 대두된다. 양극 표면의 불균일성은 전해질의 피복을 나쁘게 하여 전지 내 결함 부위를 형성하게 된다.

일반적으로 아래의 두 가지 방법이 복합양극제조에 사용되고 있다.

① 용매증발 피복법

② 전-젤형성 피복법

용매증발 피복법은 모든 양극 조성 물질을 용매에 혼합시킨 후 기판 위에 피복하고 용매를 증발시켜 제조하는 것으로 보통 용매 대 양극 조성 물질 비는 5:1~10:1 정도가 된다. 일반적으로 피복 두께는 용매증발 속도에 제한을 받는다.

전-젤형성 피복법은 젤-전구체를 사용하기 때문에 더욱 제조가 어렵다. 젤-전구체는 뜨겁고 액체성분의 증발을 제어하기 어려우며, 복사-유도 경화(Radiation- induced curing)가 요구된다. 카본복합음극인 경우도 복합양극제조와 거의 동일하나, 단지 카본 종류 및 양극 용량에 따른 전극 활물질양, 즉 전극 두께를 설계하여야 하는 문제가 있다.

복합음양극의 최적화는 복합음양극 구성 물질, 조성비, 제조공정 등의 조절에 의해 가능하다. 일반적으로 고분자 전해질의 저항은 전체 전지저항의 작은 부분을 차지하며, 전극/전해질 사이의 계면 저항이 전지에 있어서 가장 큰 저항 성분이다.

비록 이온수송도를 증가시키기 위해 고분자 전해질의 두께를 줄여도 전지저항은 별로 변화하지 않는데 이는 계면 저항이 고분자 전해질의 두께에 관계없이 존재하기 때문이며 계면 저항은 오직 표면적에 관계된다.

9 리튬폴리머 전지의 향후 연구개발 방향

현재 Hybrid 고분자 전해질과 젤-고분자 전해질을 이용한 리튬폴리머 전지가 상용화 단계에 와 있으나 이러한 전지시스템은 전해질로 액체 전해질과 고체고분자 전해질의 중간형태를 사용하는 것으로 진정한 의미의 전 고체형 전지가 아니라는 것이다.

따라서 앞으로는 복합 고분자형태의 고체고분자 전해질에 대한 연구가 많이 이루어질 것으로 전망되는데, 예를 들면 "고분자-합금"개념의 고체고분자 전해질이다.

고분자-합금 개념은 각 성분들이 서로 화학적으로 작용하는 다성분계 고분자를 의미하는 것으로 이러한 상호작용은 상분리 및 결정화가 일어나지 않도록 충분히 강하여야 한다.

더구나 고분자합금은 고 이온전도도를 유지하면서 전해질 내에 있는 이온종들의 이동도를 더 잘 조절할 가능성이 있다. 이외에도 고분자 전해질의 제조공정 및 전지 제조공정상에서 더욱 많은 진전이 요구되며, 이와 아울러 계면 특성에 대한 보다 체계적인 연구가 이루어져야 할 것으로 사료된다.

연구수행 방법론적으로 보면 리튬폴리머전지 개발에 있어서는 전기화학, 화학, 화공, 고분자, 재료, 금속 등 다방면의 전문가가 요구되는 분야로 국가 차원의 집중적 지원이 지속적으로 이루어져야 할 것이다.

08 아연공기 전지 (zinc-air cell)

1 전지의 개요

아연-공기전지의 양극 활물질은 자연계에 무한히 존재하는 공기 중의 산소이다. 즉, 전지용기 내에 미리 양극 활물질을 가질 필요가 없이 경량의 산소를 가스로서 외부로부터 인입, 방전에 이용한다. 따라서 용기 내에 음극을 대량으로 저장할 수 있어 원리적으로 큰 용량을 얻을 수 있다. 또한 산소의 산화력은 강력하고 높은 전지전압이 얻어지므로 대용량과 함께 에너지 밀도는 매우 높아진다. 산소는 반응 후에 수산화물 이온(OH^-)이 되기 때문에 전해질에는 알칼리 망간 전지나 니켈카드뮴 전지와 동일한 알칼리 수용액(특히 수산화칼륨)이 적합하다.

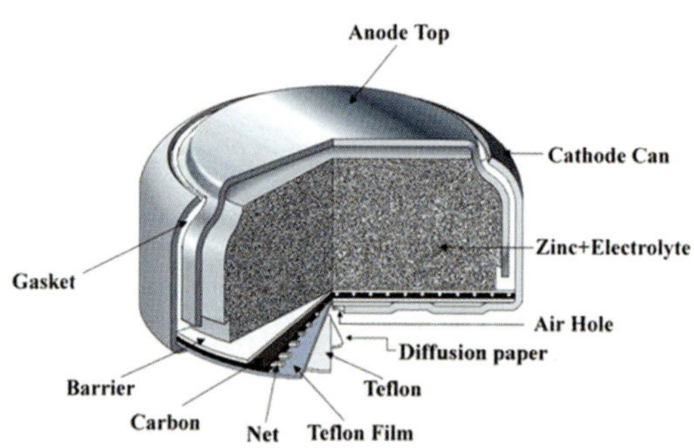

그림 29 아연공기 전지의 구조

알칼리 수용액은 취급에 주의를 요하지만 리튬 전지에 이용되는 유기용매와 달리 불연성이기 때문에 안전성이 높은 전지를 구상할 수 있다. 공기 양극에 대향하는 음극에는 아연이 가장 적합한 재료로서 널리 이용되고 있다.

음극으로서 기능을 할 수 있는 재료에 대하여 알아보자.

아연은 지금까지 알칼리 전해질계에서 이용되어 오던 카드뮴 등에 비해 중량당의 용량이 크다. 또한 표면에서 수소를 발생시키기 어렵기 때문에 수용액내에서 석출 가능하고 자체방전도 적으며, 염가이고 자원도 풍부한, 공기양극이 가지는 특징을 전지로서 살릴 수 있는 재료이다. 리튬이나 나트륨과 같은 비금속은 활성은 높지만 수계 전해질로서는 불안정하며 반응성이 약간 온건한 마그네슘, 알루미늄이라도 수용액내에서 이온으로부터 금속으로의 석출이 곤란하고 전지충전상의 문제를 일으킨다.

- 양극 : $Zn + 4OH^- \rightarrow Zn(OH)_4^{2-} + 2E - (E_0 = -1.25V)$
- 유체 : $Zn(OH)_4^{2-} \rightarrow ZnO + H_2O + 2OH^-$
- 음극 : $1/2O_2 + H_2O + 2E^- \rightarrow 2OH^-(E_0 = 0.34V)$
- 전체 : $2Zn + O_2 \rightarrow 2ZnO(E_0 = 1.59V)$

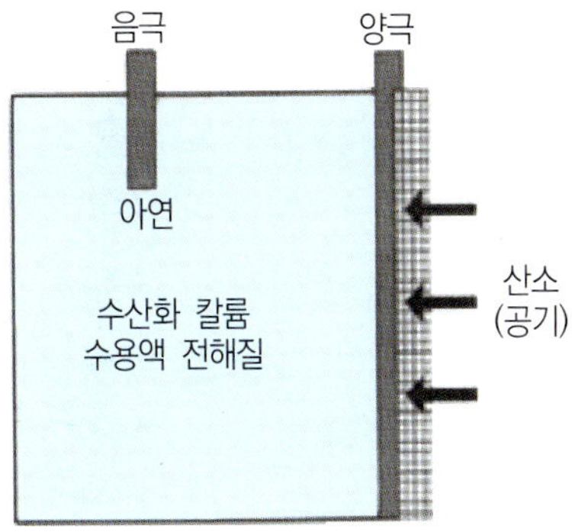

그림 30 아연-공기전지 기본 구성

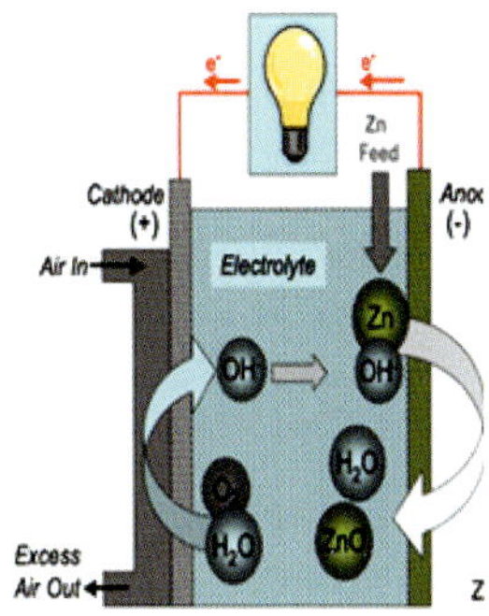

그림 31 아연-공기전지의 동작원리

양극과 음극의 합계 중량에서 에너지 밀도 1,090Wh/kg이 유도된다. 아연-공기전지는 리튬이온 전지를 능가하는 극히 높은 에너지 밀도를 실현시킬 수 있다는 것을 알 수 있다.

Zn/Air 전지는 Na-s 전지와 함께 많은 관계자로부터 비교적 유망한 전지 시스템으로 알려진 전지이다. 본래 이 전지는 1차 전지인 공기 건전지나 공기 습전지로서 저전류 용도로 사용되었다. 최근에 무한한 공기 중의 산소를 양극 활물질로 활용하면서, 음극 활물질로는 안전하고도 저렴하면서 전기 화학적으로 150Wh/㎏의 높은 에너지 밀도를 갖는 아연을 이용하는 방식을 채택, 전기자동차의 전원으로서 관심이 집중되고 있다. 또한 이 전지는 상온에서 작동되기 때문에 고온 전지보다 취급 면에서 유리하다.

2 공기 중의 산소를 이용한 차세대 전지

대기 중의 산소가 전지의 공기극을 통해 전해액과 혼합되어 있는 아연과 반응해 작동되는 공기전지의 일종이다. 전해액으로는 수산화칼륨 수용액이 사용된다.

19세기 말에서 20세기 초에 걸쳐 거치형 공기전지가 개발되어 항로표지용 전원이나 각종 통신기기에 사용되며, 단추형은 의료기(보청기)용으로 사용되고 있다.

공기아연축전지는 양극에 공기 중의 산소를 사용하기 때문에 상대적으로 음극에 많은 양의 아연을 채울 수가 있어 질량 단위당 에너지 밀도가 높다. 그러므로 크기는 작아도 용량이 매우 큰 것이 특징이다. 또 자기 방전이 적어 전지의 용량을 다 소비할 때까지 전압이 일정하게 유지된다.

전기 생성과정에서 발생하는 산화아연은 독성이나 폭발위험성이 전혀 없고, 지구상에 풍부한 아연과 공기를 사용하기 때문에 환경 친화적이다. 귀금속 촉매를 사용하지 않아 백금을 사용하는 메탄올 연료전지보다 생산비용이 저렴하다.

그러나 전지가 소모되었을 때 아연 전극을 새로운 것으로 바꾸어 기계적으로 충전해야 한다. 따라서 전극을 교체하지 않고 일반 충전지처럼 간편하게 충전할 수 있도록 2차 전지화 하는 연구가 진행되고 있다. 향후 일반 건전지 시장을 대체할 차세대 전지로 주목된다.

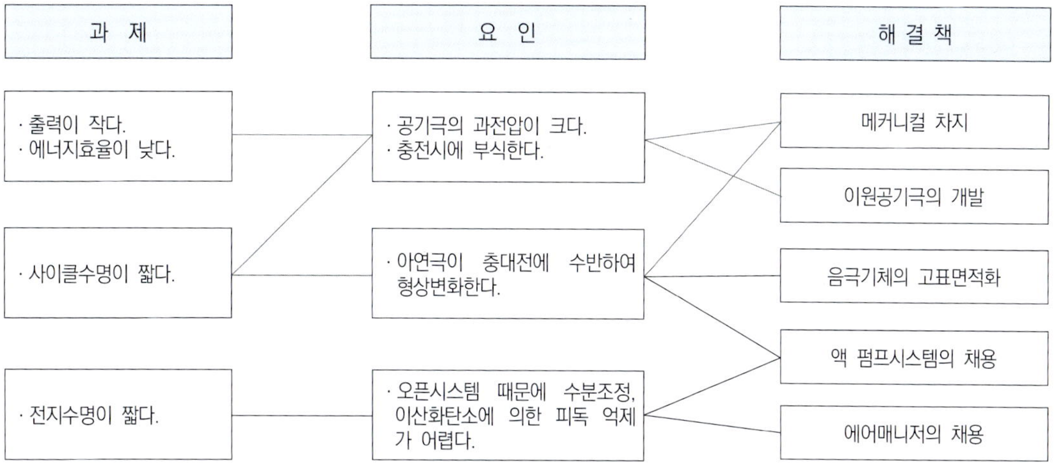

그림 32 **아연-공기전지의 과제와 그 해결책**

금속공기 전지는 현재 가장 에너지 밀도(중량에 대한 방전 가능한 전력량)가 높은 리튬이온 전지를 훨씬 능가하는 에너지 밀도를 가진 2차 전지의 하나로 연구되고 있는 기술이며, 도요타자동차를 비롯하여 교토대학 등 대학에서도 연구를 시작했다. 친환경차의 대표인 전기자동차의 에너지원으로서 보다 에너지 밀도가 높은 전지의 개발이 그 목적이다.

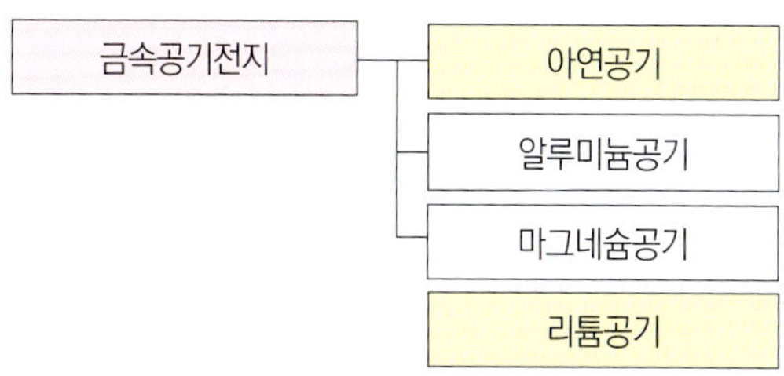

그림 33 **금속공기전지의 종류**

3 금속공기전지

일반적인 전지는 플러스와 마이너스 전극에 산화 또는 환원에 해당되는 화학반응을 일으키는 물질이 구비되어 있고, 전기화학 반응에 의해 그 물질이 가진 화학 에너지를 전력으로 추출하는 메커니즘이다.

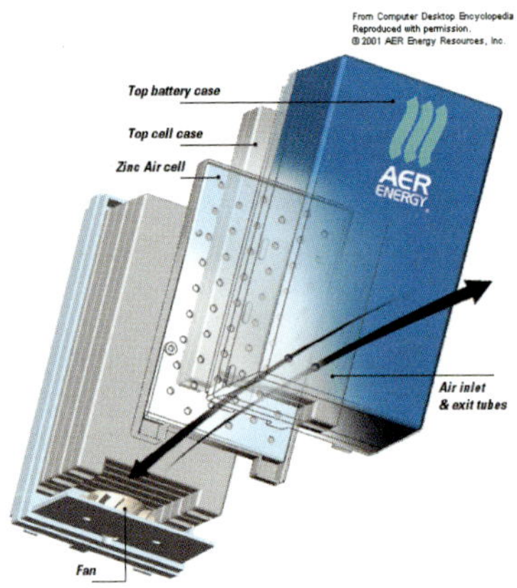

그림 34 아연공기 전지의 구조

이에 반해 금속공기 전지는 위 그림과 같이 양극에 전자를 빼앗긴 물질로서 공기 중의 산소를 이용한다. 대기 중에 거의 무제한으로 존재하는 산소를 활용하기 때문에 양극의 반응물질 무게를 이론상 제로로 만들 수 있다. 전지의 중량은 반응물질과 그 반응을 중개하는 전해질의 무게가 대부분을 차지하기 때문에 그 한쪽의 무게를 제로로 만들 수 있는 금속공기 전지는 에너지 밀도를 비약적으로 향상시킬 수 있는 가능성이 있기 때문에 주목을 받고 있다.

금속공기 전지 자체는 이미 보청기 등의 전원용 버튼 전지로서 사용되고 있지만, 이들 제품은 충전할 수 없는 1차 전지이며, 2차전지로서 실용화하기에는 아직 해결해야 할 과제가 많이 남아 있다.

(1) 금속공기 전지의 우수성

금속공기 전지의 원리 자체는 20세기 초반에 발명되었으며, 결코 새로운 기술은 아니지만, 에너지를 많이 저장할 수 있다는 점에서는 현재의 리튬이온 전지보다 뛰어나다. 최대 포인트는 전술한 바와 같이 양극의 반응재료로 공기를 이용하는 점에서 반응재료의 비중이 같다고 가정하면, 이 한가지만으로도 무게가 절반 가깝게 줄어든다. 같은 크기라면, 음극에 사용되는 반응 재료를 2배로 늘릴 수 있기 때문에 2배 가깝게 용량을 늘릴 수 있다는 계산이 나온다. 효율이 좋은 음극 금속을 사용하고, 산화력이 높은 산소를 사용하면 금속공기 전지의 에너지 밀도는 계산상 리튬이온 전지의 몇 배나 된다.

No. of cells	47
Open Circuit Voltage	67V
Operating Voltage	57-40 V
Capacity	325 Ah
Energy Capacity	17.4 kWh
Peak Power	8 kW
Weight	88 kg
Volume	79 liter
Energy Density	200 Wh/kg
Dimensions	726x350x310 mm

Zinc Air Module

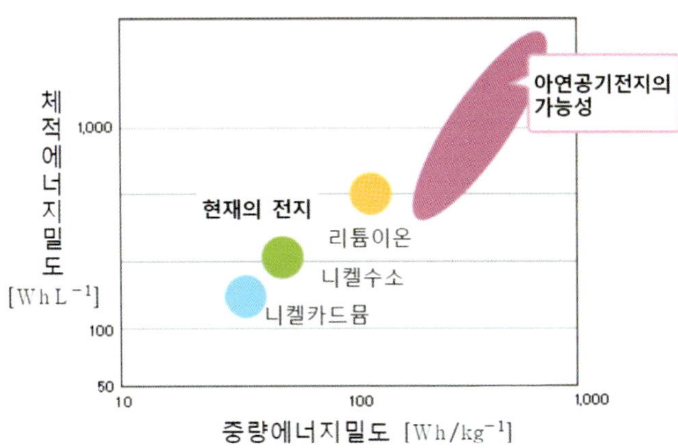

그림 35 각종 2차전지의 에너지 밀도 비교

(2) 뛰어난 안전성

에너지 밀도가 높은 2차전지는 원칙적으로 위험성이 높다. 전극의 쇼트나 과부하가 걸렸을 때 설계 한계를 초과하는 반응이 일어나서 이상 고온이 될 가능성이 있기 때문이다. 어떤 의미에서 모든 가연성 물질에는 이와 유사한 위험이 있다는 것은 부정할 수 없다.

이런 점에서 보다 높은 에너지 밀도를 가진 금속공기 전지도 같은 문제가 있을 것 같이 생각되지만, 우선 전해액으로 사용하는 것이 물에 알칼리성 금속 수산화물을 용해한 것이기 때문에 물리적으로 발화 가능성은 제로이다. 또 산소 공급속도 이상으로 반응속도가 올라가지 않기 때문에 이상 고온이 되기 어렵다는 점에서도 안전성이 뛰어나다고 할 수 있다.

(3) 낮은 환경 부담

또 현재 주류인 리튬이온 전지 등은 재료로 코발트 등 희소금속을 사용하기 때문에 자동차 등 대형, 대용량의 용도에 사용하기에는 비용은 물론이고 환경 측면에서도 해결해야 할 과제가 있지만, 아연을 비롯한 금속공기 전지의 재료는 매장량이 많은 재료이므로 그런 염려는 없다. 배출하는 물질도 거의 없고, 방전 시에는 산소를 흡수하고, 충전 시에는 산소를 방출할 뿐이기 때문에 대용량화에 따른 환경오염 등의 염려도 없다.

사용하고 난 전지의 폐기도 아연 및 산화아연은 안전한 물질이며, 전해액도 중화되면 안전한 알칼리성 수용액에 지나지 않기 때문에 비교적 취급하기 쉽고, 환경에도 좋은 전지라고 할 수 있다.

(4) 실용화를 위한 과제

높은 에너지 밀도를 가진 전지로서 특히 전기자동차의 실용화를 위해 커다란 기대를 모으고 있는 금속공기 전지지만, 2차전지로서 실용화에는 몇 가지 해결해야 할 큰 과제들이 있다.

금속공기 전지의 음극으로 유망한 아연은 충전을 반복하면 형상이 변해버리기 때문에 전극으로서 성능이 떨어지는 문제를 가지고 있다. 이것을 해결하기 위해서는 아연 전극과 전해액을 충전할 때 교환하고, 회수하여 리사이클하는 기계적 충전방식 등이 고려되고 있다. 또 산소는 활성 물질이기 때문에 그것을 반응시키는 전극 촉매의 내구성을 유지하는 것이 아주 어렵다.

게다가 전해액의 내구성도 과제의 하나이다. 알칼리성 전해액은 공기 중의 이산화탄소와 접촉하면 반응을 일으켜 성능이 떨어진다. 금속공기 전지는 대기 중의 산소를 이용하기 때문에 공기와의 접촉을 차단할 수 없으며 이 때문에 이산화탄소와의 접촉 차단은 커다란 과제이다. 산소를 통과시키면서도 이산화탄소는 차단하는 막 등을 개발하는 것이 문제 해결을 위해 필요하다.

현재의 금속공기 1차 전지는 양극이 항상 공기와 접촉하기 있기 때문에 습도나 이산화탄소 농도, 온도 등의 영향을 받기 쉽다. 공기가 너무 많으면 전해액이 건조해져서 성능저하를 초래하고, 너무 적으면 반응 자체에 필요한 산소가 부족해서 이것도 성능 저하의 원인이 된다. 공기와 접촉함으로써 발생하는 이런 문제를 해결하기 위한 전지 구조의 개발도 극복해야 하는 중요한 과제이다.

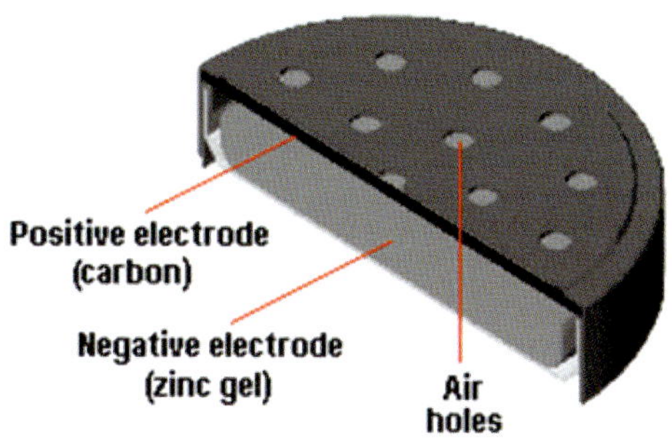

그림 36 보청기 버튼 등에 쓰이고 있는 금속(아연)공기 전지

(5) 금속공기 전지의 미래

금속공기 전지를 2차전지로 사용하기 위해서는 아직 해결해야 할 과제가 많이 있으며, 개발에 몇 년이나 소요될지 정확히 말하기는 어렵다. 그렇지만 도요타를 비롯한 기업이나 일본 국내외 대학, 연구기관이 연구에 전념하고 있는 것은 리튬이온 전지의 성능 향상이 거의 한계에 다다르고 있는 가운데 실용적인 전기자동차의 에너지원으로서 금속공기 전지가 몇 안 되는 유망주 가운데 하나이기 때문이다.

> 참고 **공기전지(air cell)**
>
> ① 공기전지는 전지 내에서 반대방향의 기전력이 일어나는 것을 방지하기 위하여 복극제로 공기를 사용한 전지이다. 대표적인 것은 알루미늄-공기전지로, 값이 싸고 기전력도 일정한 장점이 있다. 이를 지속적으로 사용하려면 물과 알루미늄을 보충해 주면서 수산화알루미늄을 제거해 주어야 한다.
>
> ② 다공질의 탄소를 양극으로 하며, 이 속에 녹아 있는 산소가 일부 분해해서 유리 산소로서 작용하기 때문에 복극작용이 일어난다.
>
> ③ 공기전지는 프랑스의 페리(C.Fery)가 발명한 것으로, 기전력이 1.45~1.50V이며, 다니엘 전지나 랄랑드 전지보다 특성이 좋고 경제적이다. 50㎃ 정도의 비교적 소형인 전지로서 단속적으로 방전시키기에 적합하기 때문에 전화전신에 사용된다.
>
> ④ 구조는 아래쪽에 아연판, 그 위에 펠트 등의 절연체를 사이에 두고 탄소양극이 있고, 상부는 공기 중에 노출되어 있다. 보청기 등에는 금속 공기전기가 쓰이기도 한다.

국내 중소업체가 전기자동차 주행거리를 혁신적으로 늘릴 수 있는 연료전지 기술을 개발했다. 아연공기연료전지는 수소연료전지와 더불어 전기자동차 업체들이 차세대 연료전지 기술로 개발 중인 기술이다. 아연공기연료전지는 지속적인 발전능력, 고출력밀도, 고에너지밀도, 풍부한 매장량, 낮은 가격, 친환경성과 재생이 가능하다는 장점 때문에 전기자동차용 연료전지로 주목받고 있다. 특히 현재 전기자동차가 기술적인 한계로 한 번 주행거리가 100㎞ 전후에 머무는 것과 달리 아연공기연료전지는 아연만 공급받으면 지속적인 주행이 가능하다는 장점이 있다.

전문업체가 공개한 아연공기연료전지 프로토타입은 1㎾급 용량을 갖춘 모델로 구슬 형태 아연을 연료로 공급하는 방식의 제품이다. 이 회사는 아연 볼을 자동 공급하고 공급과 배출, 전해액 순환 공급장치까지 개발에 성공했다. 회사는 10㎾급 아연공기연료전지를 개발해 소형차에 탑재한 뒤 시험 운행할 계획이다. 업체 관계자는 아연 1ℓ로 900㎞ 주행이 가능하며, 현재 전기자동차에 사용되는 리튬이온 전지에 비해 가격이 10분의 1에 불과하고 또한 사용된 아연은 재사용이 가능해 친환경적이다며 현재 수준으로는 전기자동차 주동력이 아닌 보조동력으로 사용되지만 기술개발을 통해 주동력으로 사용할 수 있게 발전시킬 것이라고 말했다.

아연공기연료전지는 지속적인 발전능력, 고출력밀도, 고에너지밀도, 풍부한 매장량, 낮은 가격, 친환경성과 재생이 가능하다는 장점 때문에 전기자동차용 연료전지로 주목받고 있다. 특히 현재 전기자동차가 기술적인 한계로 한번 주행거리가 100km 전후에 머무는 것과 달리 아연공기연료전지는 아연만 공급받으면 지속적인 주행이 가능하다는 장점이 있다.

그동안 아연공기 연료전지는 해외업체들도 개발을 진행했으나 기술적인 문제로 인해 상용화에 어려움을 겪고 있다. 반면 국내업체는 아연 지속 공급장치, 자동차 시동 정지 시 전류 차단 장치 등을 개발해 상용화에 한발 다가섰다.

이날 패널로 참석한 교수는 국내업체가 개발한 아연공기연료전지가 상용화 될 경우 현재 리튬이온이나 리튬폴리머 전지 기반 전기자동차 시장을 완전히 바꿀 수 있다라며 이 기술은 국내보다 해외에서 더 주목받는 기술이라고 말했다.

아연-공기 2차전지는 가격면, 안전면에서 리튬이온 전지나 니켈 수소전지로는 대응이 어려운 중대형 용도에서 특히 활약이 기대된다. 이 전지계는 발전 도상에 있는데, 앞으로 더 많은 연구기관이나 제조업체에서 연구개발에 참여하여 특성 개선, 저코스트화가 진전되어서 이 계가 널리 이용될 것을 기대된다.

참고 전기자동차 3세대 아연공기전지 개발 확산

① 2차전지의 대표적인 제품이었던 리튬이온계 전지의 발전이 거듭되면서 최근 '나노 타이타늄'과 '나노 카본'을 활용한 전지가 많이 개발되고 있다. 이 전지들은 순간 충전 효율이 높고 안전한 것이 특징이다. 초기 리튬이온 전지에 비해 10배 이상 진보된 충전능력과 안전성을 확보했지만 가격이 비싸다는 것이 단점이다.

② 전기자동차에 사용되는 전지의 최우선 과제는 안전성 확보이며, 다음이 에너지 밀도 · 충전시간 · 친환경성 등의 순이다. 전기자동차는 요소마다 중요하지 않은 부분이 없을 정도로 모든 부분에서 기준을 만족시켜야 한다. 특히 자동차는 양산성에 초점을 두어야 하기 때문에 가격이 저렴한 전지의 개발이 핵심과제이다.

③ 최근 일본의 도요타는 차세대 전기자동차용 전지로 '아연공기전지'를 채택하고 리튬폴리머계 전지의 에너지 밀도 3배 이상에 달하는 전지개발을 위해 노력하고 있다.

④ 아연공기전지의 단점은 낮은 온도와 습도에 영향을 많이 받고, 일정한 공기의 양을 고정적으로 공급해야 한다. 또 안정적인 충 · 방전의 여러 번 지속에 어려움이 있을 수 있다. 이러한 어려움을 해결하기 위한 다양한 실험이 이뤄지고 있고 최근 현재의 아연공기전지의 단점을 개선한 3세대 아연공기전지가 국내에서도 양산되거나 양산될 예정이다.

09 리튬공기 전지

가장 많이 사용되는 배터리인 리튬 이온 배터리의 경우 가장 주목되는 문제점은 안전성이다. 그래서 이를 해결하기 위한 전지가 리튬 폴리머전지이다. 전해질을 기존에 사용한 액체와 달리 폴리머라고 하는 아주 큰 분자로 만들어서 전해질로 사용하는 방식이다. 액체처럼 흐르는 성질이 없고 잘 휘어지는 성질을 가지고 있어서 안정성을 높일 수 있다.

그러나 아직은 용량이 작고 수명이 짧다는 단점이 있어서 많은 연구가 필요한 분야이다. 기존의 배터리는 용량이 부족하다는 단점이 있다. 최근 많이 사용되는 스마트폰에서도 이러한 현상이 일어나고 있는데, 기존보다 더 큰 용량을 갖는 배터리가 연구 되고 있다.

한번 충전으로 500㎞의 주행거리를 실현하기 위해서는 500Wh/㎏ 이상의 에너지 밀도를 갖는 전지가 필요하지만, 현재 리튬이온전지 기술이 아무리 발전하더라도 250 Wh/㎏ 이상의 에너지 밀도를 달성하는 것이 불가능하다. 이를 위해 리튬이온전지의 한계를 극복할 수 있는 차세대 전지 기술을 확보하기 위한 연구개발이 경쟁적으로 착수되고 있으며, 장거리 전기자동차용 전지의 요구 특성에 맞는 기술로 리튬-공기 전지에 대한 관심이 집중되고 있다.

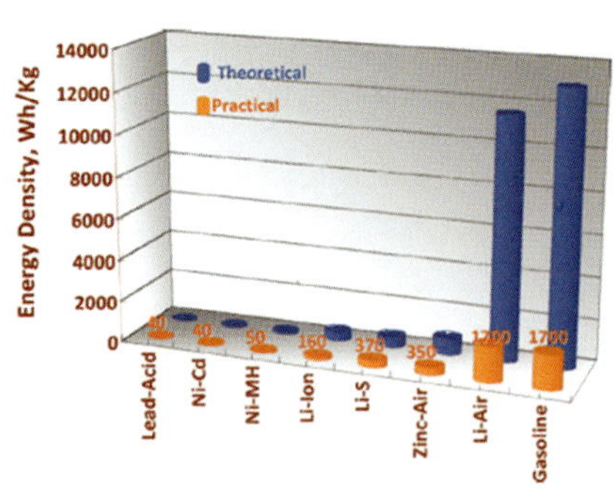

그림 37 전지별 에너지 밀도 비교

리튬-공기 전지의 음극활물질은 리튬 금속, 양극활 물질은 자연계에 무한히 존재하는 산소이다. 리튬 금속의 에너지 밀도는 11,140Wh/㎏으로서 가솔린 및 디젤 연료의 에너지밀도에 근접하며, 가벼운 산소를 외부로부터 공급받아 전지가 작동하므로 이론적으로 매우 높은 에너지 밀도를 얻을 수 있다. 전지 작동 시, 리튬 금속의 산화/환원 반응, 산소의 환원/산화 반응이 일어나며, 구성요소 및 작동원리에 있어서 리튬이차전지와 연료전지 기술이 복합되어 있는 전지 시스템이다. 하지만, 일본의 NEDO가 30년 이후에나 실용화가 가능할 것으로 여기듯이 해결해야 할 많은 문제점을 갖고 있다. 전해질로서 리튬이온의 전도가 가능한 수계 또는 비수계 전해질이 이용되는데, 비수계 전해질의 경우, 리튬 금속의 열화로 인하여 수명이 감소하고, 충·방전 시의 전압차가 커서 에너지 효율이 매우 낮은 문제점이 있다. 수계 전해질의 경우, 리튬 금속과 물의 반응을 차단할 수 있는 보호막 기술이 절대적으로 필요하고, 수계 전해질의 한계로 인한 낮은 에너지 밀도를 높이는 것이 관건이다.

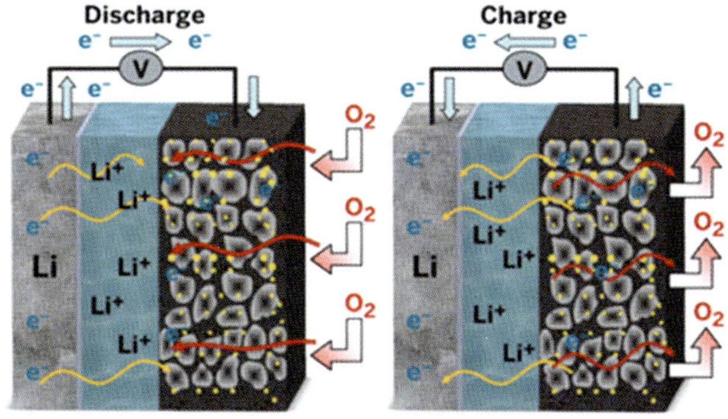

그림 38 광섬유가 부착된 neural probe

2009년 IBM은 차세대 선도 가능한 기술로서 전기자동차용 리튬-공기 전지 기술을 채택하고 "Two Billion Electric Cars" 시대를 열 수 있는 미래 기술로 육성하고 있다. 특히 "Almaden Institute 2009" 행사에서 500마일(800㎞)을 달릴 수 있는 전기자동차용 전지로서 120㎾h 전지 시스템을 개발한다는 야심찬 계획을 발표하기도 하였다. 대표적 개발 사례를 살펴 보면, 미국의 PolyPlus 사는 수계 전해질을 이용하는 리튬-공기 전지를 개발하고 있으며, 리튬 전도성 고체 전해질 막, 밀봉 기술 등 리튬 금속의 보호기술에 역량을 집중하고 있다. 영국 St. Andrews 대학의 Bruce 교수팀은 비수계 유기 전해질에서 높은 활성을 갖는 양극 산화물 촉매를 개발하고 있으며, STAIR(St.

Andrews Air)로 명명된 Proto 전지를 발표하였다. Bruce 교수는 한 인터뷰에서 STAIR 셀이 휴대용 기기용 전지로서 상품화될 때까지는 최소 5년 이상 걸릴 것으로 예측하고 있으며, 향후 전기자동차의 동력원으로 사용될 수 있다고 주장하였다.

현재는 전지 성능의 한계로 Mini Compact Car와 같이 근거리 운전이나 주행 경로가 정해진 경우에만 전기자동차가 적용되고 있다. 향후 리튬-공기 전지 기술이 상용화될 경우, 자동차의 크기에 관계없이 500km 이상의 주행이 가능하게 되어 전기자동차의 보급이 본격화되고, 시장이 비약적으로 성장할 것으로 예상된다.

1 전지의 개요

금속과 공기의 조합으로 이뤄지는 금속공기전지 중 리튬공기전지는 가장 높은 에너지 밀도를 갖고 있다. 리튬공기전지의 부피당 에너지 보유량은 리튬이온배터리보다 10배 이상 우수하다. 전기차용 실제 배터리 팩(pack)으로 따지면 성능이 4~5배 이상 늘어나는 셈이다. 또한 리튬공기전지는 기존 리튬이온전지가 사용하던 니켈, 망간, 코발트 등의 금속을 사용하지 않고 탄소를 사용해 가격경쟁력과 친환경 측면에서 우수하다.

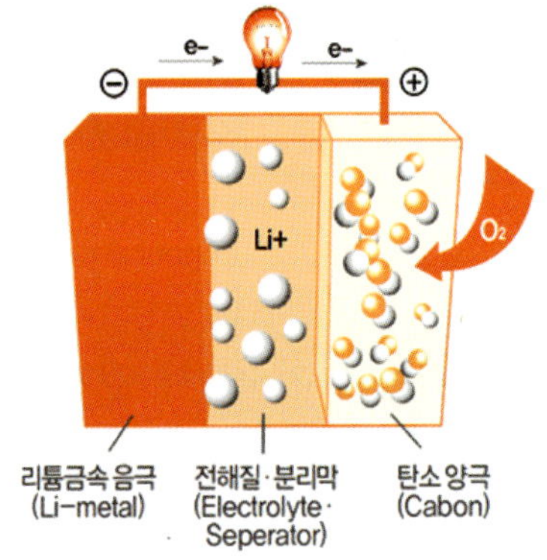

그림 39 리튬공기전지 구성도

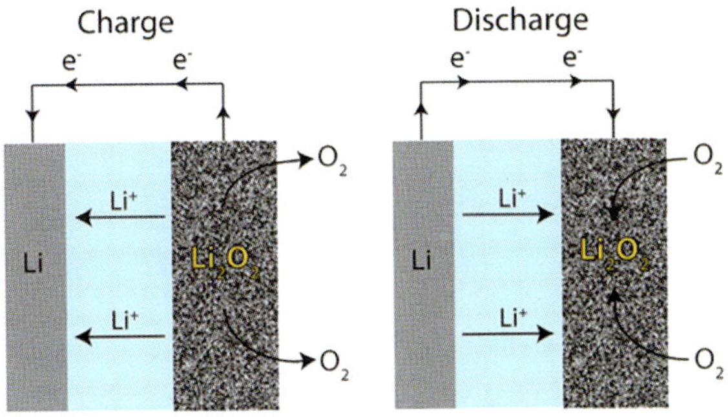

그림 40 리튬공기전지의 충 · 방전

그렇지만 아직 전해질이 불안정하고 충전·방전 시 분극 저항이 높다는 이유로 상용화되지는 못하고 있다. 현재 한 번 충전으로 전기차가 갈 수 있는 거리는 500㎞ 내외이다. 그렇지만 리튬공기전지는 부피당 에너지 보유량이 높아 장거리 주행이 가능한 전기차용 배터리로 사용되기에 적합하다. 리튬공기배터리는 무겁고 비싼 금속 대신에 싸고 가벼운 탄소를 쓰기 때문에 전기차 무게와 가격을 크게 줄일 수 있다. 이런 이유로 리튬공기배터리 시스템을 전기차에 응용하면 한 번 충전으로 800㎞ 이상을 주행할 수 있어 전기차 실용화에 기여할 수 있을 것으로 주목을 받고 있다.

공기전지의 원리는 1839년 영국의 과학자 그로브(W. R. Grove, 1811~1896)가 발견했다. 19세기 말에는 거치형 공기전지가 개발돼 통신기기에 사용되기도 했다. 그후 1980년경에 단추형 공기전기가 개발돼 보청기 같은 휴대용 기기에 사용됐으나 많이 쓰이지는 않았다. 그러나 최근에 전기자동차용 전지로 다시 각광받고 있다. 리튬2차전지에 비해 안전성이 높고 가격이 저렴하기 때문. 특히 무게 당 에너지밀도가 높아 한 번 충전으로 오래 사용할 수 있다. 재충전이 가능한 아연-공기 2차전지, 리튬-공기 2차전지에 대한 기술 개발이 집중적으로 이뤄지고 있어, 전기자동차와 전지 시장의 새로운 장을 열 것으로 기대된다.

① 가벼우면서도 쉽게 구할 수 있는 공기가 새로운 대체 물질로 등장

② 현재 IBM과 도요타, 폴리플러스(Polyplus) 등 여러 곳에서 금속과 공기를 접목시킨 전지를 연구 중

③ IBM에서는 향후 5년 내에 현재의 전지보다 10배 이상 에너지를 저장할 수 있는 전지의 상용화를 목표로 함.

④ 대부분 전지는 두 개의 양극과 음극을 가지며 리튬이온전지는 충전할 때 리튬이온을 저장하는 흑연이 양극이 되고 리튬과 코발트, 철, 산소, 인 등의 혼합물로 이뤄진 또

하나의 전극을 장착

⑤ 리튬-공기 배터리는 양극(anode)은 가장 가벼운 금속인 리튬으로만 구성돼 거의 전부가 전력을 생산하는 데 사용될 수 있음.

⑥ 무거운 금속 혼합물 대신에 공기를 음극(cathode)으로 사용

⑦ 리튬은 공기와 접촉해 산소와 반응해 과산화물을 생성시킨 후 2개의 전자를 전력을 제공할 수 있는 서킷으로 보내는 원리

⑧ 양극을 리튬 금속으로만 제작해 연료전지의 에너지 밀집도가 상대적으로 높음.

⑨ 이론상으로는 최대 에너지 밀집도는 ㎏당 5000와트(watt-hours) 이상으로 현재 리튬-이온전지보다 약 10배 이상 높음.

⑩ 리튬 금속-공기전지는 2차 반응물질이 필요 없기 때문에 상당히 가벼움.

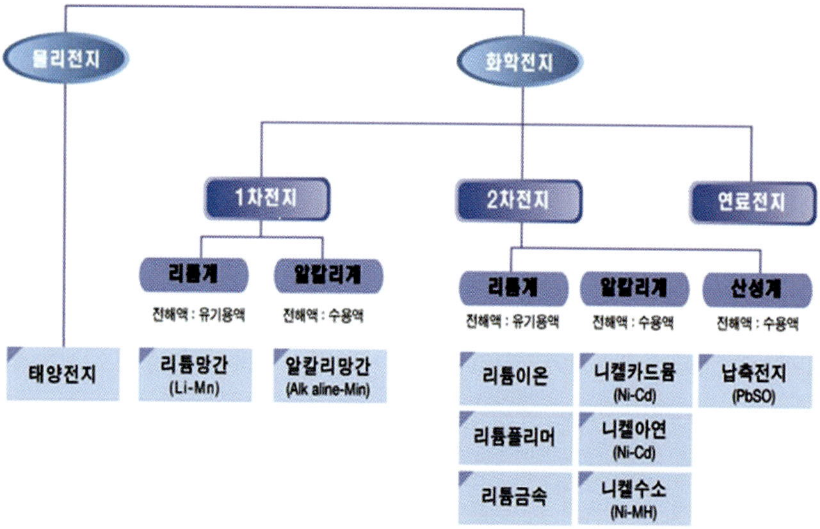

그림 41 전지 계통도

가솔린 차량은 한번 주유로 최대 약 800km(500마일) 정도 갈 수 있는 데 반해 전기자동차는 배터리의 용량 및 무게 때문에 500㎞ 내외 정도 갈 수 있는 것을 보면 아직도 우리가 전기차를 보편화시키기에는 여러 가지로 어려운 점이 많다.

기존의 납(Pb)이나 리튬-이온(Li Ion) 배터리보다 더 가벼운 리튬공기(Li Air)를 활용한 배터리를 만드는 연구가 여러 연구기관을 통하여 이루어지고 있다. 리튬공기 배터리의 가장 큰 특징은 대기 중에 있는 '산소'를 반응 물질로 이용, 무게를 획기적으로 줄일 수 있다는 점이다. 현재의 리튬 이온 배터리를 가지고 800㎞를 가게 만들려면 완전 충

전시 배터리의 무게만 약 1.5톤이 되어야 한다. 하지만 리튬에어 배터리의 경우 150~300kg 정도면 충분하기 때문에 자동차를 멀리 가게 할 수 있는 전기 자동차의 배터리 충전재로 가장 현실적인 대안인 셈이다.

2 리튬-공기전지의 문제점

① 전자를 서킷으로 보내기 때문에 재충전이 가능할지가 아직 불투명
② 리튬 금속-공기전지를 사용하면 막을 통해 리튬이온과 반응할 산소를 끌어들이며 자체적으로 충전되지 않음.
③ 충전을 하게 되면 안전성에 문제가 제기됨. 시간이 지날수록 리튬-금속표면이 거칠어지면서 열폭주(thermal runaway) 상태로 이어질 수 있는 단점이 있음.
④ IBM Research는 리튬 과산화물에서 산소를 생성시키는 것을 발견해 충전할 수 있다고 주장
⑤ 리튬은 물과 격렬한 반응을 일으키기 때문에 공기 중에 있는 물 분자를 막는 것이 필요
⑥ 리튬-금속 전극이 물에 들어가게 되면 리튬이온이 밖으로 나오면서 물 자체나 물속의 산소와 반응
⑦ 리튬 금속과 물의 반응 때문에 수십 년간 리튬-공기전지에 대한 생각은 있었지만 공기 내 물 분자 때문에 상용화가 어려웠었음.

그림 42 전지 구성물질 질량비교

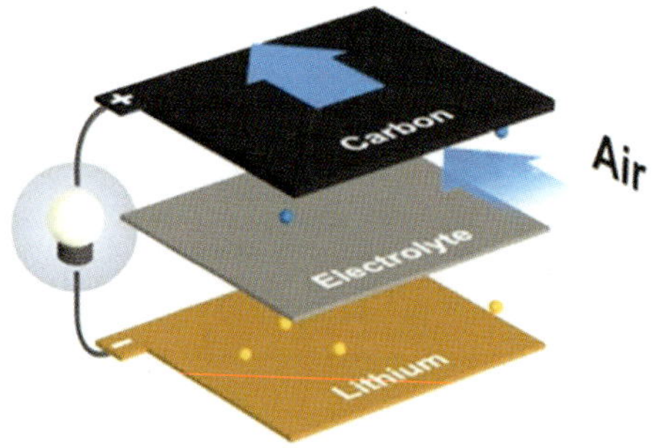

그림 43 리튬공기전지 구조

또한 더 지능화된 인공지능 기술을 "최적의 물질의 배합" 을 찾아내는 데 활용하고 있다. 이제까지 과학자들은 물질 배합을 위해 실제 실험을 해서 답을 찾아내는 시행착오를 겪을 수밖에 없었다. 하지만 인공지능을 활용하면 컴퓨터 시뮬레이션을 이용하여 적합한 배합을 찾아내 가상의 실험을 하기 때문에 기술 개발의 효율성도 높아질 것이라고 기대한다.

물론 아직 이 기술이 상용화되기에는 개선해야 할 문제가 많고 새로운 배터리 기술이 출시되려면 10년 이상 더 걸릴지도 모른다. 하지만 이 또한 전세계 50여개의 유사한 노력들 중 하나로 세상을 더 깨끗하게, 편리하게, 똑똑하게 만들고 싶은 미국 IBM 연구소를 비롯 독일, 일본, 한국 등 전세계의 많은 조력자들이 함께 참여하고 있다. 우리는 곧 휴대폰을 충전하듯이 자동차를 충전하며 도로를 누빌 날을 맞게 되리라 믿는다.

금속공기 전지를 2차전지로 사용하기 위해서는 아직 해결해야 할 과제가 많이 있으며, 개발에 몇 년이나 걸릴지 그 햇수를 말하기도 어렵다. 그렇지만 도요타를 비롯한 기업이나 일본 국내외 대학, 연구기관이 연구에 전념하고 있는 것은 리튬이온 전지의 성능 향상이 거의 한계에 다다르고 있는 가운데 실용적인 전기자동차의 에너지원으로서 금속공기 전지가 몇 안 되는 유망주 가운데 하나이기 때문이다.

CHAPTER

05

수소연료전지 자동차

(FCEV : Fuel Cell Electric Vehicle)

01 수소연료전지 자동차의 개요

1 개요

수소연료전지 자동차(FCEV : fuel cell electric vehicle)는 수소(H_2)와 산소(O)가 반응해 물(H_2O)을 생성하고, 생성하는 과정에서 발생되는 전기적인 에너지를 저장해 전원으로 사용하는 자동차를 말한다. 즉, 수소를 직접 태우지 않고 수소와 공기 중 산소를 반응시켜 발생되는 전기로 모터를 돌려 구동력을 얻는 친환경 자동차. 연료비가 가솔린의 1/3 정도이며, 이산화탄소 배출을 줄일 수 있는 장점이 있어 궁극적인 미래차라고 할 수 있다.

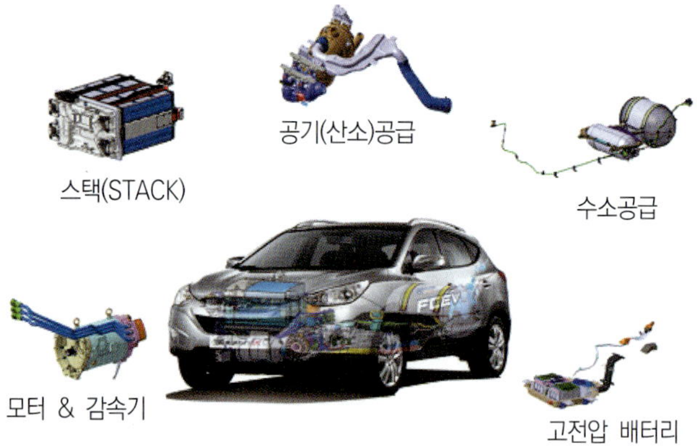

그림 1 수소연료전지 자동차의 구조

현대자동차가 2014년도에 세계 최초로 양산화에 성공하였지만, 아직 고가의 차량가격과 인프라 구축이 걸림돌이 되고 있다. 수소는 이 세상에서 가장 풍부한 화학원소이며 우주를 이루는 원소의 90%가 수소이고 물의 2/3가 수소원자로 구성되어 있다. 수소는 연소하면서 다시 물을 만들어내기 때문에 고갈될 염려가 없고, 환경을 오염시키지 않으며 석유나 가스처럼 지구의 일부에 치우쳐 있지 않아 자원분쟁을 줄일 수 있다. 그리고 내연기관 엔진의 효율 30% 수준 대비 연료전지 40~60%로 효율이 높다.

그림 2 수소연료전지 자동차의 흐름

전지는 크게 1차 전지와 2차 전지로 구분할 수 있다. 1차 전지는 충전이 불가능한 건전지가 대표적이며, 2차 전지는 리튬이온전지, 니켈수소전지 등이 있다. 연료전지는 연료를 주입하면 연속사용이 가능하기 때문에 3차 전지라고도 한다.

충전 불가능 충전 후 재사용 연속사용 가능

(a) 1차 전지 (b) 2차 전지 (c) 3차 전지 또는 연료전지

그림 3 **전지의 종류**

수소와 산소를 결합시켜 전기를 생산하는 발전형 전지라고 구분되므로 전지라는 단어를 사용한다.

참고 수소연료전지 자동차(FCEV)

수소연료전지 자동차(FCEV)는 수소를 연료로 사용해 영구적인 전기를 생산할 수 있는 전지형태의 자동차란 뜻이다.

수소연료전지의 원리에 앞서 먼저 물의 전기분해에 대해 살펴보도록 하자. 순수한 물인 증류수는 전기가 통하지 않기 때문에 전해질을 이용하여 물을 전기분해 하면 (-)극에는 수소가 발생하고 (+)극에는 산소가 발생된다. 즉, 물에서 산소와 수소를 발생시키기 위해서는 전기가 필요하여 수소가 연소되면 물이 생기게 된다. 즉, 수소는 공기 중에서 에너지를 공급받으면 폭발적으로 반응하며 그 부산물로 물인 H_2O를 생성한다.

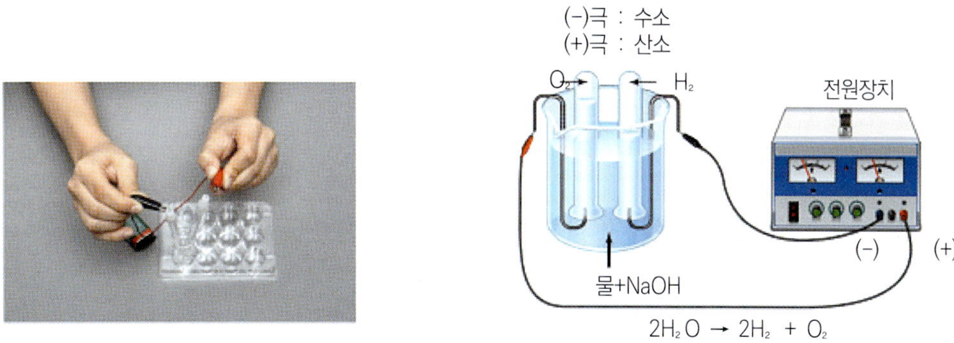

(a) 물 전기분해　　　(b)

그림 4 **물의 전기분해**

수소연료전지 자동차는 직접 수소를 연소하지 않고, 수소와 산소가 가지고 있는 화학에너지를 전기화학반응에 의하여 직접 전기에너지로 변환시키게 된다.

수소연료전지는 연료(수소)에너지를 전기에너지로 변화시킬 때 수소와 공기를 전극 표면에서 산화 반응시켜 그 반응에 따라 얻어지는 화학에너지를 직접 전기에너지로 변화한다.

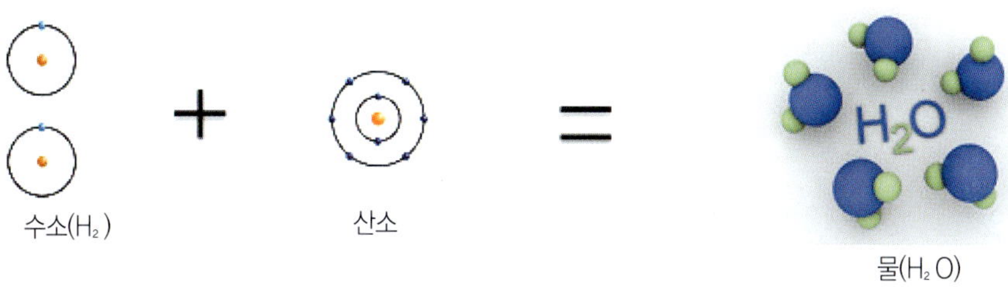

그림 5 **물의 합성 화학 반응식**

2 연료전지의 화학반응

연료전지(fuel cell)는 수소와 산소의 화학반응으로 생기는 화학에너지를 직접 전기에너지로 변환시키는 기술을 이용한 전지이다. 즉 연료와 산화제를 전기화학적으로 반응시켜 전기에너지를 발생시키는 장치이다. 이 반응은 전해질 내에서 이루어지며 일반적으로 전해질이 남아있는 한 지속적으로 발전이 가능하다.

$$H_2 + \frac{1}{2}O_2 = H_2O + \text{전기}$$

- 연료극(anode (+)극) : $H_2 = 2H^+ + 2e^-$
- 공기극(cathode (-)극) : $1/2\ O_2 + 2H^+ + 2e^- = H_2O$
- 전체반응 : $H_2 + 1/2O_2 = H_2O$ $Eo = 1.23V$

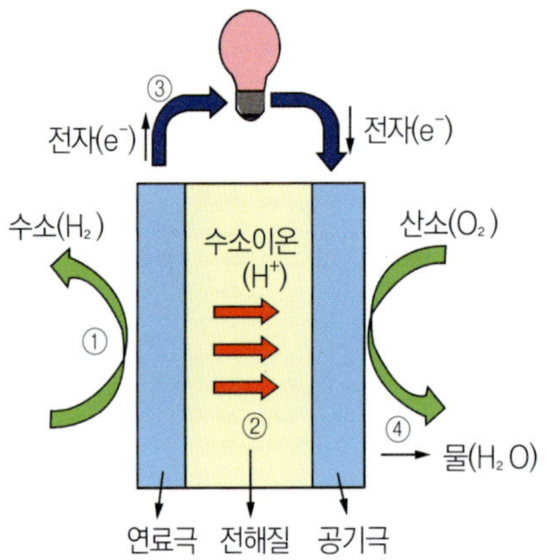

① 연료극(anode)에는 수소를 공급
② 공기극(cathode)에는 산소를 공급
③ 연료극에 공급된 수소는 수소이온과 전자로 분해. 분해된 수소 전자는 외부회로를 거쳐 전기발생
④ 공기극에는 전해질을 통과한 수소이온과 외부회로를 거쳐 도달한 수소전자와 공급된 산소와 결합해 물이 생성

그림 6 **전기화학반응**

연료전지의 구조는 전해질을 사이에 두고 두 전극이 샌드위치의 형태로 위치하며 두 전극을 통하여 수소이온과 산소이온이 지나가면서 전류를 발생시키고 부산물로서 열과 물을 생성한다.

① 연료극인 양(+)극에 수소를 공급하고 공기극인 음(-)극은 공기(산소)를 공급한다.
② 수소는 양(+)극에서 촉매에 의해 수소(H^+)이온과 전자(e^-)로 분리된다.
③ 수소이온은 전해질 층을 통해 이동하고 전자(e^-)는 외부 전기회로를 거쳐 음(-)극으로 이동. 음(-)극으로 이동한 수소이온(H^+)과 전자(e^-)는 산소와 결합하여 물(H_2O)을

생성한다.

④ 결합 과정에서 전자가 지닌 전기 에너지가 외부회로를 통과하면서 전기를 발생시키고 화학반응에 의해 열이 발생한다.

1) 수소(Hydrogen)

제1A족 및 제7B족에 속하는 원소와 유사한 점이 있어 이들 양쪽에 포함시키거나 또는 그 특이성을 중요시하여 어느 족에도 포함시키지 않고 독립적으로 취급하기도 한다.

동위원소로는 질량수 2 및 3인 것(중수소라고 한다)이 있지만 다른 원소의 경우와는 달리 보통 수소원자(질량수 1인 것, 중수소에 대응시킬 때는 경수소라고 한다)의 2배, 3배로 되기 때문에 질량의 차가 뚜렷하고, 따라서 성질의 차이가 크다. 이 사실로부터 보통 수소를 프로튬(protium), 중수소를 듀테륨(deuterium), 트리튬(tritium)으로 하여 구별한다.

수소의 성질은 무색·무미·무취의 기체로 지구상에 존재하는 물질 중에서 가장 가볍다. 항상 수소분자 H_2로 이루어진다. 임계온도(臨界溫度) -239.9℃, 임계압력 12.8atm, 물에는 18℃에서 1부피에 0.0185 부피 녹는다. 상온에서는 오르토수소와 파라수소의 3 : 1 혼합물이다.

또한 상온에서는 반응성이 적지만, 온도가 높으면 많은 원소와 직접 반응한다. 산소와의 2 : 1 혼합물은 500℃ 이상에서 격렬하게 반응하여 폭발하며, 산소수소 폭명기(爆鳴氣)라고 한다.

그 밖에 황과는 황화수소, 질소와는 암모니아, 염소와는 염화수소를 생성하며 많은 금속과도 직접 반응하여 수화물을 만든다. 금속 염화물이나 산화물을 가열하면 환원되어 금속을 생성한다. 일반적으로 화합물 중에서의 원자가는 양 1가 또는 음 1가의 값을 가진다.

2) 산소(Oxygen)

공기 중 78%가량 포함된 질소에 이어 2번째로 많은 21% 가량 포함되어 있다. 산소가 모자라거나 너무 많으면 치명적인 문제를 일으키므로 항상 적당한 양이 적절하게 분배된 상태여야 이로운 물질이다. 지구 지각에서는 46.4%로 가장 흔하며, 지구 전체에서는 30%로 철에 이어 2번째이다. 산소는 화학 원소의 하나로, 원소 기호는 O이고, 원자 질량은 15.999u, 녹는점은 -218.8°C, 끓는점은 -183°C, 전자 배열은 [He] $2s^2 2p^4$이다. 일반적으로 산소원자 두 개가 결합하여 무색·무미·무취인 기체 상태로 존재한다.

3 연료전지의 특징과 기대효과

연료전지 특성은, 연료가 전기화학적으로 반응하여 전기를 생산하는 과정에서 열도 발생하므로 총 효율을 80% 이상으로 높이는 고효율 발전이 가능하며, 기존의 화력발전에 비해 효율이 높으므로 발전용 연료의 절감이 가능하고 열병합 발전도 가능합니다. 또한 NOx와 CO_2의 배출량이 석탄 화력발전의 1/38과 1/3 정도이며, 소음도 매우 적어 공해 배출요인이 거의 없는 환경 친화적 에너지 발전시스템으로 각광 받고 있다.

(1) 연료전지의 특징

① 고효율 : 카르노사이클의 제한을 받지 않음(효율 〉 40%).
② 무공해 : NOx와 SOx를 배출하지 않음.
③ 무소음 : moving parts가 없음.
④ 모듈화 : 건설과 증설이 용이하고 다양한 용량이 가능
⑤ 다연료 : 수소, 석탄가스, 천연가스, 매립지가스, 메탄올, 휘발유의 사용이 가능
⑥ 열병합(고온 연료전지의 경우) : 폐열 활용이 가능

(2) 연료전지의 기대효과

① 고분자전해질 연료전지 및 이를 이용한 무공해 연료전지 자동차 개발을 통해 원천기술을 확보하고 관련기술을 산업체에 이전함으로서 산업경쟁력 강화에 기여
② 선진국에서 무공해 자동차의 사용이 곧 의무화될 것이 예상됨에 따라 기술자립을 통해 자동차 수출증대에 이바지
③ 고효율, 무공해 연료전지 자동차의 개발로 환경오염 방지 및 수송용 에너지 절약에 기여
④ 고분자 전해질 연료전지는 자동차용 동력원외에 발전용(분산용 발전, 가정용 전원)이나 이동용(정보통신 장비용), 군수용(잠수함 동력원) 등으로 활용 가능

표 1 수소연료전지 자동차의 주요 구성품

주요 구성품	특징
연료전지 스택	• 원하는 전기출력을 얻기 위해 단위전지를 수십장, 수백장 직렬로 쌓아 올린 본체 • 단위전지 제조, 단위전지 적층 및 밀봉, 수소공급과 열회수를 위한 분리판 설계·제작 등이 핵심기술임
주변보조기기 (balance of plant) BOP	• 연료, 공기, 열회수 등을 위한 펌프류, blower, 센서 등을 말한다. • 내연기관에는 연료 및 공기공급, 냉각, 배기를 위한 장치로 구성된 엔진 운전장치가 있듯이, 연료전지 발전 시스템에도 같은 기능을 하는 연료전지 운전장치가 있는데, 열 및 물질 수지 개념을 중요시하는 화학 공정에서는 이를 BOP라 한다.
수소저장탱크	수소를 자동차에 탑재하기위한 방법으로는 크게 고압수소가스 저장, 액체수소저장, 수소흡장물질에 의한 저장, 탄소나노기술에 의한 저장 등 네 가지 방법이 있다.
개질기 (reformer)	화석연료(천연가스, 메탄올, 석유 등)로 부터 수소를 발생시키는 장치이다. 이는 시스템에 악영향을 주는 황(10ppb 이하), 일산화탄소(10ppm 이하) 제어 및 시스템 효율향상을 위한 compact가 핵심기술
전력변환기 (inverter)	• 연료전지에서 나오는 직류전기(DC)를 우리가 사용하는 교류(AC)로 변 환시키는 장치 • 교류로 만들기 위해 변조기가 사용 • 인버터는 컨버터에 비해 구조가 복잡

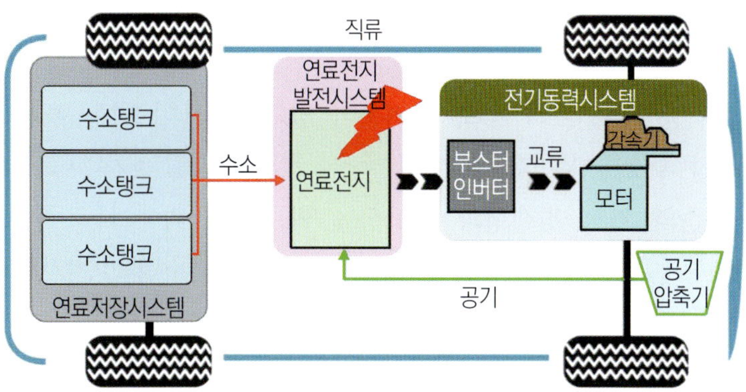

그림 7 수소연료전지 자동차

4 수소자동차의 특징

(1) 장점

① 발전효율이 40~60%이며, 열병합 발전 시 80% 이상 가능

② 천연가스, 메탄올, 석탄가스 등 다양한 연료 사용 가능

③ 환경공해 감소 : 배기가스 중 NOx, SOx 및 분진이 거의 없으며, CO_2 발생량에 있어서도 미분탄 화력발전에 비하여 20~40% 감소

④ 회전 부위가 없어 소음이 없으며, 기존 화력발전과 같은 다량의 냉각수 불필요

⑤ 도심 부근 설치가 가능하여 송배전 시의 설비 및 전력손실 적음

⑥ 부하 변동에 따라 신속히 반응하며, 설치 형태에 따라서 현지 설치용, 분산 배치형, 중앙 집중형 등의 다양한 용도 사용 가능

(2) 단점

① 기존의 모터, 모터 드라이브로 구성된 전기차 체계에서 연료전지와 수소탱크가 추가된다.

② 정비가 극히 까다롭고 전용 시설이 필요하다.

③ 수소 공급, 저장 등 인프라 구축 어려움이 있다. 40톤이 넘는 튜브 트레일러 1대가 고작 500㎏의 수소를 운반할 수 있다.

④ 화석연료 수준의 가격 경쟁력과 생산성을 확보하기 위해서는 천연가스나 석유에서 수소를 추출해야 하는데 이 방법은 결국 이전과 똑같이 화석연료에 의존하게 된다는 문제가 있다.

⑤ 차량의 수소탱크가 거의 비어있을 때만 주입이 가능하다.

⑥ 수소 스택을 제외하면 전반적인 구성이 전기차와 동일하다. 즉, 전기차의 일부 약점을 고스란히 가지고 있는 셈이다.

⑦ 초기 설치비용이 고가

(3) 연료전지의 효율

연료전지는 환경 친화적이라는 장점이외에도 고효율이라는 장점을 자랑한다. 그렇다면 연료전지의 효율은 기존의 화력발전에 비해 얼마나 높을까. 예를 들어 생각해보자. 25℃에서 수소-산소 연료전지로 수소 2g(1몰)와 산소16g(1/2몰)를 반응시키면 18g(1몰)의 물이 생기면서 이상적으로는 1.229V(볼트)의 전압이 발생한다. 이것은 약 56.9 kcal의 열량에 해당하는데, 수소-산소의 원래 반응열은 68.6kcal이므로 연료전지를 통하면서 56.9kcal은 전기에너지로 나머지 11.7kcal은 폐열로 방출되는 셈이다. 따라서 전기에너지로 활용될 수 있는 효율은 이상적으로는 약 89%나 된다.

그러나 실제로 연료전지에서 전류가 흐르기 시작하면 연료가 공급되는 속도만큼 전기화학반응이 빠르지 않고 구성요소간의 저항이 있을 뿐 아니라 전극에서 연료나 산소의 농도 차이가 생기는 등 여러 요인에 의해 얻을 수 있는 전압이 이상적인 값보다는 낮다. 그래서 현 수준에서 실제효율이 40~50% 정도다. 그러나 이 효율도 화력발전이나 내연기관의 효율보다는 높은 값이다. 결국 연료전지는 기존의 화력발전보다 효율이 높고 질소화합물, 황화합물, 매연 등을 배출하지 않는다. 또한 회전부위가 없어 소음이 적고 모듈화가 가능해 다양한 용량으로의 건설과 증설이 쉽다. 이밖에 수소, 석탄가스, 천연가스, 매립지가스, 메탄올, 휘발유 등을 연료로 사용할 수 있으며, 전기에너지와 동시에 열이 발생하므로 폐열을 회수해 지역난방과 온수로 열병합발전도 가능한 그야말로 "효자전지"라고 말할 수 있다.

(4) 수소자동차 엔진의 연구 방향

현재 미래의 에너지원으로서의 수소에너지에 관한 연구는 선진 각국에서 활발히 진행되고 있으며 발전 등의 용도 이외에 자동차용 연료로서의 연구도 동시에 진행되고 있다. 아직 초기 단계로서 고압용기와 단순한 구조의 엔진을 사용하고 있으며 차량 자체보다 태양광으로 발전한 전기를 이용한 수소 전기분해 시설의 운영에 초점을 맞추고 있다.

일본 마쯔다의 경우 로터리엔진과 metal hydride 저장장치를 사용하여 시험 차량을 운영하고 있다. 독일의 경우 BMW 및 연구소에서 액체수소 이용 기술과 고성능 인젝터의 실용화 연구에 주력하고 있다. 이밖에 캐나다, 이탈리아, 인도 등에서도 수소자동차에 관한 기초 연구를 진행하고 있다. 현재까지의 연구는 아직 실용화에는 미치지 못하고 있으며 엔진 형식, 수소 공급방식, 수소 저장방식에 있어 다양한 시도가 이루어지고 있는 기초 연구 단계라 할 수 있다.

최근 독일의 다임러- 벤츠사가 세계 최초의 수소자동차를 공개했다. 메르세데스- 벤츠의 소형 A-클래스를 기본 모델로 한 네카-3은 메탄올을 수소로 바꿔주는 연료전지를 이용 엔진을 구동시키기 때문에 기존의 화석연료 자동차보다 유해가스 배출량이 훨씬 적다. 이산화탄소 배출량이 기존의 화석연료 자동차의 50%이며 일산화탄소, 아황가스, 산화질소는 1%에 불과하다. BMW는 1978이래 수소 동력의 내연기관을 연구하기 시작하였다.

이 연구는 종래 엔진의 연료를 점화하는 스파크플러그 대신에 엔진을 돌리기 위해 탱크로부터의 수소를 외부 공기로부터 유입된 산소와 반응을 시키는 원리를 이용한 것으로 간단하나 꽤 착상이 좋은 것이었다. 이 반응의 결과는 무해한 수증기뿐이었다.

그림 8 아이온 엘엑스(Aion LX)의 수소자동차

독일에서는 BMW가 제작한 수소연료 차량이 운행 중에 있으며, 뮌헨공항 등지에 액체수소 충전소가 시범적으로 설치되어 있고, 완전 자동인 수소연료 공급은 3분이 채 걸리지 않는다고 한다.

그림 9 수소 충전

5 수소연료전지 자동차 구동원리

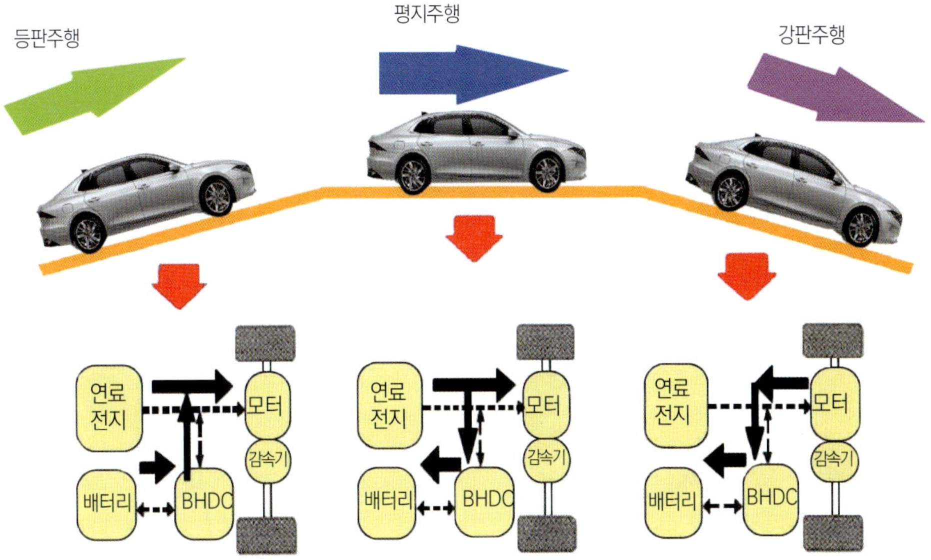

그림 10 **수소연료전지 자동차 주행특성**

① 평지 주행시 : 차량에 부하가 적을 경우, 스택에서 생산된 전기로 모터를 구동한다.

② 등판 주행시 : 차량에 부하가 클 경우, 스택의 전기 생산량을 높여(수소 및 공기 공급 많아짐) 모터에 공급되는 전압을 높인다. 또한 스택에서 생산된 전기가 부족할 경우 고전압 배터리에 저장된 전기를 추가로 사용하여 모터를 구동한다.

③ 강판 주행시 : 차량에 부하가 없을 경우, 스택으로 공급되는 연료를 차단하여 스택을 차단하여 스택을 정지 시킨다. 또한 회생제동으로 생산된 전기는 고전압 배터리를 충전하여 연비를 향상시킨다(회생제동으로 생산된 전기는 스택으로 가지 않고 고전압 배터리 충전에 사용된다).

02 FCEV(fuel cell electric vehicle)의 구성

1 구성부품의 레이아웃

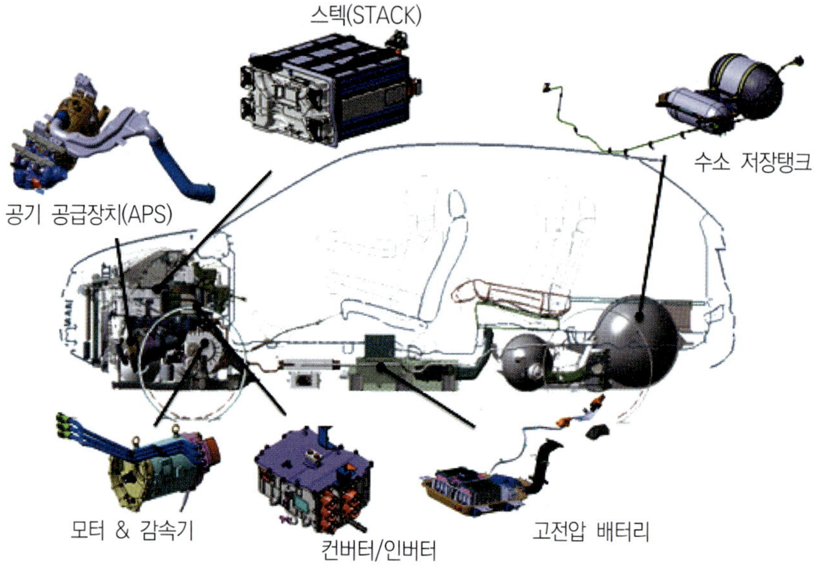

(a)

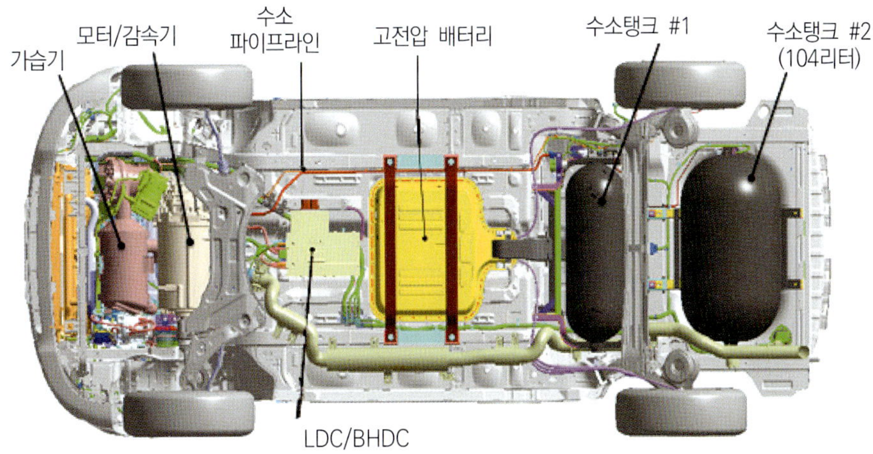

(b)

그림 11 수소연료전지 자동차의 구성부품

(1) 수소 저장탱크

① 연료전지의 주 연료
② 탱크 내 수소저장(700bar)
③ 스택(stack)으로 공급

(2) 공기 공급장치(APS)

① 스택 내에서 수소와 결합해 물(H_2O) 생성
② 순수 산소형태가 아니며 대기공기로 스택으로 공급
③ 공기 청정도를 위해 전용 에어클리너 적용

(3) 스택(stack)

① 연료전지 핵심부품
② 주행에 필요한 전기, 전류 발생
③ 공급된 수소와 공기중 산소가 결합되어 수증기 생성
④ 얇은 막 형태로 겹겹이 쌓인(STACK) 형태

(4) 고전압 배터리

① 스택에서 발생된 전기저장
② 회생제동 에너지(전기) 저장
③ 차량 주행에 필요한 전기 어시스트
④ 시스템 내 고전압장치에 전원 공급

(5) 컨버터/인버터

① 스택에서 발생된 직류 전기를 모터가 필요한 3상 교류전기로 변환
② 차량측 12V 배터리 전원으로 변환

(6) 모터 & 감속기

① 차량을 구동하기위한 모터와 감속기

(7) 연료전지시스템 어셈블리

연료전지 룸 내부에는 스택을 중심으로 수소 공급시스템과 고전압회로 분배역할을 하는 정션박스, 그리고 공기를 흡입하여 스택내부로 불어 넣을 수 있는 공기 공급시스템. 그리고 스택의 온도조절을 위한 냉각시스템 부품을 볼 수 있다.

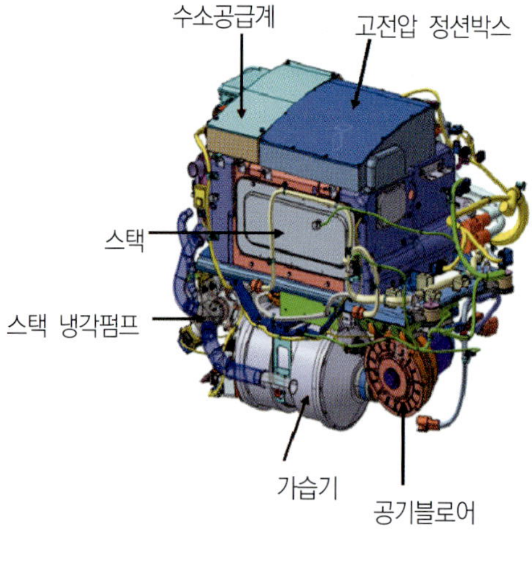

그림 12 연료전지시스템 어셈블리

2 연료전지 스택(stack)

연료전지시스템에서 가장 핵심부품인 스택은 내부 얇은 판과 막들이 여러 겹 적층된 구조이며, 투산 연료전지 차량의 스택 용량은 100kw급이다.

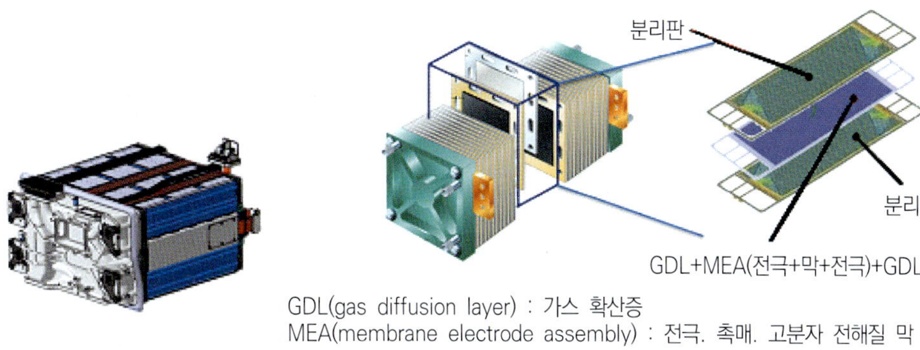

(a) 스택모듈(100kW급) (b) 스택 내부구성

그림 13 연료전지 스택

분리판과 고분자 전해질로 구성된 하나의 셀(cell)은 수소와 공기 중 산소를 확산, 분리하여 서로 결합을 유도해 전기를 생성할 수 있는 연료전지 자동차의 주 에너지가 만들어지는 부품이다.

(1) 스택(stack)의 전기발생 원리

연료전지의 공기극에는 에어클리너를 거친 공기(산소)가 공급한다.

① 촉매에 의해 공기 중 산소만 반응하며, 2개의 산소원자로 분리한다.

② 분리된 산소원자들은 강한 음전하를 띄게 되어 수소이온(H^+)을 끌어당겨 전해질 막을 쉽게 통과하도록 보조한다.

③ 전해질 막을 통과한 2개의 수소이온과 이를 끌어들인 산소원자. 외부 회로로부터 전달된 2개의 수소전자는 결합하여 물 분자(H_2O)를 생성한다,

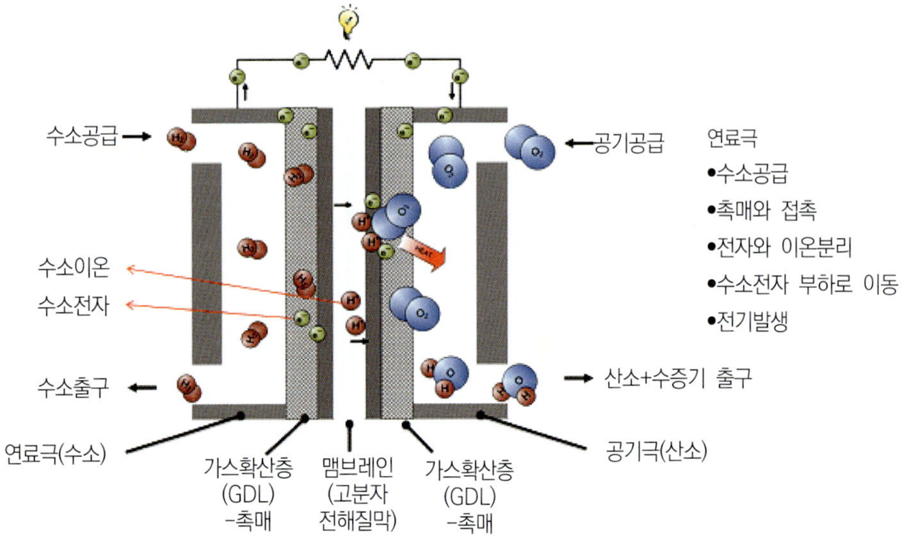

그림 14 **스택 전기발생 원리**

(2) 스택(stack)의 구성

스택내부 하나의 셀(cell)에서 수소와 산소의 결합으로 발생하는 전기는 약 1V 정도이며, 차량을 구동하기 위해 필요한 전원으로 사용하기에는 매우 낮기 때문에 셀을 여러 개 적층하여 결합한 구조이다.

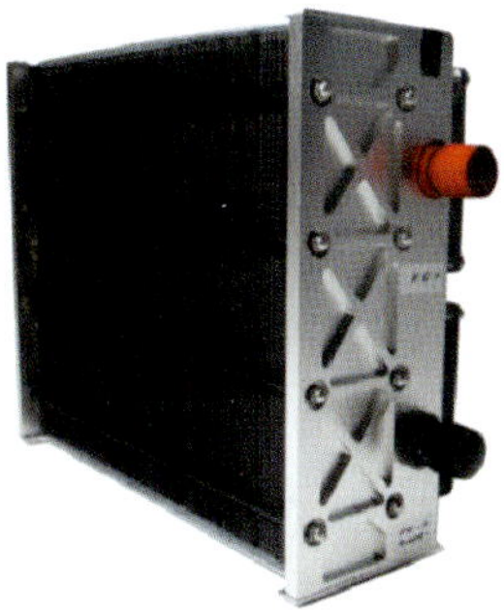

그림 15 스택

430개 이상을 직렬로 연결하여, 최대 400V 이상 고전압이 생성되고 전류는 약 400A 정도이다. 연료전지 스택의 구성요소는 다음과 같다.

① 분리판 : 반응가스의 유로제공, 전기적인 연결

② 개스킷 : 반응가스의 누출방지

③ 막전극 접합체(MEA) : 전해질과 백금촉매의 접합체, 전기화학반응 일어남.

④ 스택 : 다수의 셀을 쌓은 것, 한 셀의 음극판(cathode)은 인접 셀의 양극판(anode)와 전기적으로 연결됨

3 수소 공급장치(FPS)

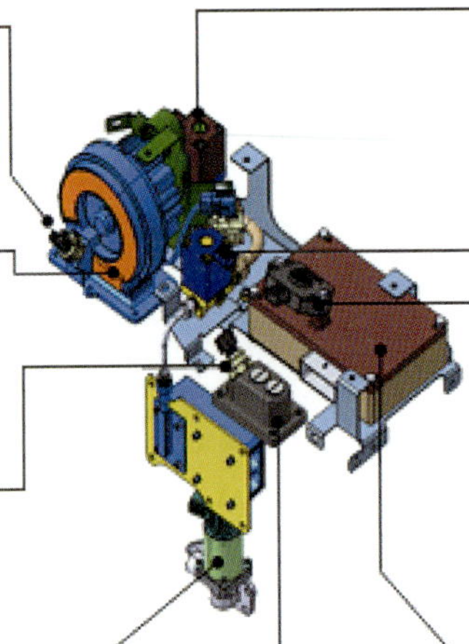

그림 16 **수소 공급장치**

스택에 수소를 공급하는 시스템으로 여기에는 수소탱크, 압력조절기, 수소재순환기 등으로 구성되어 있다.

(1) 수소 저장탱크

수소 저장탱크는 2개로 구성되며, 700bar 완충시 무게로는 약 5.6kg이다. HSCU는 적외선 통신과 수소 연료라인의 압력감지, 솔레노이드밸브 제어, 연료주입 도어의 열림 등을 감지하고 제어하는 컨트롤 유닛이다.

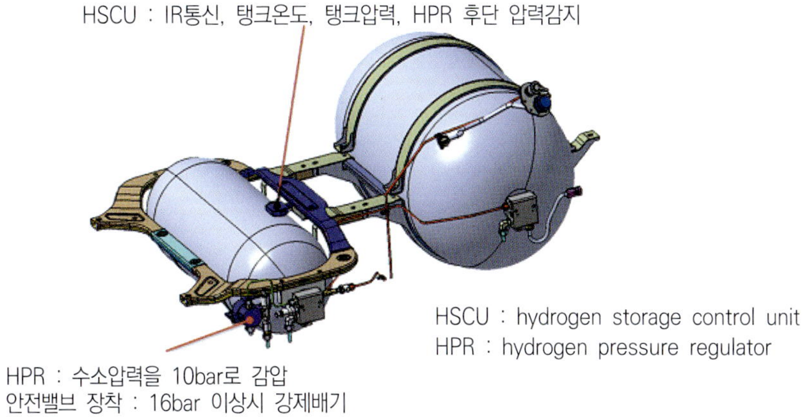

그림 17 수소 저장탱크

그 외 HPR은 고압의 수소압력을 10bar로 감압하고 만약 공급라인의 압력이 16bar 이상 상승 시 안전을 위해 수소가스를 대기로 강제 배기할 수 있는 PRV(pressure relief valve)가 장착되어 있다.

(2) 수소 충전구

병렬로 연결된 가스탱크는 동시에 충전되며 수소 공급도 2개의 탱크에서 동시에 제공되며, 충전포트는 가스 충전건(Gun)과 적외선 통신을 통해 탱크 온도, 압력 정보를 송신한다. 가스 충전상태를 충전건(Gun)으로 전송함으로써 고압의 수소가스 충전에 안전을 목적으로 하고 있다.

> 참고
>
> 충전 완료 후 주유구 캡이 닫혀있지 않으면 시동이 걸리지 않습니다.

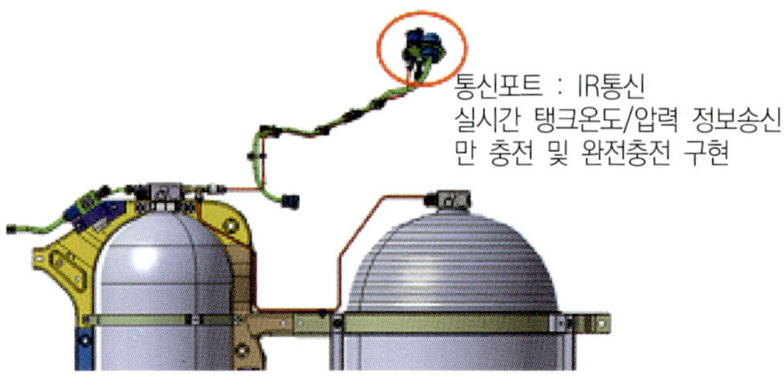

(a)

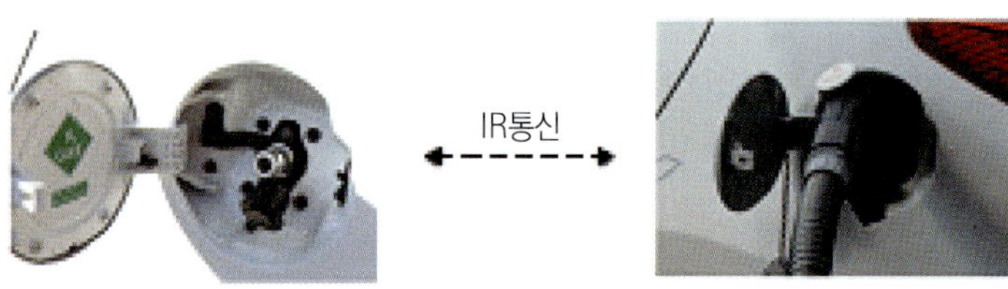

(b) 적외선 통신

그림 18 수소 충전구

(3) 수소공급 및 재순환

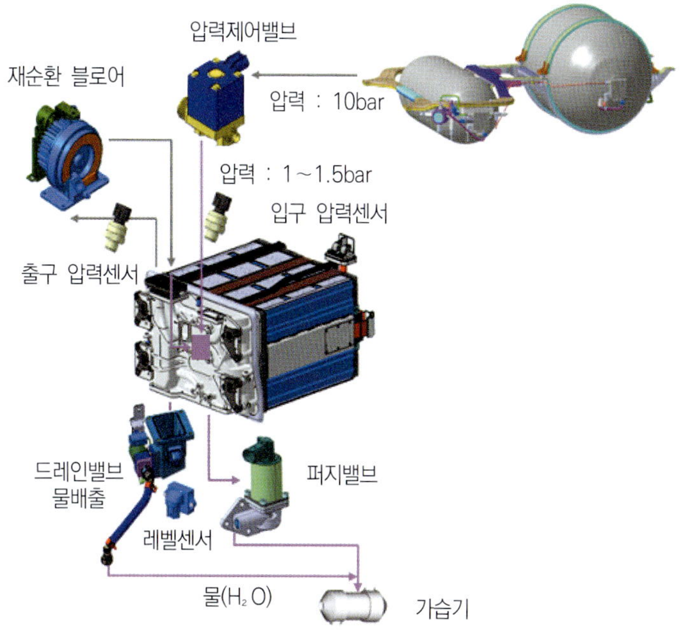

그림 19 수소공급 및 재순환

① 수소가스 압력 레귤레이터인 HPR을 통해 약 10bar로 감압된 수소연료가 압력제어 밸브를 거쳐 스택으로 공급되는 압력 약 1~1.5bar로 다시 감압한다.

② 스택내에서 소모되지 않은 수소는 다시 출구를 통해 재순환 불로워로 가게 되어 재사용이 가능하다.

③ 퍼지밸브는 수소 농도를 맞추고 가습기로 배출한다.

④ 드레인 밸브는 스택 내 발생된 수증기가 포집되어 액체 상태인 물로 저장되며 일정 수위 이상 시 가습기로 배출한다.

4 공기 공급장치(APS)

공기 공급장치의 구성부품은 에어클리너, 유량센서, 공기차단밸브, 소음기, 공기 블로어, 가습기, 배기관, 그리고 온도. 압력센서로 구성되어 있다.

① 에어클리너 : 공기 중의 미세한 먼지와 스택에 유해한 유해물질 제거한다.

② 공기차단밸브 : 시동 OFF시 공기가 스택내부로 확산되어 유입되는 것을 방지한다.

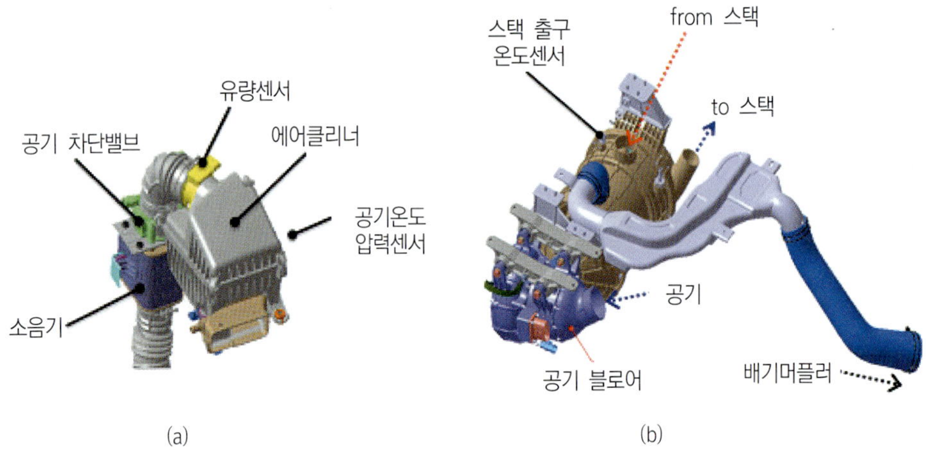

그림 20 공기 공급장치의 구조

③ 에어블로어 : 스택으로 공기를 불어넣는 기능으로 최고 회전수가 약 42000rpm이다.

(1) 가습기

연료전지 활성화를 위해서는 수분이 필요하며, 별도의 수분공급 장치를 두지 않고 스택에서 배출되는 수증기는 가습기를 이용해, 수분을 포집하고 이곳을 빠르게 관통하는 공기에 의해 수분이 빨려가면서 일정비율로 수분이 혼합되어 스택에 공급된다. 적절한 수분은 스택 내에서 화학반응을 활성화시키는 역할을 한다.

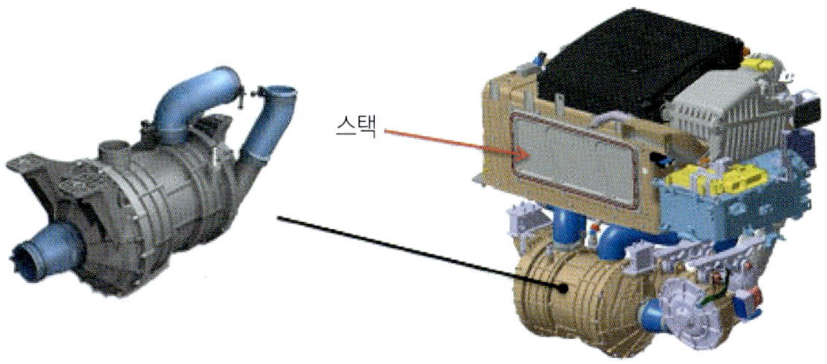

그림 21 가습기

(2) 공기 유입과정

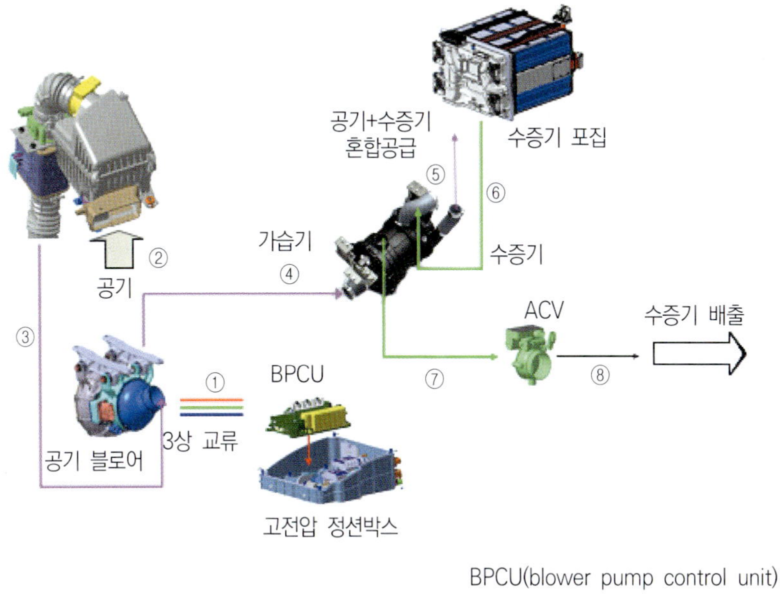

그림 22 공기유입과정

① 블로워 펌프 컨트롤 유닛(BPCU) 제어에 의해 공기 블로어 모터 구동
② 공기블로어 모터 구동으로 대기 공기흡입
③ 가습기로 공기 유입
④ 가습기에서 공기와 수증기를 혼합하여 스택으로 공급
⑤ 스택에서 발생된 수증기 가습기로 포집
⑥ 반복되는 사이클
⑦ 가습기내 수증기는 수분이 많아지면 머플러로 수분 배출
⑧ 머플러 내 ACV에 의해 외부로 수증기, 수분 배출

5 열관리, 냉각시스템(TMS : thermal management system)

스택에서 전기가 생산되는 수소와 산소의 전기 화학반응은 열이 발생된다. 연료전지 차량제어 유닛인 FCU는 스택의 입구 및 출구에서 측정된 온도를 기준으로 스택 냉각수 펌프를 제어하여 연료전지장치의 온도조절을 담당하고 있다.

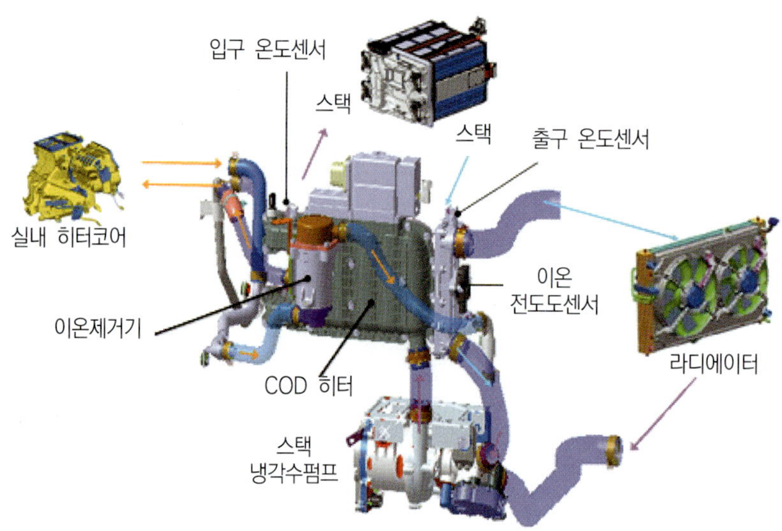

그림 23 열관리, 냉각시스템의 구조

① 스택 냉각수 펌프 : 스택 내부의 냉각수를 순환한다.
② 스택 열 : 차량 라디에이터를 통해 방출한다.
③ 이온제거기 : 연료전지 냉각수내 이온이 있는 경우 스택에서 전기가 발생될 때 누전이 발생될 수 있어 냉각수 내 이온 제거한다.
④ 이온 전도도센서 : 냉각수 내 이온의 전도도 감지한다.
⑤ COD 히터 : 낮은 온도에서는 스택의 활성도가 떨어지므로 전기식 냉각수 히터를 작동시켜 온도를 상승시킨다. 스택의 조기 구동시간을 단축시켜 시동성 향상시킨다.

6 제어장치

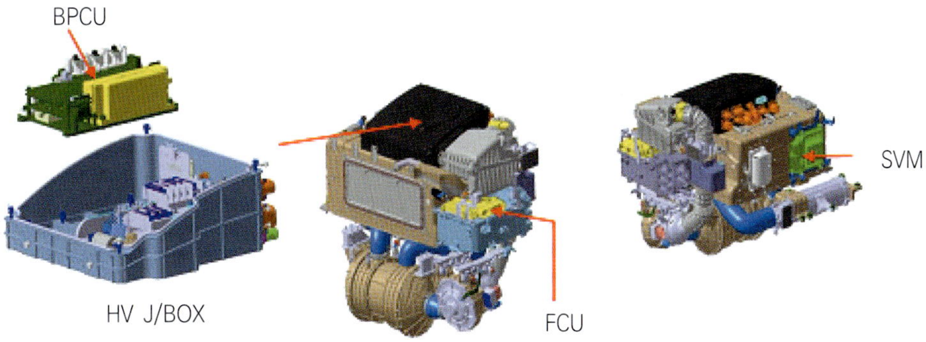

그림 24 제어장치의 구조

표 2 제어기 역할

제어기	역할
FCU(fuel cell control unit) 연료전지 제어기	연료전지차량의 전체시스템을 총괄, 주행모드 제어, 진단기능. 페일세이프(fail safe)
SVM(stack voltage management) 스택 모니터	연료전지 스택의 발전 전압을 제어(balancing)
BPCU(blower pump control unit) 블로어 펌프 컨트롤 유닛	공기 공급을 위한 펌프 구동 및 냉각수 순환 제어
HV J-Box(high voltage junction box) 고전압 정션박스	연료전지에서 발생된 전압을 각 시스템으로 전달해주는 스위치 역할

> 참고 **페일세이프(fail safe)**
>
> ① EV모드 : 연료전지 구동 불가시, 고전압 배터리로만 주행(클러스터시스템 체크 및 거북이 램프 점등)
>
> ② FC모드 : BHDC 혹은 고전압 배터리 비정상으로 연료전지만으로 주행(클러스터시스템 체크 점등)

(1) 연료전지 제어기(FCU : fuel cell control unit)

FCU는 연료전지 차량을 제어하는 핵심 컨트롤 유닛으로 CAN통신을 통해 각각의 유닛과 정보공유로 유기적인 시스템 제어를 담당하는 가장 상위 제어기이다.

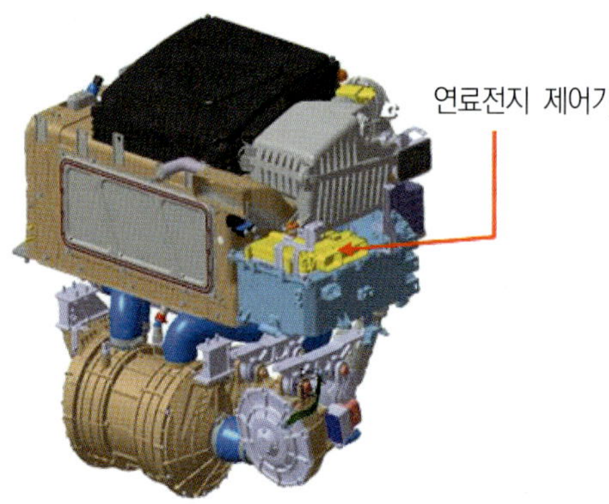

그림 25 **연료전지 제어기**

1) 기능

① 연료전지시스템 제어를 위해 SVM, BPCU, FPD, HSCU 등과 CAN통신

② 고전압 배터리의 충전 및 방전 : BMS, BHDC(Bi-directional High voltage DC-DC converter)와 CAN통신

③ 인버터 내 MCU와 CAN통신하여 모터 토크제어

④ FPS 제어를 위한 FPD와 CAN통신

⑤ 수소 저장시스템 제어기 HSCU와 CAN통신

⑥ CECT와 CAN통신으로 스택 냉각액의 이온 전도도를 모니터링

⑦ 전동식 서모스탯인 3Way-밸브를 제어하여 냉각액 온도조절

⑧ LDC제어로 차량 12V 배터리 충전

⑨ 모터 냉각액 펌프의 RPM 제어

⑩ 팬 제어기, 에어컨 컴프레서와 CAN통신

2) 입출력 제어

FCU는 연료전지시스템의 메인 컨트롤 유닛으로 운전자가 액셀레이터. 브레이크 페달을 밟으면 의지를 반영하여 모터의 가속토크와 제동토크를 제어한다. 그 외 스택의 전류값을 모니터링하여 공기와 수소 공급제어에 활용하고 그 외, 차량이 가속하거나 감속될 때 고전압배터리의 충전 및 방전을 제어한다.

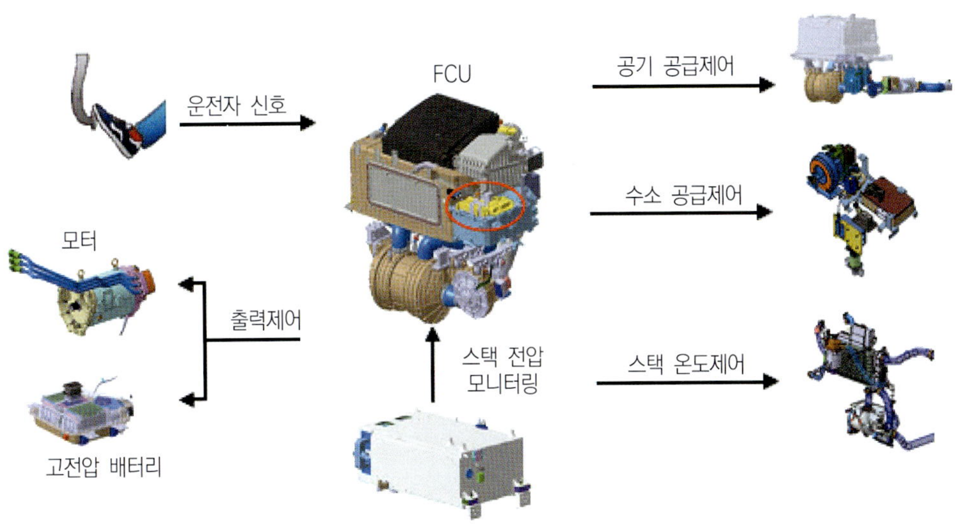

그림 26 입출력 제어

3) 수소 누설감지

FCU 기능중 하나인 수수 안전제어는 차량 4곳에 수소센서를 장착해 수소 누설을 감지하고 있다. 스택내부, 차량 실내 루프, 수소공급시스템(FPS), 수소 저장탱크에 각각 센서가 위치하고 있다.

만약 수소가 누설되어 센서에서 감지한 농도가 증가하게 되면 연료 전지시스템 운전을 중지하거나 차량을 정지시킬 수 있으나 일반적으로는 연료 전지시스템을 중지시키고 고전압 배터리에 의한 차량 구동만 되는 EV모드로 전환하게 된다. EV모드는 배터리만으로 주행하기 때문에 도로주행을 가급적 삼가하고 안전한곳으로 이동하여 조치를 받는다.

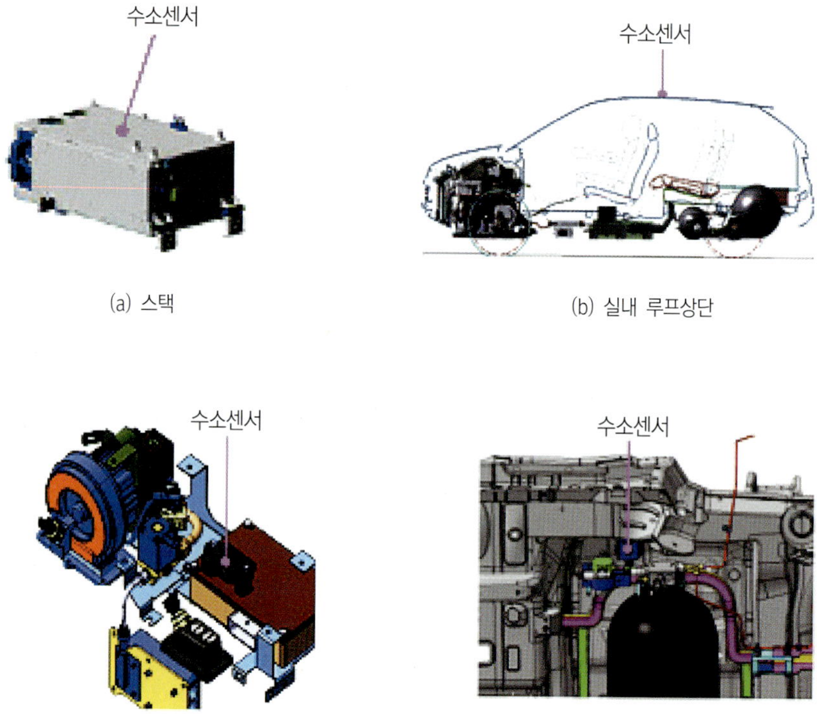

(a) 스택

(b) 실내 루프상단

(c) 수소 공급장치

(d) 수소 저장탱크

그림 27 수소 누설감지

(2) SVM(stack voltage monitor)

스택전압을 모니터링하는 SVM은 CAN통신을 통해 연료전지 메인 컨트롤 유닛인 FCU로 스택에서 발생된 전압을 전송한다. FCU는 스택 전압을 안정화하고 일정한 출력 전압을 얻고자 수소공급. 공기공급시스템을 제어하고 스택내 열과 수증기 제어한다.

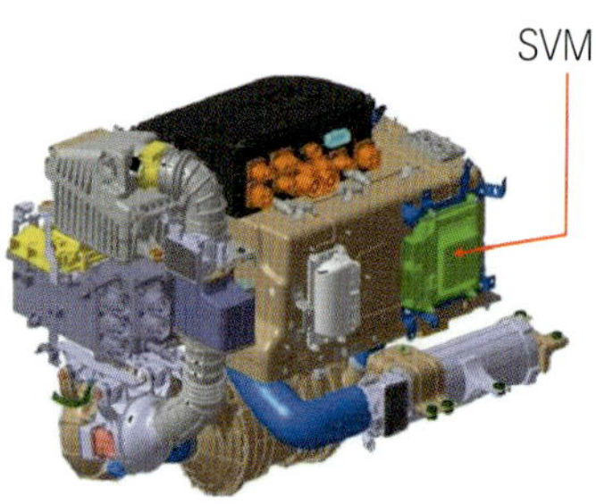

(a)

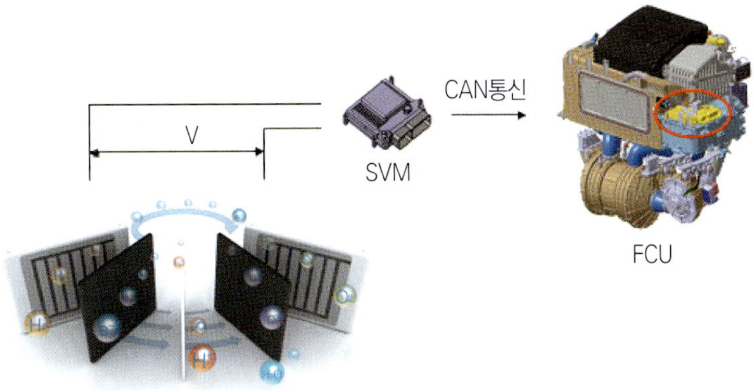

(b)

그림 28 SVM

(3) HV J/BOX, BPCU

고전압을 배분하는 정션박스는 연료전지 스택의 상부에 위치하며, 스택과 부스바로 연결되어 있다. BPCU는 정션박스와 함께 조립되어있으며 스택내부로 공기를 불어넣기 위해 공기 블로워를 구동하는 기능을 수행한다.

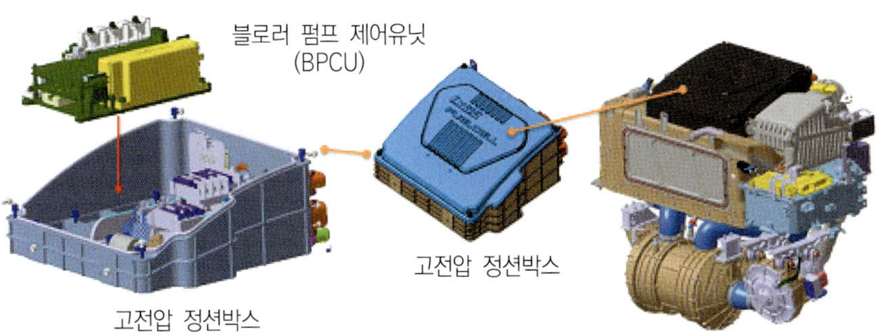

그림 29 HV J/BOX

7 전기 동력장치

전기 동력장치는 차량의 전원을 변환하거나 모터와 감속기를 통한 동력전달을 담당하고 있다.

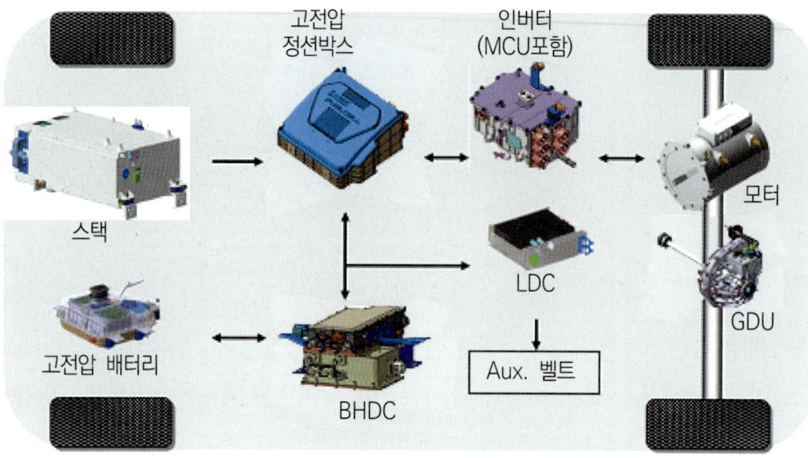

LDC : low voltage DC-DC converter
BHDC : Bi-directional High voltage DC-DC converter
GDU : gear differential unit(감속기)

그림 30 전기 동력장치의 구성도

(1) LDC(low voltage DC-DC converter)

① 약 400V의 전기를 12V로 전력변환 후 12V 차량용 배터리에 충전.

② 고전압을 차량에 필요한 각종 12V 전기로 변환하는 기능.

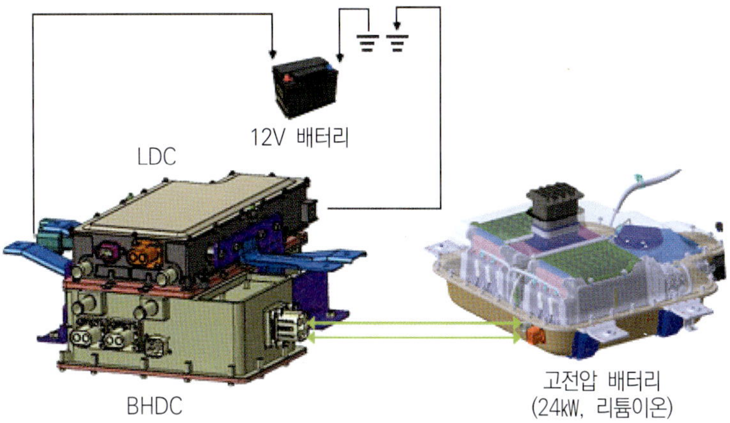

그림 31 LDC의 구조

(2) BHDC(Bi-directional high voltage DC-DC converter)

① 400V의 스택과 200V의 고전압배터리 사이에 위치하며, 전압을 상호 변환하는 양방향 컨버터

② 고전압배터리의 전기에너지를 모터 구동 인버터로 흐르게 할 때는 전압을 상승

③ 스택과 모터의 회생제동 전기에너지를 고전압 배터리로 흐르게 할 때는 고전압배터리가 스택전압보다 약 150V 낮기 때문에 전압을 낮게 변환한다.

(3) 인버터(inverter)

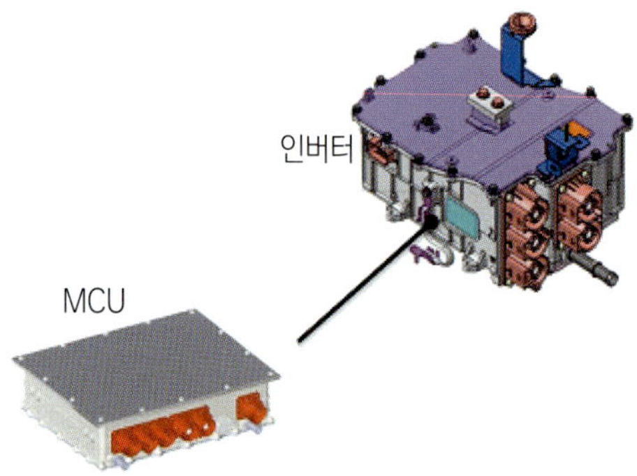

그림 32 **인버터의 구조**

① 내부 MCU가 장착되어 있으며, 모터 토크 제어를 한다.

② 400V의 직류전기(스택전압)를 모터에 필요한 3상 교류 전기로 변환한다.

> 참고
>
> ① 인버터 : 직류를 교류로 변환하는 장치. DM 싼타페에 적용된 220V 전원 출력장치
>
> ② 컨버터 : 교류를 직류로 변환. 예를 들어 휴대폰 충전기는 220V 가정용 전기를 휴대폰 충전용 직류로 변환
>
> ③ DC-DC converter : 자동차의 ECU와 같이, 배터리 전원 12V를 5V의 디지털 로직 회로 전원으로 DC-DC convert 한다.

(4) 모터(motor)

① 인덕션(induction) 타입 모터

② MCU(motor control unit) 컨트롤에 의해 차량 구동

③ 감속 시 회생제동 에너지 전기생성

④ 3상 교류 전원 사용

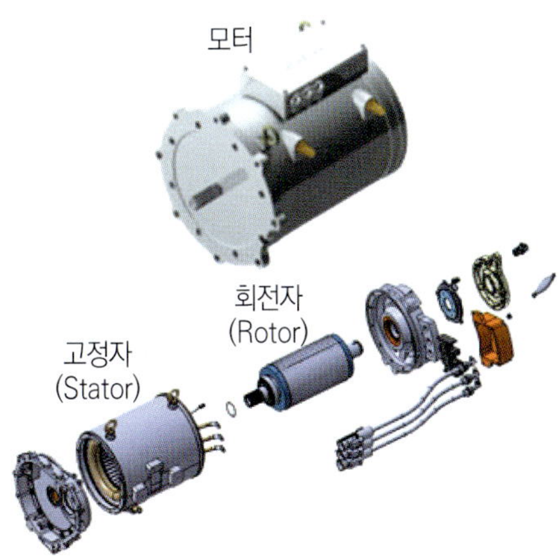

그림 33 모터의 구조

(5) GDU(gear differential unit)

① 모터일체형
② 구동력 증대
③ 차동기어 기능
④ 파킹기구
⑤ 인히비터 스위치 적용
⑥ 기어 포지션 : P-R-N-D(E, L)

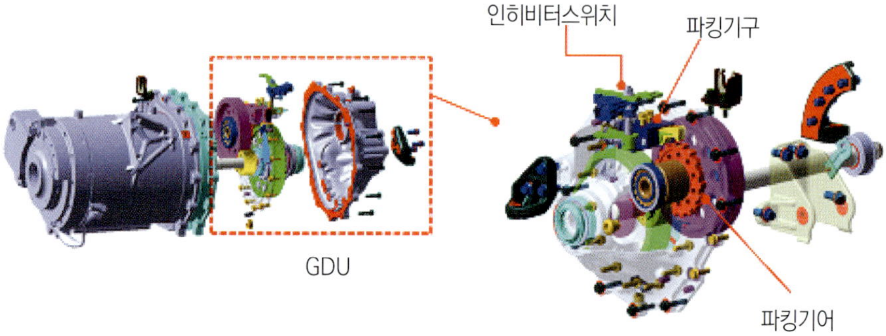

그림 34 GDU의 구조

표 3 약어 풀이

약어	영문	한글
SVM	stack voltage monitor	스택 전압 모니터
BPCU	blower pump control unit	블로어 펌프 컨트롤 유닛
FPS	fuel processing system	연료 공급제어 시스템
FPD	fuel processing driver	연료 공급제어 드라이버
MCU	motor control unit	모터 컨트롤 유닛
BMS	battery management system	배터리 전압조정 시스템
BHDC	Bi-directional high voltage DC/DC converter	고전압 DC/DC 컨버터
LDC	low voltage DC/DC converter	저전압 DC/DC 컨버터
HSCU	hydrogen storage system control unit	수소저장 시스템 컨트롤 유닛

03 연료전지의 종류

연료 전지는 작동 온도에 따라, 연료의 종류에 따라 그리고 사용하는 전해질의 종류에 따라 각각 구분 가능하다. 그러나 이온이 전해질을 통과하고 교환으로 전극 사이에 전기가 흐른다는 근본 원리는 모두 같다.

1 작동 온도에 따른 구분

연료전지는 고온형과 저온형으로 나누어지고 이들은 다시 두 가지 유형으로 나눌 수 있다.

(1) 저온

저온형은 일상생활 현장에서 활용된다. 저온형은 고온형 연료전지에 비해 훨씬 저온(섭씨 200도 이하)에서 작동된다. 저온형의 공통 장점은 시동이 단시간에 된다는 것과 크기를 작게 할 수 있다는 점이다. 그러나 고가의 백금 전극이 필요해서 장비 비용이 높은 것이 단점이다.

인산형 연료전지(PAFC)는 섭씨 200도 정도에서 작동한다. 전해질에는 인산 수용액을 쓴다. 1967년에 개발이 시작되고 1980년대부터 미국과 일본을 중심으로 호텔이나 병원 등에 도입되었다. 연료전지의 네 가지 유형 중에서 가장 먼저 상품화되었다.

고체 고분자형 연료전지(PEMFC)는 섭씨 100도 미만이라는 상온에 가까운 온도에서 작동한다. 전해질에는 수용액이 아니라 수지로 만든 얇은 막을 사용한다. 그 결과 장비 전체를 얇게 할 수 있기 때문에 소형에 적합하다. 제미니 우주선에 실린 것도 이 유형의 연료전지다. 자동차에서 가정용, 휴대전화 등의 이동기기에 이르기까지 용도가 넓어 가장 활발히 연구되고 있다.

(2) 고온

고온형의 연료전지에는 용융 탄산염형 연료전지(MCFC)와 고체 산화물형 연료전지(SOFC)의 두 가지 유형이 있다. 고온형의 연료전지는 섭씨 500~1,000도라는 고온에서 작동한다. 고온이 되면 화학반응의 속도가 빨라지고 특히 촉매가 필요 없게 된다. 그래서 고가인 백금을 사용하지 않아도 되는 것이 장점의 하나이다. 고온의 배출열도 활용할 수 있다.

또 고온인 연료전지의 내부에서 천연 가스 등의 연료가 수소로 전환되는 과정(개질)이 진행되므로 이들 연료를 수소 대신 쓸 수도 있다. 발전효율이 높고 고출력이 가능하므로 대형 건물의 발전장치나 대규모 발전소 등에 알맞다. 그러나 워밍업을 위한 시동에 시간이 걸리는 단점이 있다.

용융 탄산염형 연료전지(MCFC)는 섭씨 650도 전후의 고온에서 작동한다. 전해질에는 탄산염을 녹인 액체(용융 탄산염)를 쓴다. 수소 이외에 천연 가스나 석탄 가스 등을 연료로 쓰는 일도 있다. 대규모 발전소 등에서의 이용이 기대된다.

고체 산화물형 연료전지(SOFC)는 섭씨 1,000도 부근의 고온에서 작동한다. 전해질에는 고체인 세라믹을 쓴다. MCFC와 마찬가지로 대규모 발전소 등에서의 이용이 기대된다. 더욱이 작동 온도를 내리는 기술 개발이 이루어지면 가정용 전원으로도 쓸 수 있는 것으로 전망되어 크게 주목된다.

2 연료의 종류에 따른 구분

① 기체연료 : 연료전지의 보편적인 연료로써 사용되며 수소, 탄화수소, CO(석탄가스화) 등이 있다.

② 액체연료 : 부산물이 생성되어 이에 대한 부산물의 처리 문제가 발생하지만 환경오염율은 고체연료에 비해 거의 없다. Alcohol, Aldehyde, 히드라진(N_2H_4), 석유계 탄화수소가 사용된다.

③ 고체연료 : 고체연료는 화학 연소반응이 환경오염에 심각한 영향을 미치는 부산물을 생성하여 이에 대한 처리 문제가 발생하지만 연료전지 구현이 비교적 간단한 편이어서 비용 절감을 기대할 수 있다. 석탄, 목탄, 코크스 등이 쓰인다.

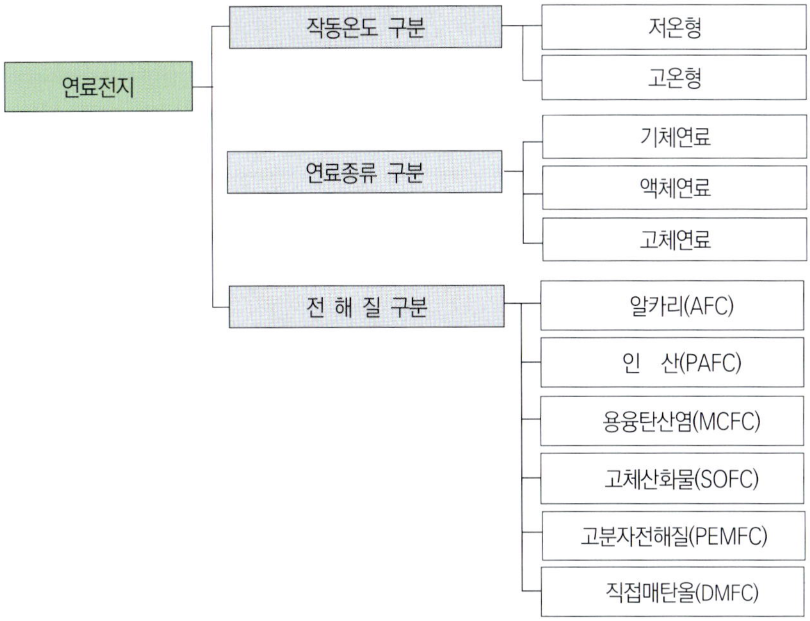

그림 35 **연료전지의 종류**

3 전해액에 따른 구분

연료전지의 가장 보편적인 구분 방법으로 연료전지에 사용되는 전해액에 따른 구분이다. 알칼리 연료전지(AFC), 인산 연료전지 (PAFC), 용융 탄산염 연료전지(MCFC), 고체 산화물 연료전지(SOFC), 고분자 전해절 연료전지(PEMFC), 직접매탄올 연료전지(DMFC) 등이 있다.

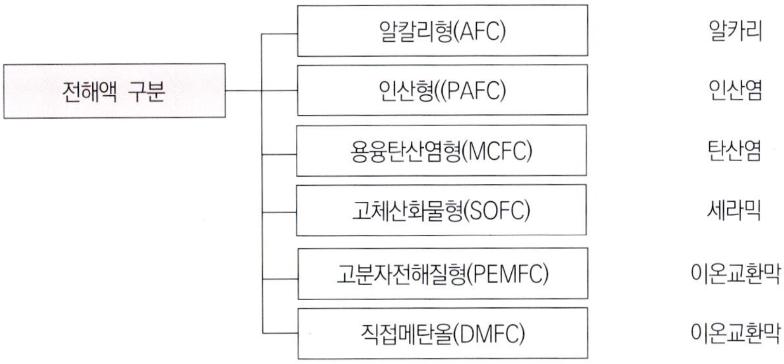

그림 36 **연료전지의 전해액에 따른 구분**

표 4 **연료전지의 전해액에 따른 구분**

	알카리 (AFC)	인산형 (PAFC)	용융탄산염형 (MCFC)	고체 산화물형 (SOFC)	고분자 전해질형 (PEMFC)	직접매탄올 (DMFC)
전해질	알카리	인산염	탄산염	세라믹	이온교환막	이온교환막
동작온도 (℃)	100이하	220 이하	650 이하	1,200 이하	80 이하	80 이하
효율(%)	85	70	80	85	75	40
용도	특수용	중형건물 (200㎾)	중・대형건물 (100㎾~MW)	소・중・대용량발전 (1㎾~MW)	가정・상업용 (1~10㎾)	소형이동 (1㎾ 이하)
	우주선, 잠수함	분산형 열병합 수송용	열병합, 대형발전소	열병합, 대형발전소	수송용, 분산형	수송용, 분산형
특징	-	CO 내구성 큼, 열병합대응 가능	발전효율 높음, 내부개질 가능, 열병합대응 가능	발전효율 높음, 내부개질 가능, 복합발전 가능	저온작동 고출력밀도	저온작동 고출력밀도
선진수준	우주선	200㎾	MW 이상	MW 이상	1~10㎾ 보급중	500W
국내수준	-	50㎾	250㎾	1㎾	3㎾	50W

* AFtC(Alkaline Fuel Cell), PAFC(Phosphoric Acid FC), MCFC(Molten Carbonate), SOFC(Solid Oxide), PEMFC(Polymer Electrolyte Membrane), DMFC(Direct Methanol) → 순서대로 기술발전 단계임

고분자 전해질(PEMFC), 인산형(PAFC), 용융탄산염(MCFC), 고체산화물 전해질(SOFC) 등으로 나누어진다. PEMFC는 수소이온(proton)의 전달체인 고분자 전해질이 핵심 소재이며, 다음과 같은 물성을 지녀야 한다.

① 이온 전도성이 커야 한다.
② 전자 전도성이 없어야 한다.
③ 가스 투과가 되지 않아야 한다.
④ 건조 상태에서도 유연성을 유지하고 있어야 한다.
⑤ 적절한 두께, 편평도를 유지해야 한다.
⑥ 형상 안정성과 기계적 강도가 있어야 한다.
⑦ 열과 가수분해, 산화환원 반응에 대한 안정성이 있어야 한다.

표 5 **연료전지 구성물질**

구분	특성	촉매	운전온도
알칼리형(AFC)	수산화칼륨(액체)	platinum on carbon	80℃
인산형(PAFC)	인산(액체)	platinum on PTFE/carbon	200℃
용융탄산염형(MCFC)	Lithium or potassium carbonate(액체)	니켈 또는 니켈 화합물	650℃
고체산화물형(SOFC)	Yttria-stabilized zirconia(고체)	니켈/ Zirconia cermet	1000℃
고분자전해질형(PEMFC)	나피온 Dow 폴리머	platinum on carbon	85~100℃
직접메탄올형(DMFC)	Polymer Membrane	Pt-Ru or Pt/C	25~130℃

표 6 **연료전지**

종류	발전온도	전해질	주연료	기술수준	적용대상
알칼리형(AFC)	상온-100℃		수소	사용중	특수목적
인산형(PAFC)	150~200℃	인산(H_3PO_4)	천연가스 메탄올	상용화단계	분산전원
용융탄산염(MCFC)	600~700℃	용융탄산염 (Li_2CO_3-K_2CO_3)	천연가스 석탄가스	개발단계	복합발전 열병합발전
고체산화물(SOFC)	700~1000℃	고체산화물 Yttria-stabilized zirconia	천연가스 석탄가스	개발단계	복합발전 열병합발전
고분자전해질형 (PEMFC)	상온-100℃	이온(H+)전도성 고분자 막	수소 메탄올	개발 및 실증단계	소형전원 자동차

표 7 **연료전지 발전 현황**

구분	특성
알칼리형(AFC) (Alkaline Fuel Cell)	• 1960년대 군사용(우주선 : 아폴로 11호)으로 개발 • 순 수소 및 순 산소를 사용
인산형((PAFC) (Phosphoric Acid Fuel Cell)	• 1970년대 민간차원에서 처음으로 기술개발 된 1세대 연료전지로 병원, 호텔, 건물 등 분산형 • 전원으로 이용 • 현재 가장 앞선 기술로 미국, 일본에서 실용화 단계에 있음
용융탄산염형(MCFC) (Molten Carbonate Fuel Cell)	• 1980년대에 기술개발된 2세대 연료전지로 대형발전소, 아파트단지, 대형건물의 분산형 • 이용 • 미국, 일본에서 기술개발을 완료하고 성능평가 진행 중(250㎾ 상용화, 2㎿실증)

구분	특성
고체산화물형(SOFC) (Solid Oxide Fuel Cell)	• 1980년대에 본격적으로 기술개발된 3세대로서, MCFC보다 효율이 우수한 연료전지 • 대형발전소, 아파트단지 및 대형건물의 분산형 전원으로 이용 • 최근 선진국에서는 가정용, 자동차용 등으로도 연구를 진행
고분자전해질형(PEMFC) (Polymer Electrolyte Membrane)	• 1990년대에 기술개발된 4세대 연료전지로 가정용, 자동차용, 이동용 전원으로 이용 • 가장 활발하게 연구되는 분야이며, 실용화 및 상용화도 타 연료전지보다 빠르게 진행되고 있음
직접메탄올형(DMFC) (Direct Methanol Fuel Cell)	• 1990년대 말부터 기술개발된 연료전지로 이동용(핸드폰, 노트북 등) 전원으로 이용 • 고분자전해질형 연료전지와 함께 가장 활발하게 연구되는 분야

4 알칼리형 연료전지(AFC : Alkaline Fuel Cell)

알칼리 연료전지는 전해질로써 수산화칼륨과 같은 알칼리를 사용한다. 연료로서 순수 수소를 쓰며, 산화제로써는 순수 산소를 쓴다. 운전 온도는 대기압에서 60~120℃이다. 양극(Anode)의 촉매는 니켈망에 은을 입힌 것 위에 백금-납을 사용하고, 음극(Cathode)는 니켈망에 금을 입힌 것 위에 금-백금을 쓴다. 알칼리 연료전지의 고효율화의 기본적인 목적은 자동차 산업의 전원 공급용이다. 알칼리 연료전지는 알칼리가 이산화탄소에 민감하기 때문에 인산형 연료전지의 개발보다 늦게 개발되었다.

알칼리 연료전지 시스템에서 수소의 저장과 이산화탄소의 경제적인 제거는 알칼리 연료전지의 상업화에 가장 중요한 요소이다. 자동차의 경우에 알칼리 연료전지가 확보할 수 있는 시장 비율은 경쟁성 기술에 의하여 영향을 받을 것이다. 알칼리 연료전지 기술 전망은 수소 저장과 대규모 상업화를 시작하기 전에 유통망의 개량을 필요로 한다. 과학자들에 의하여 오랫동안 주장되어 온 수소를 기초한 미래 자동차의 경제성은 알칼리 연료전지의 상업화를 선호하게 될 것이다.

알칼리형 연료전지는 일반 민생용은 아니지만 순수소, 순산소를 원료로 발전하는 우주선의 전원용으로 사용된다.

1962년에는 우주 및 군사용으로 연구 시작되어 이용되었고, 현재는 인산형 연료전지(Phosphoric Acid Fuel Cell)의 개발로 인하여 특수 분야에서만 연구수행 중이며 국내의 경우 기초 연구가 수행 중에 있다. 특징은 다음과 같다.

① 전해질로 진한(85%) KOH을 사용하는 고온용(205도)과 묽은(35~50%) KOH를 사용하는 저온용(120도)가 있음.

② 전해질은 매트릭스(주로 석면)안에 체류시켜 사용

③ CO_2에 취약하므로 순수한 수소와 산소를 사용해야 됨.

④ 반응속도를 촉진시키기 위해 주로 고압에서 운전

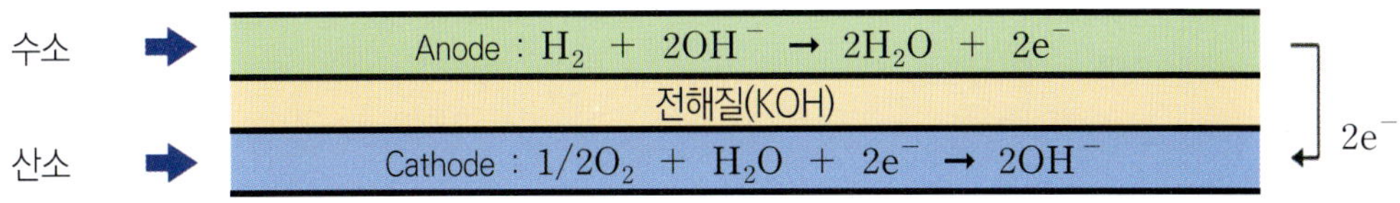

그림 37 알칼리 연료전지의 기본원리

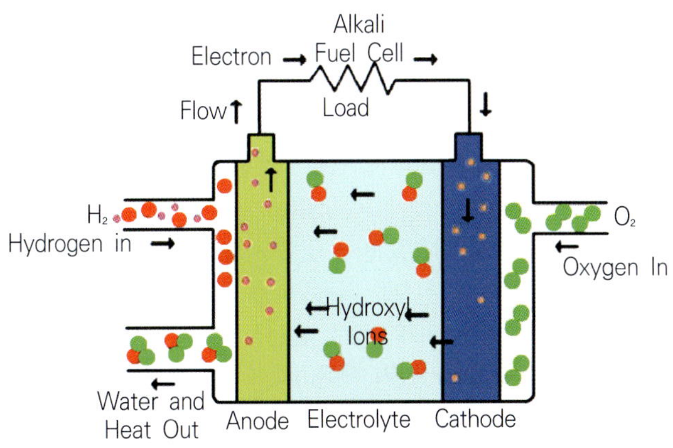

그림 38 알칼리 연료전지의 화학반응

그림 39 AFC Stack

참고　화학전지와 연료전지의 차이는?

① 화학전지나 연료전지는 모두 화학반응을 이용한 전지, 즉 화학적 에너지를 전기적 에너지로 바꾸는 장치이다. 그러나 화학전지는 산화하는 금속과 환원하는 금속의 산화-환원 전위의 차를 이용하는 것이고, 연료전지는 연료의 산화에 의해서 생기는 화학에너지를 이용하는 전지이다.

② 우선 화학전지의 원리를 살펴보면 다음과 같다. 비커에 황산구리의 수용액을 담고 환원되기 쉬운 금속인 구리를 세운다. 따로 비커에 황산아연 수용액을 담고 산화되기 쉬운 금속인 아연을 세우고 염다리로 두개의 비커를 연결한 후 구리와 아연을 도선으로 연결하면 전류가 흐르는 것을 알 수 있다.

③ 이 때의 반응은 다음과 같다.

$Zn \rightarrow Zn^{++} + 2e^{-}$

$Cu^{++} + 2e \rightarrow Cu$

④ 이들 반응을 전지의 반쪽 반응이라고 하고, 각각의 전위 즉 아연의 산화 전위와 구리의 환원 전위를 합한 값이 이 전지의 기전력으로 1.10V이다.

⑤ 한편 연료전지는 산화-환원반응을 이용한 점 등 기본적으로는 보통의 화학전지와 같지만, 닫힌 계내에서 전지반응을 하는 화학전지와는 달리 반응물이 외부에서 연속적으로 공급되고, 반응생성물이 연속적으로 계외로 제거된다. 가장 전형적인 것으로는 수소-산소 연료전지가 있다.

$2H_2 + O_2$ ---〉 $2H_2O$

위에서 보는 산화-환원 반응에서 나타나는 전위차를 이용하는 것이다.

⑥ 연료전지에 사용되는 연료로는 수소 이외에 메탄, 천연가스 등의 기체 화석 연료, 메탄올 같은 액체연료 등이 사용된다.

⑦ 오늘날 수소가 에너지의 저장 수단으로 각광을 받는 것은 저장 자체도 중요하지만 에너지의 이용면에서 편의에 원인이 있다. 예를 들어 남아도는 전력을 이용하여 물을 분해시켜 에너지를 저장한다고 가정하고 그 에너지의 이용면에서 연료로는 직접 기체연료로, 발전장치로는 연료전지를 이용함으로써 에너지의 효율을 거의 100%에 가깝게 이용할 수 있기 때문이다.

5 인산형 연료전지(PAFC : Phosphoric Acid Fuel Cell)

인산형 연료전지(PAFC)는 액체 인산을 전해질로 이용하는 연료전지이다. 인산형 연료전지 기술은 20년 이상 개발되고 개선되어 왔고, 전기 생산에 비교적 순수한 수소(70% 이상)를 요구한다. 인산형 연료전지 내의 전극은 탄소 지지체의 표면적 위에 촉매로써 백금이나 백금 혼합물을 포함한다. 전극은 카본지(carbon paper)로 이루어지는데, 백금 촉매를 이용하기 때문에 제작 단가가 비싸다. 그러나 카본지의 백금은 연료로서 공급되는 수소 가스 내에 포함되는 일산화탄소에 의해 손상되지 않는다.

수소와 산소의 반응이 일어나는 양극(anode)와 음극(cathode) 및 전해질인 인산을 함유하고 있는 매트릭스로 구성된다. 양극, 음극은 기체 확산층과 촉매층으로 구성되며 기체 확산층은 반응기체를 촉매층의 전 면적에 고르게 분산시키고 촉매층은 활성 site에 분포한다. 다른 형태의 연료전지보다 상용화에 가장 근접해 있으며 발전효율이 비교적 높은 편이다. 그러나 고가의 백금촉매를 대신할 새로운 촉매개발문제가 시급하며 신뢰도 및 수명과 성능 향상을 위한 개발도 필요하다.

인산형 연료전지의 운전 온도는 약 200℃이다. 이것은 인산 전해질의 안정도를 위하여 허용하는 최대값이다. 이 기술로 현재까지 순수한 발전효율은 40~50% 정도이다. 이 수준 보다 높은 효율을 갖기 위해서는 전지와 스택 구성품의 지속적인 개발에 의한 종합시스템 제어에 의존하여야 한다. 일례로 인산형 연료전지의 반응이 발열 반응이므로 연료전지가 반응온도인 200℃로 유지함이 최적의 운전 조건이 된다. 따라서 연료전지 반응 시 반응열을 냉각시켜야 하며 이때 생성되는 반응열을 이용하면 효율을 70%이상 높일 수 있다.

인산은 저온 연료전지를 위한 전해질로써 필요한 수명을 가진 그런 유일한 물질로 알려져 있다. 이것이 낮은 이온 도전율을 가지고 있다 할지라도 이것의 안정도는 전류 상태를 증진시키는 전지 개발에 기여하였다. 인산형 연료전지 응용은 휴대용, 자동차용 및 고정용 전원을 포함한다.

한편, 액체 인산은 40℃에서 응고되어 버리기 때문에 시동이 어려우며, 지속적인 운전 또한 제약이 따른다. 그러나 150~200℃의 운전 온도에 이르게 되면 반응 결과물로 생성되는 물을 증기로 바꾸어 공기나 물의 가열에 이용할 수 있게 된다. 이렇게 발생되는 열과 전력을 합했을 때 전체 효율은 80%에 이르며, 고정형 연료전지 시장에서 그 입지를 넓혀 가는 중이다.

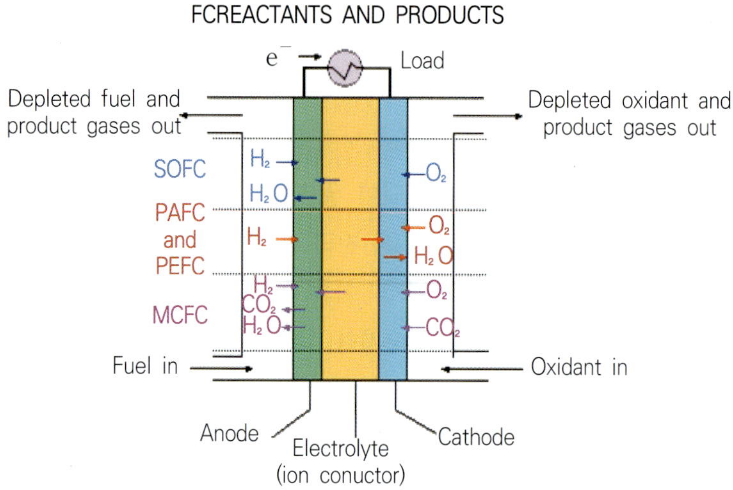

그림 40 **인산형 연료전지(PAFC)**

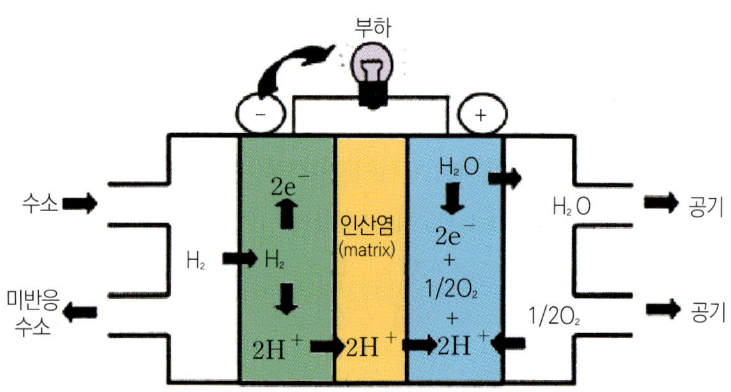

그림 41 **인산형 연료전지(PAFC) 작동원리**

6 용융탄산염 연료전지 (MCFC : Molten Carbonate Fuel Cell)

통상 제2세대 연료전지로 불리는 용융탄산염 연료전지(MCFC)는 다른 형태의 연료전지와 마찬가지로 높은 열효율, 높은 환경친화성, 모듈화 특성 및 작은 설치공간이라는 장점을 갖는다. 한편, 650℃의 고온에서 운전되기 때문에 인산형 연료전지(PAFC) 또는 고분자전해질 연료전지(PEMFC)와 같은 저온형 연료전지에서 기대할 수 없는 추가적인 장점들을 갖고 있다.

전해질은 용융탄산염이 사용되고, 고온에서 운전되기 때문에 백금 대신 저렴한 니켈 촉매가 사용되며 백금 전극에서 피독물질로 작용하는 CO를 수성가스 전환 반응을 통해 연료로 이용한다. 니켈촉매의 사용으로 비용절감의 장점이 있지만 고온에서의 부식성이 높은 용융탄산염을 사용하기 때문에 내식성 재료의 개발이 필요하며 장기 운전시에는 성능이 저하되기 때문에 단기 운전에 적합하다.

고온에서의 빠른 전기화학반응은 전극 재료에 쓰이는 촉매로써 백금 대신 저렴한 니켈의 사용을 가능케 하여 경제적인 생산이 가능해진다. 그리고 백금 전극을 이용할 경우 백금 성분에 독성 물질로 작용하는 일산화탄소마저도, 니켈 전극을 이용할 경우 수성가스 전환반응을 통하여 연료로 이용할 수 있게 된다.

따라서 일산화탄소를 발생시킬 우려가 있어 백금을 이용하는 저온형 연료전지에는 사용하기 힘든 석탄가스, 천연가스, 메탄올, 바이오매스 등 다양한 연료를 용융탄산염 연료전지에는 이용할 수 있다. 또한, 용융탄산염 연료전지의 높은 작동 온도는 연료전지 스택 내부에서 전기화학반응과 연료개질반응이 동시에 진행될 수 있게 하는 내부개질 형태를 허용한다. 이러한 내부개질형 용융탄산염 연료전지는 전기화학반응의 발열량을 별도의 외부 열교환기 없이 직접 흡열반응인 개질반응에 이용하므로 외부개질형 용융탄산염 연료전지보다 전체 시스템의 열효율이 추가로 증가하며, 시스템 구성이 간단해진다.

용융탄산염형 연료전지의 전해질은 낮은 용융점을 가지는 탄화리튬과 탄화포타슘의 혼합물이다. 전극은 다공성 니켈로 만든다. 전극의 부식성과 내구성은 아직 개발에 중요한 애로점이다.

용융탄산염형 기술의 산 또는 알칼리 연료전지 기술 보다 뚜렷한 장점은 일산화탄소, 이산화탄소 및 수소에 대하여 내성이 있는 점이다. 이것은 일산화탄소와 이산화탄소를 분리하는 공정을 필요로 하는 다른 것들보다 초기 투자비가 낮고 시스템 설계가 매우 단순해지는 결과를 가져온다. 용융탄산염형 연료전지의 운전 온도는 약 650℃이고, 전지 스택의 열로 전지 내부의 탄화수소 기체의 개질을 허용한다. 내부 개질의 장점은 30% 또는 그 이상의 비용을 감소시킨다.

용융탄산염 연료전지를 상업화하기 전에 내구성과 신뢰도를 개량시킬 필요가 있다. 운전온도가 높아 정상운전 되는 동안 용융탄산염 전해질의 결핍과 증발로 인하여 양이 줄어들기 때문이다. 이것이 운전의 안정성과 현재 용융탄산염형 연료전지의 유효 수명의 제한점이다.

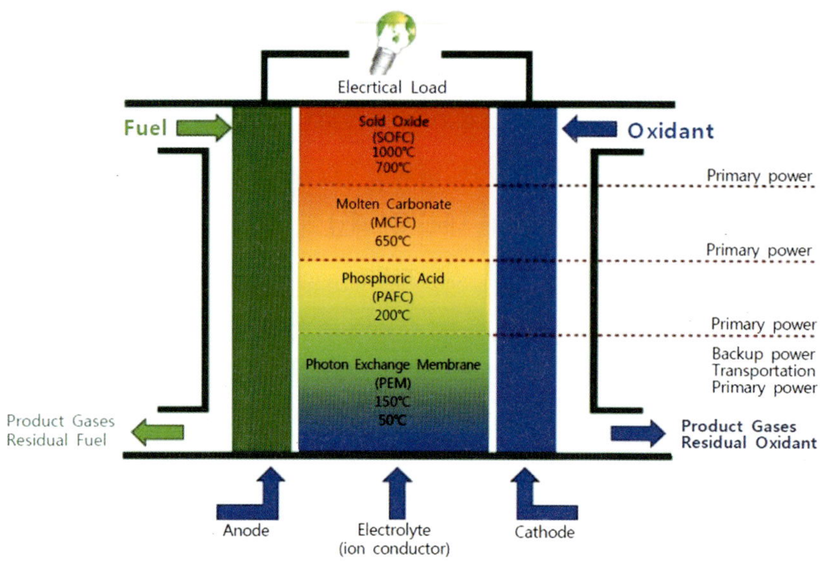

그림 42 용융탄산염 연료전지(MCFC) 작동원리

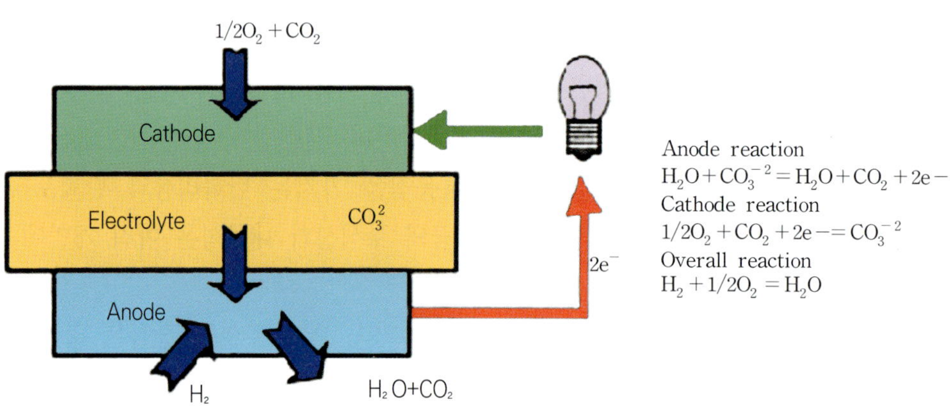

그림 43 용융탄산염 연료전지(MCFC)

그러나 MCFC는 고온에서 부식성이 높은 용융탄산염을 사용하기 위한 내식성 재료의 개발에 따르는 경제성 문제 및 수명, 신뢰성 확보 등 기술적 검증이 아직 끝나지 않아 본격적인 상업화는 2005년 이후에나 가능하리라고 생각된다.

미국, 일본 등을 비롯한 선진외국에서는 기초연구는 물론 시스템 데모에 이르는 개발 연구에까지 적극적으로 투자하여 최근 급속도로 많은 발전이 이루어지고 있다. 국내에서도 한전 전력연구원을 중심으로 KIST, 한국중공업 및 여러 대학이 참여하여 용융탄산염 연료전지의 자체 기술을 확보하기 위한 개발 연구를 대체에너지 사업의 하나로 진행하고 있다.

7 고체산화물 연료전지(SOFC : Solid Oxide Fuel Cell)

3세대 연료전지로 불리는 고체산화물 연료전지(SOFC)는 산소 또는 수소 이온을 투과시킬 수 있는 고체산화물을 전해질로 사용하는 연료전지로써, 1937년에 Bauer와 Preis에 의해 처음으로 작동되었다.

고체산화물형 연료전지의 특징은 탄화수소를 직접 전기로 변화시킬 수 있는데 있다. 전해질은 안정화된 산화이트늄으로 가스가 스며들지 않은 산 이온이 효율적으로 접촉하고 있는 얇은 산화지르코늄 층이다. Cathode는 안정된 산화이트늄으로 된 지르코늄으로 만들어졌고, anode는 니켈-지르코늄 세라믹 합금으로 만들어졌다.

전해질로서 신소재인 지르코니아(ZrO_2)가 사용되며 작동온도가 700~1000℃로서 매우 고온에서 작동된다. 백금 촉매 없이 반응의 가속화가 가능하며 재료의 부식 및 전해질의 손실, 보충에 대한 문제가 없다. 전지 구성요소가 모두 고체이므로 다양한 형태의 제작이 가능하다.

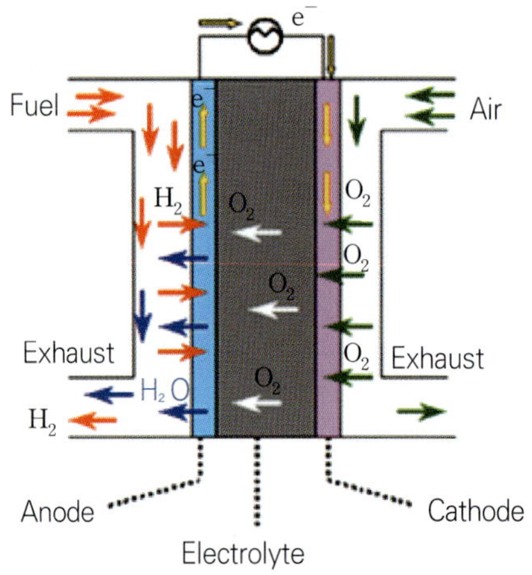

그림 44 SOFC

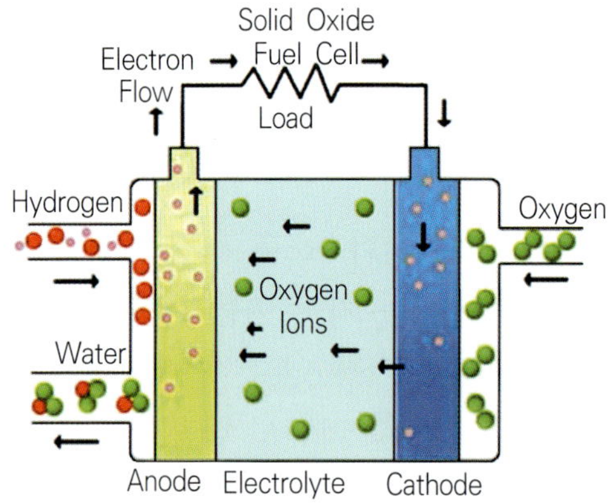

그림 45 고체산화물 연료전지의 원리

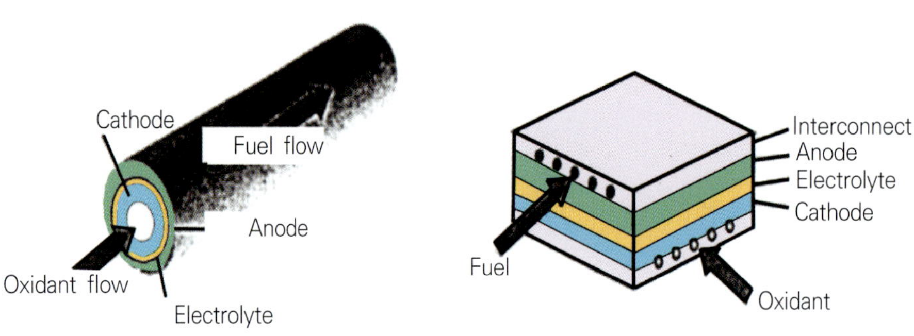

(a) 원통형　　(b) 평판형

그림 46 고체산화물 연료전지(SOFC)의 형태

SOFC는 현존하는 연료전지 중 가장 높은 온도(700~1000℃)에서 작동한다. 모든 구성요소가 고체로 이루어져 있기 때문에 다른 연료전지에 비해 구조가 간단하고, 전해질의 손실 및 보충과 부식의 문제가 없다. 또한 고온에서 작동하기 때문에 귀금속 촉매가 필요하지 않으며, 직접 내부 개질을 통한 연료 공급이 용이하다. 고온의 가스를 배출하기 때문에 폐열을 이용한 열 복합 발전이 가능하다는 장점도 지니고 있다. 이러한 장점들 덕분에 SOFC에 관한 연구는 21세기 초에 상업화하는 것을 목표로 미국, 일본 등 선진국을 중심으로 활발히 이루어지고 있다.

일반적인 SOFC는 산소 이온전도성 전해질과 그 양면에 위치한 공기극(양극) 및 연료극(음극)으로 이루어져 있다. 공기극에서 산소의 환원 반응에 의해 생성된 산소 이온이 전해질을 통해 연료극으로 이동하여, 다시 연료극에 공급된 수소와 반응함으로써 물을 생성하게 되며, 이 때 연료극에서 전자가 생성되고 공기극에서 전자가 소모되므로 두 전극을 서로 연결하여 전류를 발생시키는 것이 기본 작동원리이다.

고체산화물형 연료전지의 가장 톡특한 특성은 운전 온도는 약 1000℃로써 매우 높다는 것이다. 이 온도에서는 수소와 일산화탄소의 전기 화학적 산화 반응이 일어나고 촉매없이 연료가 개질된다. 운전 온도 1000℃에서 금속 재료의 적당한 열적-기계적 강도를 요구하기 때문에 가스 누출 방지가 가장 중요한 애로 사항이다. 세라믹 재료 기술의 개발은 고체산화물형 연료전지가 상업적으로 발전을 시작하기 전에 필요한 기술이다. 고체산화물형 연료전지는 상업적으로 자동차 응용에 연구되어지고 있다. 자동차에 사용하기 위한 이 전지 기술의 모형화가 전지 전원 공급형 자동차가 아닌 전위밀도를 요구하는 것과 접목시키는 것이 궁극적인 목적이다.

SOFC의 특징은 다음과 같다.

① 탄화수소를 직접연료로 사용, CO로부터 안전하다.

② 운전온도는 약 500~1000℃로 열병합 발전 가능하다.

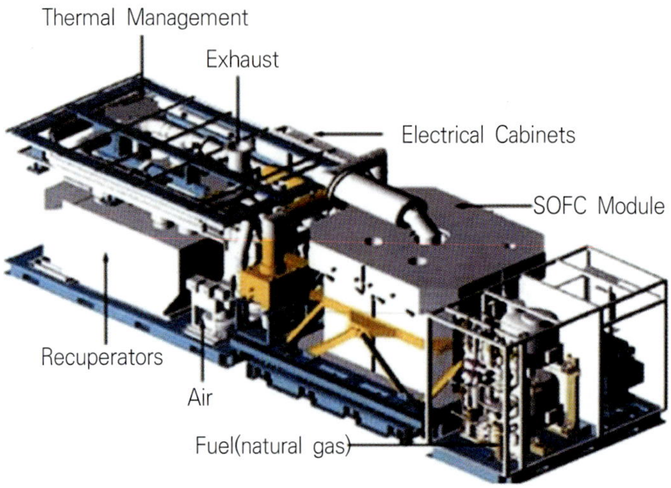

그림 47 Siemens의 열병합 발전용 SOFC시스템

8 고분자전해질 연료전지(PEMFC : Polymer Electrolyte Membrane Fuel Cell)

수소이온을 투과시킬 수 있는 고분자막을 전해질로 사용하는 고분자전해질 연료전지(PEMFC)는 다른 형태의 연료전지에 비하여 전류밀도가 큰 고출력 연료전지로서, 100℃ 미만의 비교적 저온에서 작동되고 구조가 간단하다. 또한 빠른 시동과 응답특성, 우수한 내구성을 가지고 있으며 수소 이외에도 메탄올이나 천연가스를 연료로 사용할 수 있어 자동차의 동력원으로서 적합한 시스템이다. 이와 같은 PEMFC는 무공해자동차의 동력원 외에도 분산형 현지설치용 발전, 군수용 전원, 우주선용 전원 등으로 응용될 수 있는 등 그 응용범위가 매우 다양하다.

PEMFC에 대한 연구는 1955년 미국의 GE에서 처음으로 시작되어 1962년에 이미 1㎾급 PEMFC 스택 2개로 이루어진 모듈을 Gemini 우주선 3호부터 12호에 사용하였다. 이후로 PEMFC를 연료전지자동차 등 민간용으로 응용하기 위한 연구가 전 세계적으로 활발하게 진행되고 있다.

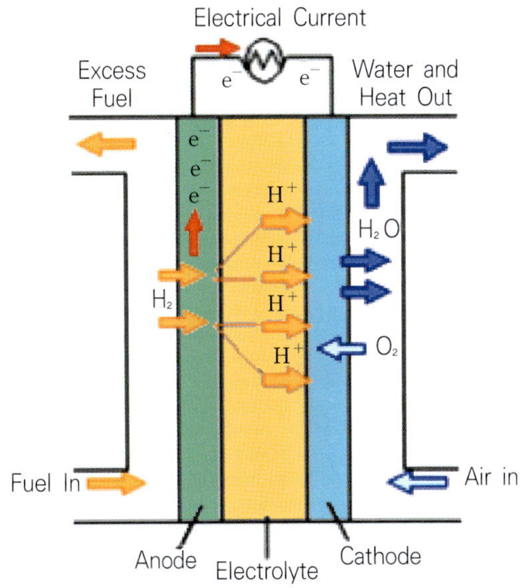

그림 48 고분자전해질 연료전지

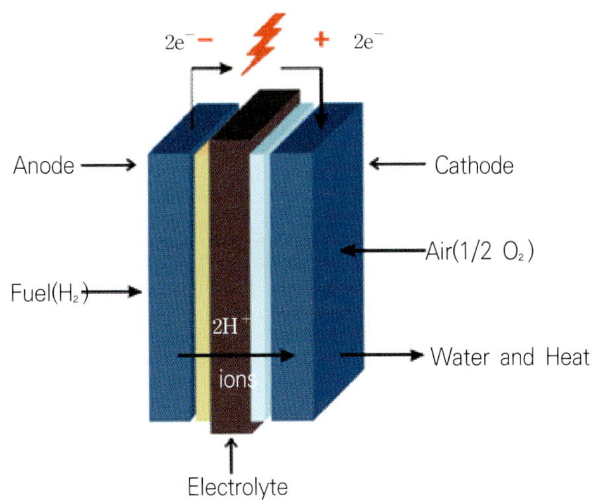

그림 49 고분자전해질 연료전지(PEMFC)

대기오염의 주 원인인 내연기관 차량을 대체할 수 있는 무공해 자동차로는 원래 배터리를 동력원으로 하는 전기자동차가 각광을 받고 있었다. 그러나 배터리를 전기자동차 동력원으로 사용할 경우 충전 시 많은 시간을 요구하고, 에너지 밀도가 낮아 주행가능 거리가 짧으며 배터리의 수명이 짧은 문제점이 있다. 또한 전기자동차가 상용화된다면 많은 전기 충전소의 설치가 필요하며 여기서 사용되는 전기는 대규모 발전소에서 공급되므로 결국 오염원의 이동에 불과하다고 볼 수 있다. 따라서 전기자동차 동력원으로서의 배터리에 대한 단점을 보완하기 위하여, 연료전지 구동방식 또는 배터리와 연료전지를 동시에 사용하는 혼합형(hybrid) 자동차를 구성하는 방법이 최근에 각광받고 있다.

우리나라에서는 1990년대부터 대학을 중심으로 단위 전지에 대한 기초연구를 시작하였으며, KIST 연료전지연구센타에서도 1996년부터 고분자전해질 연료전지 원천기술 개발을 시작한 후 2000년 5㎾ 급 스택을 제작하여 연료전지/배터리 하이브리드 골프카트에 적용한 바 있다.

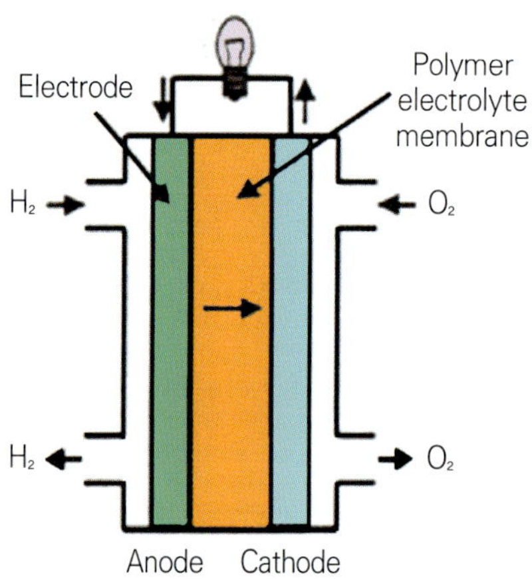

$$\text{Anode reaction : } 2H_2 \rightarrow 4H^+ + 4e^-$$
$$\text{Cathode reaction : } O_2 + 4H^+ + 4e^- \rightarrow 2H_2O$$
$$\text{Overall reaction : } 2H_2 + O_2 \rightarrow 2H_2O$$

그림 50 **고분자전해질 연료전지 화학식**

1) 고분자 전해질형 연료전지 특징

① 고분자 막을 전해질로 사용
② 촉매로 백금을 사용함으로써 비교적 고가
③ 저온에서 운전됨으로써 시동성이 우수함.
④ 고체 막을 전해질로 사용함으로써 취급이 용이함.
⑤ 주로 자동차, 가정용으로 개발

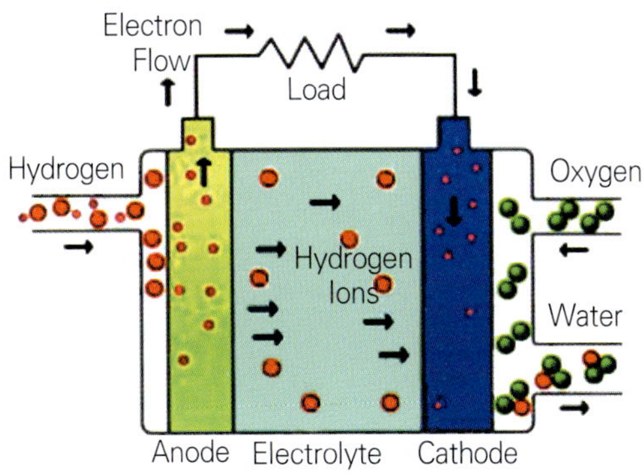

그림 51 고분자 전해질형 연료전지 원리

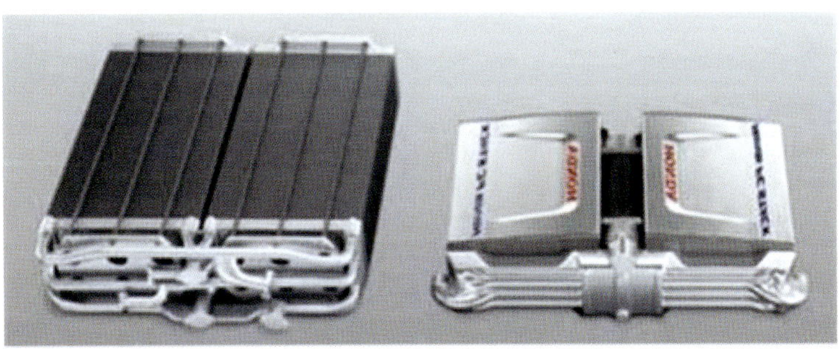

그림 52 혼다의 PEMFC Stack

9 직접메탄올 연료전지 (DMFC : Direct Methanol Fuel Cell)

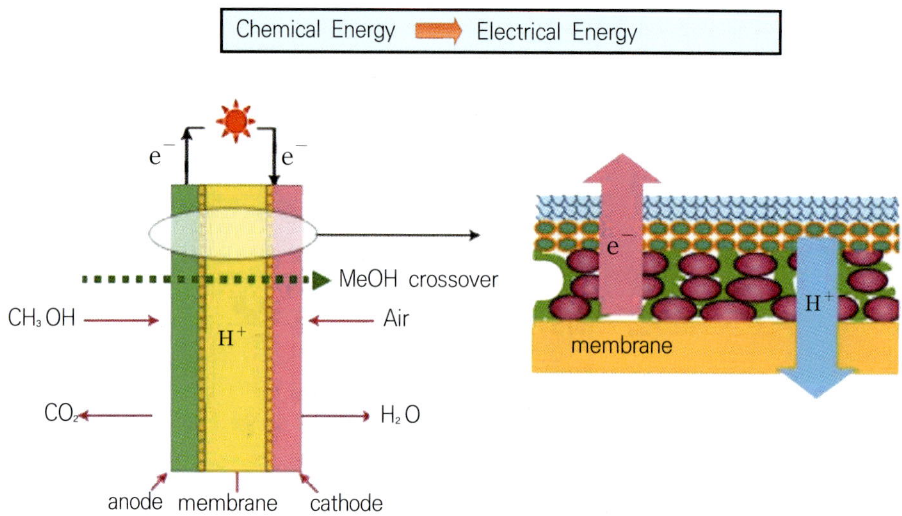

Anode : $CH_3OH + H_2O = CO_2 + 6H^+ + 6e^-$

Cathode : $1.5O_2 + 6H^+ + 6e^- = 3H_2O$

Overall : $CH_3OH + 1.5O_2 = CO_2 + 2H_2O.Eo = 1.18V$

그림 53 Direct Methanol Fuel Cell

직접메탄올 연료전지(DMFC)는 메탄올을 직접, 전기화학 반응시켜 발전하는 시스템이다. 전해질은 이온 교환막에 인산을 담지시킨 것이다. 작동 온도는 150℃로 비교적 저온이다. PEMFC와 비교하여 개질기를 제거할 수 있으며, 시스템의 간소화와 부하 응답성의 향상이 도모될 수 있는 장점을 갖고 있다. 그러나 반응 속도가 낮은 것에 의한 저출력 밀도, 다량의 백금 촉매의 사용과 메탄올과 산화제의 Cross Over(고체 고분자 막을 통과하는 것) 등의 단점도 있다.

직접메탄올 연료전지(DMFC)는 고분자 전해질 막을 사이에 두고 양쪽에 각각 음극과 양극이 위치한다. 음극에서는 메탄올과 물이 반응하여 수소 이온과 전자를 생성한다. 생성된 수소이온은 전해질 막을 통해 양극 쪽으로 이동하고, 양극에서는 수소 이온과 전자가 산소와 결합하여 물을 생성시킨다. 이 때 전자가 외부 회로를 통과하면서 전류를 발생시키는 것이 작동원리이다.

실제 사용시에는 출력을 높이기 위해 이러한 단위전지를 여러 개 묶어서 스택을 만들어 사용하는데, 일반적인 연료전지의 스택에서는 양극판(bipolar plate)을 사용하지만 마이크로 연료전지에서는 단극판(monopolar plate)을 사용한다. DMFC는 고분자전해질 연료전지(PEMFC)와 똑같은 구성요소를 사용하지만, 메탄올을 개질하여 수소로 만들 필요가 없이 직접 연료로 사용할 수 있기 때문에 소형화가 가능하다. DMFC는 PEMFC에 비해 출력밀도는 낮지만, 연료의 공급이 용이하고 2차전지에 비해 높은 출력밀도를 갖기 때문에 자동차의 동력원으로서 2차전지를 대체할 수 있는 가능성이 매우 높은 것으로 알려져 있다.